식물플랑크톤
우리나라 주요 강에 사는 종

Phytoplankton in major rivers of Korea

펴낸날 | 2020년 12월 28일
지은이 | 조경제, 이학영, 이진환, 김한순, 이옥민, 김미란, 정승원, 이상득, 윤석민, 남승원
펴낸이 | 조영권
만든이 | 노인향, 백문기
꾸민이 | ALL contents group

펴낸곳 | 자연과생태
주소 | 서울 마포구 신수로 25-32, 101(구수동)
전화 | 02) 701-7345~6 팩스 02) 701-7347
홈페이지 | www.econature.co.kr
등록 | 제2007-000217호

ISBN ISBN 979-11-6450-030-7 96470

Phytoplankton in major rivers of Korea

식물플랑크톤

우리나라 주요 강에 사는 종

조경제, 이학영, 이진환, 김한순, 이옥민, 김미란, 정승원, 이상득, 윤석민, 남승원 지음

한강

낙동강

금강

영산강

섬진강

자연과생태

발간사

물에서 부유생활을 하는 생물을 통칭해서 플랑크톤이라고 합니다. 플랑크톤은 고등 동물에 비해 움직임이 느리지만, 민들레가 바람에 씨앗을 날려 번식하듯 물에 떠다니다가 살기에 적합한 곳이 나타나면 바닥으로 내려가 정착하기에 우리말로 떠살이 생물이라고도 부릅니다.

특히, 식물플랑크톤은 엽록소가 있어 수생태계에서 광합성을 수행하며 유기물을 생산하는 중요한 일차생산자입니다. 육상에서 에너지를 고정하는 식물 없이는 생명이 존재할 수 없듯이 수계에서는 식물플랑크톤 없이 생태계가 지속될 수 없습니다. 또한 식물플랑크톤은 동물플랑크톤과 수생동물의 먹이가 되는 등 수생태계 먹이 사슬의 기초를 이루는 동시에 인간에게도 많은 영향을 줄 수 있습니다.

국립낙동강생물자원관은 우리나라에서 유일한 담수생물 전문 연구기관으로서 이러한 식물플랑크톤의 중요성을 인식해 2016년부터 전문가 분들과 함께 식물플랑크톤을 연구해 왔으며, 그 결과로 금강, 낙동강, 남한강 및 북한강에 사는 식물플랑크톤을 소개하는 도감을 발간한 바 있습니다. 이번에 영산강 및 섬진강에 사는 식물플랑크톤 연구 결과를 더해서 『식물플랑크톤: 우리나라 주요 강에 사는 종』을 발간하게 되었습니다.

우리나라에는 플랑크톤이 약 8,000종 사는 것으로 알려져 있고, 식물플랑크톤은 약 6,000종이 있습니다. 이번에 발간하는 도감에는 이 중에서 우리나라 주요 강에 사는 300종을 수록했습니다. 이 도감은 식물플랑크톤 종별 사진, 분류학적 특징, 생태학적 정보 등을 담고 있어 식물플랑크톤의 종 다양성 및 생태에 관해 이해를 증진시킬 수 있는 기초 자료로서 큰 역할을 할 것으로 기대합니다. 동시에 최근에 새로운 국가적 재산으로 부각되는 우리나라 고유 담수생물자원의 체계적인 발굴과 보존대책 수립에도 도움이 될 것입니다.

우리 자원관에서는 앞으로도 대형 하천이 아닌 소하천과 지류, 습지와 석호와 같은 특이서식지, 저수지, 샘과 같은 정수지역에 사는 식물플랑크톤을 연구해, 담수생태계의 필수 구성원인 식물플랑크톤 연구 결과물을 지속적으로 제공할 계획입니다. 이를 통해 담수생물 전문 연구기관으로서 역할을 다해 생물다양성에 대한 대국민 인식을 높이는 데에 기여하는 책임 있는 기관으로 거듭나고자 합니다.

마지막으로 2016년부터 수없이 어려운 상황에서도 낙동강, 남한강, 북한강, 금강의 식물플랑크톤을 같이 연구해 주신 연구자 분들과 특히 이번에 발간하는 『식물플랑크톤: 우리나라 주요 강에 사는 종』 집필에 참여해 주신 인제대학교 조경제 교수님, 전남대학교 이학영 교수님께 깊은 감사 말씀을 드립니다.

2020년 12월
국립낙동강생물자원관장 서민환

머리말

한 국가의 부는 다양한 요소로 추산됩니다. 지난 세기에는 무역 규모, 식민지 영토, 지하자원 량 등에 따라 국부가 결정되기도 했지만, 21세기에는 생물자원이 중요한 요소로 계상되어야 한다는 것에 많은 생태학자가 동의합니다.

생물자원 중 가장 중요한 요소는 생물다양성(biodiversity)입니다. '생물다양성협약'에서 생물다양성은 "육상과 해양, 그 밖의 수중생태계와 이들 생태계가 부분을 이루는 복합생태계 등 모든 분야 생물체간의 변이성을 말하며, 종내 다양성, 종간 다양성 및 생태계 다양성을 포함"한다고 정의합니다. 따라서 생물종(species) 다양성, 생태계(ecosystem) 다양성, 생물 유전자(gene) 다양성을 유지, 보전하는 것이 생물다양성을 높이고, 국가 생물자원의 용량(capacity)을 키우는 것입니다.

인류가 생물다양성의 가치를 인식한 것은 비교적 최근 일입니다. 두 차례 대전 후 세계 전쟁이 없는 80여 년을 거치면서 최대 다수에게 최대 행복을 제공한다는 목표 아래 생산과 소비가 급증하면서 전 지구적으로 자연환경 교란이 이루어졌습니다. 그 부작용으로 금세기를 지구의 여섯 번째 대멸종 시기로 칭할 만큼 생물다양성이 감소하고 있습니다. 국제자연보전연맹(IUCN)은 지구 생물종의 분포가 한대 1~2%, 온대 13~24%, 열대 74~84%라고 추정하며, 생물자원이 가장 많은 열대 우림이 개발 압력을 가장 크게 받고 있어 이러한 추세로 생물다양성이 계속 파괴된다면 멀지 않은 미래에 인류는 생존에 큰 위협을 받을 수도 있다고 판단하고 생물다양성 유지를 위해 전 세계적 활동을 시작했습니다.

우리나라도 지난 60년간 이어진 압축성장기에는 생물자원에 대한 이해가 부족해 효과적인 보전과 복원을 하지 못했습니다. 그러다 2000년대 들어 생물자원에 대한 관심과 이해의 폭이 확장되면서 2002년에 ① 국가생물자원 확보·소장·관리를 통한 생물자원 주권 확립, ② 생물산업 지원 기반 구축 및 유용성 연구, ③ 국가생물자원 정보시스템 구축 및 정책지원, ④ 전시·교육을 통한 생물자원 인식 제고 및 인력 양성을 목적으로 한 국립생물자원관 건립의 기본계획이 수립되었고, 2007년 국립생물자원관이 공식 개관했습니다.

이후 담수생물 주권 확보와 생물다양성 보전 및 생물자원의 지속가능한 이용에 기여하고자 2015년 담수생물 전문 연구기관으로 국립낙동강생물자원관이 개관해 담수조류를 비롯한 담수생태계의 유용한 생물자원 발굴, 유전자원은행 구축, 유용자원 배양기술 확보, 맞춤형 바이오산업 지원, 생물자원 다양성 발굴, 보전 및 관리에 대한 정책 지원, 정보 및 활용기술 축적에 큰 역할을 하고 있습니다.

초창기 우리나라의 담수조류 연구는 대부분 외국인이 주도하다가 해방 이후 본격적으로 우리나라 학자들의 연구가 이루어졌습니다. 이 시기 연구자들은 종 동정 자료로 일본 서적과 도감을 주로 이용했는데, 1968년에 문교부의 지원으로 정영호 박사가 『한국산 동식물도감: 담수조류편』을 출판해 많은 연구자에게 큰 도움을 주었습니다. 이후 경북대학교 정준 박사의 『한국담수조류도감』과 한강물환경연구소, 낙동강물환경연구소, 영산강물환경연구소의 『담수조류사진집』 등이 출판되면서 우리나라 담수조류 연구에 크게 기여했습니다.

초창기 담수조류 연구는 호소를 중심으로 이루어지다가 하천 환경교란에 따른 수생태계 구조와 기능 연구가 요청되면서 하천 담수조류 연구가 폭발적으로 증가했고, 이에 따라 하천 담수조류 도감이 필요해졌습니다. 이러한 시점에 국립생물자원관의 지원으로 이진환 박사께서 2013년에 고해상도 컬러판 『한강하류의 식물플랑크톤도감』을 발간해 우리나라 담수조류 도감의 새 지평을 열었습니다. 이후 국립낙동강생물자원관에서 이진환 박사 등이 참여한 『낙동강 유역의 식물플랑크톤 도감』(2017)과 『북한강의 식물플랑크톤 도감』, 『금강의 식물플랑크톤 도감』(2019)과 이옥민 박사 등이 참여한 『남한강 유역의 식물플랑크톤 도감』(2019)이 출판됨으로써 영산강 유역을 제외한 우리나라 대표 하천의 식물플랑크톤 도감이 모두 발간되었습니다.

이 연구는 기존에 발간된 한강, 낙동강, 금강의 식물플랑크톤 도감에 이어 영산강과 섬진강의 식물플랑크톤을 포함한 우리나라 5대 하천의 식물플랑크톤 도감을 발간함으로써 우리나라 식물플랑크톤 연구자, 관련 연구소, 학문 후속세대 등에게 도움을 주고자 국립낙동강생물자원관이 기획한 것입니다.

이 도감은 이진환 박사, 이옥민 박사, 김한순 박사 등이 출판한 자료를 토대로 인제대학교 조경제 박사, 전남대학교 이학영 박사, 국립낙동강생물자원관 조류연구팀이 공동으로 편집, 출판했습니다.

이 연구의 모든 과정을 지원한 국립낙동강생물자원관의 서민환 관장님과 정상철 실장님 그리고 자료를 정리하느라 수고한 전남대학교 조현진, 나정은 박사에게 감사의 뜻을 전합니다. 짧은 시간에 본 도감 출판을 위해 수고한 도서출판 〈자연과생태〉의 조영권 편집장님과 직원 모든 분에게도 깊은 감사를 드립니다.

2020년 12월
편집대표 조경제 · 이학영

Contents

돌말류

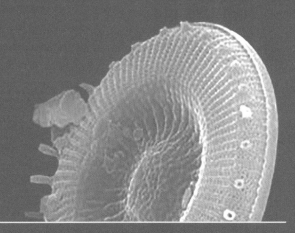

BACILLARIOPHYTA

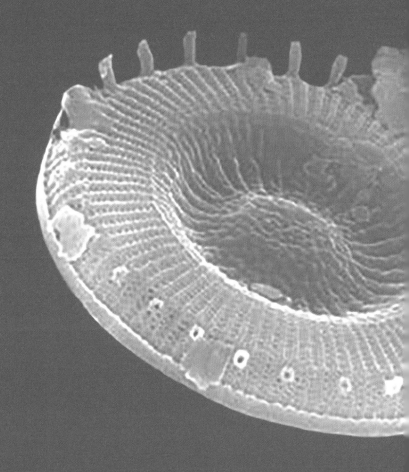

Aulacoseira ambigua
(Grunow) Simonsen

기본명 *Melosira crenulata* var. *ambigua* Grunow.
이명 *Melosira granulata* var. *ambigua* (Grunow) Thum.
 Melosira ambigua (Grunow) O. Müller.
 Melosira italica var. *ambigua* (Grunow) Cleve-Euler.
참고문헌 Krammer & Lange-Bertalot 1991, p. 25, pl. 1, fig. 5, pl. 2, fig. 3, pl. 21, figs 1-6; Potapova & English 2010 in Diatoms of North America.

세포는 원통형으로 결합세포와 분리세포 두 종류가 있으며, 결합세포 뚜껑면이 서로 결합해 세포가 연결된 긴 사상체를 5-30개 이루고, 사상체 끝의 분리세포 결합돌기는 짧은 바늘처럼 뾰족하다. 사상체의 원통 길이는 분리세포의 빈도에 의해 결정된다. 뚜껑면은 평편하며, 2개 뚜껑면의 연결부위 가장자리에서는 의횡구가 관찰된다. 각투면과 둘레띠(목부) 사이에 관상 조임목 횡구가 발달하고, 각투면에는 점문열이 원통축에 대해 나선상으로 배열한다. 각투면에서 점문열은 보통 10 μm에 16-19개이나 미세한 세포의 경우 20-25 범위이며, 점문열에서 10 μm당 점문은 각각 17-19 및 19-22 범위이다. 각투면 둘레띠 쪽 가장자리에 입술돌기 개연부가 있다. 뚜껑면은 직경(D) 4-17 μm, 각투면은 높이(H) 5-13 μm이며, H/D 비율은 최소 0.75, 최대 2 이상이다.

Note *Aulacoseira* 속 돌말류를 동정할 때는 뚜껑면 가장자리의 가시(spine) 형태와 크기가 중요한 키가 된다. 전자현미경에서 관찰하면 세포의 결합돌기는 스패너 모양으로 다른 근연종과 구별된다.
생태특성 중영양 또는 부영양 플랑크톤으로 분류되고, 부영양성 돌말류 중에서 알칼리도가 비교적 낮은 곳에 주로 분포하며, 알칼리도가 높은 곳에는 우점도가 높지 않을 것으로 추정된다.
분포 북반구나 남반구 온대지방의 강과 하천에 흔하다. 국내에서는 주요 강의 하류와 댐 호수에서 우점종 또는 아우점종으로 기록되어 왔다. 5-11월 사이에 번무하나 봄과 가을에 특히 증가하고, *Microcystis* 등 남조류가 발생 시에는 감소한다.

Aulacoseira ambigua.
A-C. 살아있는 세포. D-H. 둘레면으로 본 원통형 군체와 횡구.
I. 뚜껑면 가장자리 결합가시에 의한 두 세포의 결합.
J. 뚜껑면 가장자리의 분리가시와 입술돌기 개연부.
광학현미경; A-H. 주사전자현미경; I, J.
척도=10 μm(A-H), 2 μm(I, J).

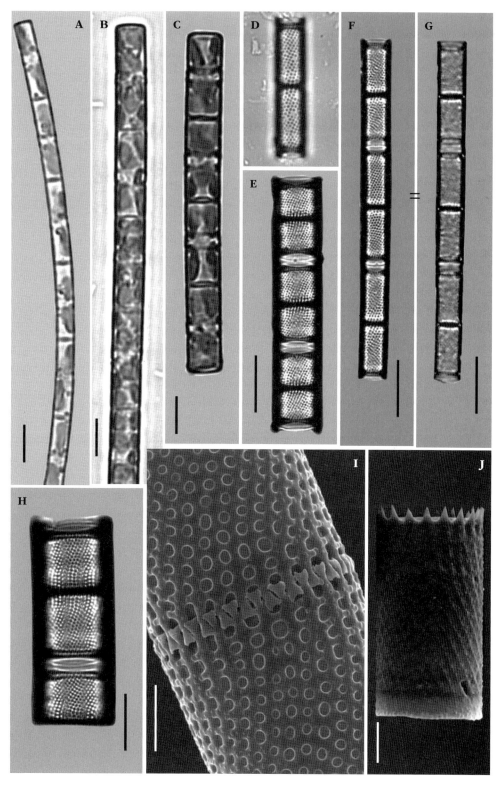

Aulacoseira ambigua f. *japonica*
(Meister) Tuji & D.M. Williams

기본명   *Melosira japonica* Meister 1913, non *Melosira japonica* Pantocsek
참고문헌   Tuji & Williams 2007, p. 69. figs 1-4.

세포의 기본구조가 *A. ambigua*와 같으나 가늘고 긴 사상체가 나선형으로 규칙적으로 휘어진 점이 다르다. 세포벽은 두껍게 발달하나 뚜껑면의 결합가시는 작고 두 뚜껑면 사이의 의횡구는 약하게 나타난다. 둘레띠 목부가 넓으며, 목부 양쪽에 약한 횡구와 함께 각투면과 구별되며, 횡구 내부에 발달한 돌출부는 좁은 편이다. 각투면의 점문열은 나선상으로 배열하며, 10 μm에 19-22열이다. 세포는 직경(D) 3.5-5.5 μm, 각투면의 높이(H) 7-9 μm로 각투면이 매우 길다. 뚜껑면의 결합돌기는 기본종과 같이 스패너 모양이며, 각투면의 돌출맥과 일치하며, 점문열과는 어긋나게 배열한다. 둘레띠 목부와 인접한 횡렬 점문이 다른 것보다 더 뚜렷하다.

Note 국내에서는 과거에 *Aulacoseira granulata*의 나선형 분류군으로 기록되었을 것으로 추정된다.
생태특성 기본종 *Aulacoseira ambigua*와 동시에 출현하며, 주로 9, 10월 가을철에 증가한다. 담수뿐 아니라 강 하구, 기수에서도 많이 출현한다. 낙동강 하구에서 여름, 가을의 홍수 시에 고탁도와 함께 대발생하는 것이 관측되었는데 탁수와 관련 있을 것으로 보인다.
분포 기준표본 채집지는 일본의 나가노현 스와호이며, 1913년에 기재되었다. 일본, 한국, 중국 등 동북아시아에 분포했던 분류군으로 추정되는데, 2016년 이후 남아프리카, 이집트, 서러시아, 유럽 등지에서 보고되었고, 해당 지역의 수질 부영양화와 함께 크게 증가하고 있으며, 어떤 지역에서는 우점종으로 보고되었다. 해당 지역에서는 기록된 적이 없었던 종으로 일본 등지에서 침입한 외래종으로 분류된다. 국내에서는 한강, 남한강, 금강 등 대하천에서 보고되었고, 낙동강 하구에서는 하구호 조성 이후 증가했다.

Aulacoseira ambigua f. *japonica*.
A, B. 살아있는 나선형 군체.
C-F. 둘레면으로 본 원통형 군체.
G, H. 뚜껑면 가장자리의 결합가시와 두 세포의 결합.
광학현미경; A-F. 주사전자현미경; G, H.
척도=30 μm(A, B), 10 μm(C-F), 5 μm(H), 2 μm(G).

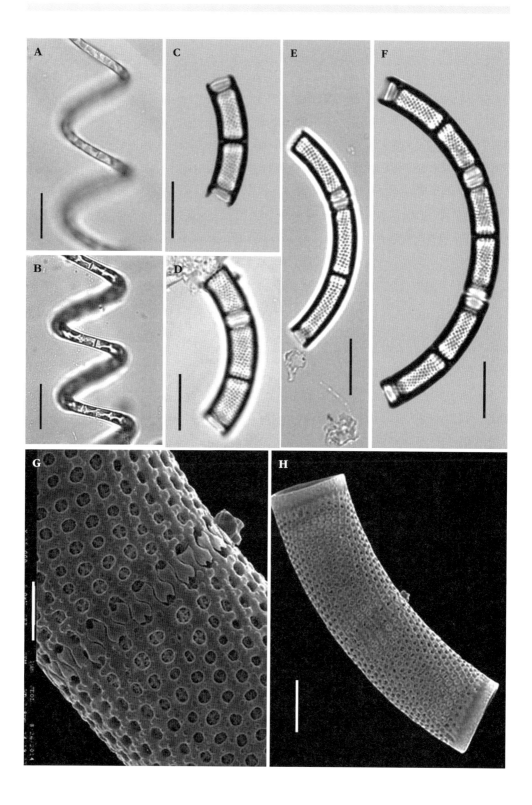

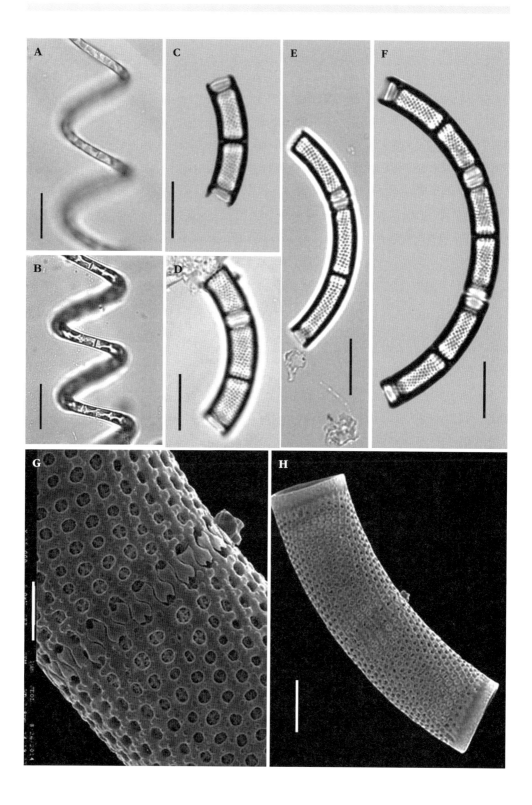

Aulacoseira granulata
(Ehrenberg) Simonsen

기본명   *Gallionella granulata* Ehrenberg.
이명   *Melosira granulata* (Ehrenberg) Ralfs.
참고문헌   Krammer & Lange-Bertalot 1991, p. 22. pl. 16, figs 1, 2, pl. 17, figs 1-10, pl. 18, figs 1-12, pl. 19, figs 1, 2, 8; Potapova & English 2010b in Diatoms of North America.

세포는 원통형으로 뚜껑면 가장자리 돌기가 연결되어 사상체 군체를 이루고, 결합세포와 연결세포 두 가지가 있다. 분리세포의 결합돌기는 송곳 모양 가시로 인접 세포와 연결되는데 각 연결부위가 떨어지면 특유의 긴 가시를 관찰할 수 있다. 결합세포의 결합돌기는 역삼각형으로 인접 세포와 연결되고, 뚜껑면 연결부위의 홈(의횡구)이 작다. 사상체 길이는 분리세포의 빈도에 따라 다르다. 각투면의 점문은 매우 크고, 그 점문열은 직선이거나 약간 휘어진 형태로 달린다. 각투면의 점문열은 10 *μm*당 7-15열이고, 점문은 10 *μm*당 보통 5-9개이다. 둘레띠의 횡구는 매우 작고, 원통 안의 돌출부도 작다. 뚜껑면은 평편하고 폭(D) 4-30 *μm*, 각투 높이(H)는 5-24 *μm*이며, H/D 비율은 0.8 이상이다. 가장 큰 특징은 두꺼운 세포벽과 분리세포가 있는 송곳형 가시이다.

Note 각투면의 점문이 직선인 점이 특징이나 직경이 큰 세포에서는 휘어진 형태가 있어 크기가 비슷한 *Aulacoseira ambigua*와 구별이 쉽지 않은 경우가 있다. 이럴 때에는 각투면에서 10 *μm*당 점문열의 수로 식별할 수 있다.

생태특성 전 세계의 강과 대하천에서 가장 흔한 우점종으로 기록되며, 국내 4대강과 중요 댐호수에서도 우점종 또는 아우점종으로 보고되었다. 국내 발생 시기는 봄과 가을이며 여름에는 현저히 감소하는 경향이 있다. 유속이 빠르고 탁도가 높은 하천에 잘 적응하는 돌말류로 알려졌으며, 호수와 같은 정수에서는 상대적으로 불리해 침강을 저해할 정도의 적절한 교란이 일어나는 곳에 번무한다. 중영양-부영양 수역을 선호한다.

분포 전 세계에서 가장 흔한 보편종이다. 국내에서는 강, 하천, 호수, 저수지 등에서 무수히 보고되었으며 때로는 우점종으로 기록되었다. 특히 한강, 낙동강 등 대하천에서는 대발생하기도 한다. 그러나 소규모 하천이나 호수, 저수지와 같이 교란이 일어나지 않는 수역에서는 발생량이 많지 않다.

Aulacoseira granulata.
A, B: 살아있는 세포. C–F. 둘레면으로 본 원통형 군체. H. 뚜껑면 가장자리의 분리가시. G. 두 세포의 결합과 역삼각형의 결합가시.
광학현미경; A–F. 주사전자현미경; H, G. 척도=10 *μm*(A-F), 5 *μm*(G, H).

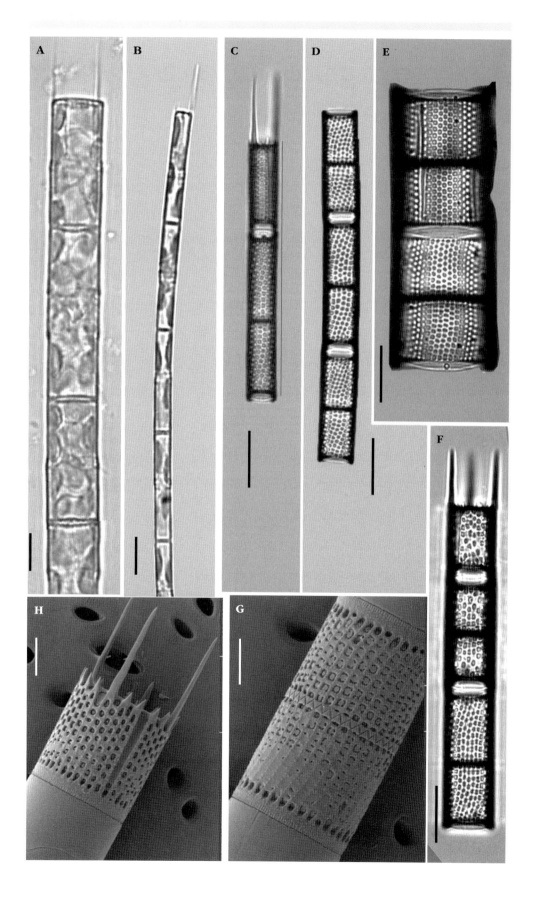

Aulacoseira granulata var. *angustissima*
(O. Müller) Simonsen

기본명 *Melosira granulata* var. *angustissima* O. Müller
참고문헌 Krammer & Lange-Bertalot 1991, p. 23. pl. 18, fig. 11; English & Potapova 2010 in Diatoms of North America.

세포는 가늘고 긴 원통형으로 길이가 폭보다 약 20배 긴 것도 관찰된다. 세포는 결합세포의 돌기로 연결되어 세포 5-14개로 된 사상체를 이룬다. 각투의 점문열은 미약해 10 μm당 7-16개 범위이며, 점문열은 10 μm당 9-12개이다. 형태 특징은 기본종과 같아 형태적으로 서로 분리할 수 없으며, 크기에서 차이가 난다. 세포는 폭(D) 3-5 μm, 각투 높이(H) 11-20 μm이며, H/D 비율은 대부분 3-5 범위이다.

Note 기본종인 *Aulacoseira granulata*와 형태적 차이는 거의 없다. *A. granulata* 개체군 중에서 특히 폭이 좁고 긴 것인데, H/D 비율이 3 이상인 것이 해당된다.

생태특성 기본종인 *A. granulata*와 같이 나타나는 동반종으로 부영양 수질과 정수보다는 유수를 더 선호하는 등 생태 특징이 기본종과 유사하다. 그러나 기본종과 달리 여름과 가을에 많이 관찰되는 경향이 있다.

분포 국내에서는 기본종 *A. granulata*와 함께 많이 보고된 분류군으로 느린 유수역에서 주로 발생한다.

Aulacoseira granulata var. *angustissima*.
A. 살아있는 군체. B-E. 둘레면으로 본 원통형 군체. F, G. 두 세포의 결합가시와 역마름모형의 가시.
광학현미경; A-E. 주사전자현미경; F, G. 척도= 10 μm(A-E), 5 μm(F), 1 μm(G).

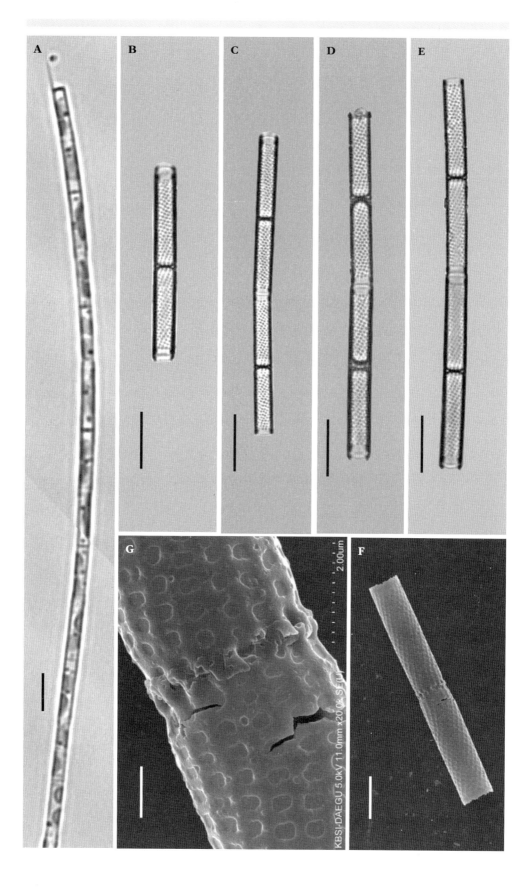

Aulacoseira subarctica
(O. Müller) Haworth

기본명 *Melosira italica* subsp. *subarctica* O. Müller.
이명 *Aulacoseira italica* subsp. *subarctica* (O.F. Müller) Simonsen.
　　　　Aulacoseira italica var. *subarctica* (O. Müller) Davydova.
참고문헌 Haworth 1990, p. 143, fig. 43; Krammer & Lange-Bertalot 1991, p. 28, pl. 2, fig. 1, pl. 3, fig. 3, pl. 23, figs 1-11; Kobayashi 2006, p. 12. pl. 19-20.

세포는 원통형이고, 사상체 군체를 이루며, 군체는 직선이거나 약간 휘어지고, 둘레면으로 보면 뚜껑면은 약간 볼록하다. 각투면의 점문은 원형이고, 한쪽 방향으로 휘어지는 약한 나선상으로 배열하고, 점문열은 10 *μm*에 18-20개이고 망목은 10 *μm*에 18-21개이다. 뚜껑면 가장자리의 연결가시는 작고 뾰족하며 환상을 이루고, 연결가시는 각투면의 2개 돌출맥과 연결된다. 세포의 골격은 두껍게 발달하나 분리가시와 결합가시가 따로 분화되어 있지는 않다. 둘레띠의 횡구(sulcus)는 뚜렷하지 않으며, 그 내부 돌출부(ringleiste)가 좁은 편이고, 둘레띠의 목부(collum)는 짧다. 세포 직경(D)은 3-15 *μm*, 각투면의 높이(H)는 2.5-18 *μm*이고, H/D 비율은 0.8-3 범위이다.

Note *Aulacoseira ambigua*와 비교하면 각투면이 매우 짧은 점에서 *A. distans* (Ehrenberg) Simonsen과 유사하나 점문이 보다 작고, 각투면에서 점문의 배열이 휘어지는 점에서 직선인 *A. distans*와 구별된다.

생태특성 일본에서는 약오탁 내성종으로 북해도의 여러 호수와 비와호에서 많이 보고되었으며, 부유플랑크톤이지만 부착기질 위에도 흔하게 관찰된다. 다른 *Aulacoseira* 속 돌말류보다 상대적으로 TP 농도가 낮은 수체를 선호하는 중영양성으로 알려졌다.

분포 호수에서 우점종으로도 기록되는 전 세계 보편종이다. 국내에서는 대청호, 진양호, 임하호, 팔당호 등에서 우점종 또는 중요종으로 기록되었고, 의암호와 금강 등에서도 관찰되었다. 하구호 축조 이전 낙동강 하구에서 봄과 가을에 많이 출현했으며, 5, 6월과 11월에 최고조에 달해, 그때 밀도는 최대 6.8×10^6 cells/L였다. 정수역의 저수지와 호수뿐 아니라 유수인 하천에도 생육한다.

Aulacoseira subarctica.
A, B. 살아있는 세포. C–E. 둘레면으로 본 원통형 군체. F, G. 둘레면으로 본 미세구조, 뚜껑면 가장자리의 가시.
광학현미경; A–E, 주사전자현미경; F, G. 척도 = 10 μm(A–E), 2 μm(F, G).

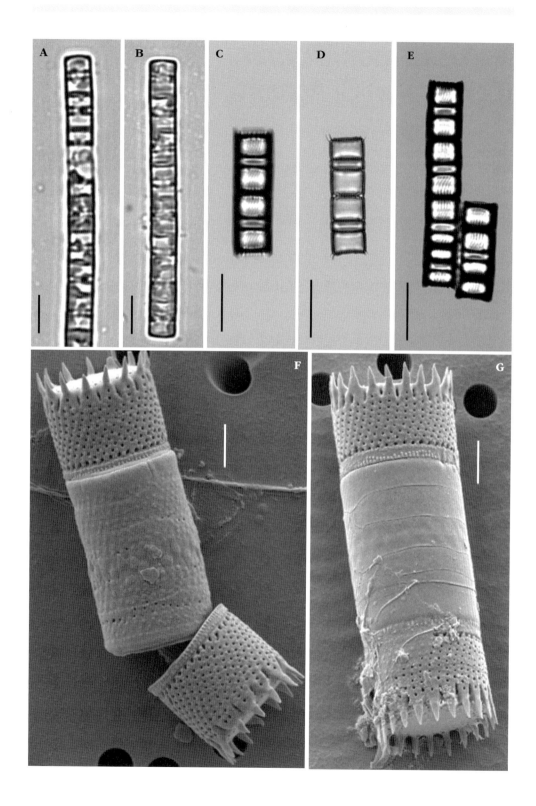

Melosira moniliformis
(O.F. Müller) C. Agardh

기본명 *Conferva moniliformis* O.F. Müller.
이명 *Lysigonium moniliforme* (O.F. Müller) Link.
  Melosira borreri Greville.
참고문헌 Crawford 1978, p. 229. fig. 1; Krammer & Lange-Bertalot 1991, p. 8. pl. 5. figs 1-7; Kobayashi *et al.* 2006, 2. pl. 1-2.

세포는 둘레면으로 보면 원통형이고, 뚜껑면으로 보면 원형이다. 뚜껑면 중앙에서 점액질로 이웃세포와 규칙적으로 연결되어 직선형 군체를 이룬다. 2개 세포는 어미 세포의 둘레면을 공유함으로서 2개씩 규칙적으로 묶여 있다. 세포의 뚜껑면은 약간 볼록해 연결부 사이에 의횡구가 없다. 뚜껑면은 중심부와 주변부로 구분되어 경계면이 뚜렷하지 않으나, 경계면에 작은 가시가 있고 주변부에는 점문열이 있고, 10 μm당 10-12열이다. 입술 돌기가 뚜껑면 중앙부에 있다. 세포 직경은 32-70 μm이고, 각투면의 높이는 14-30 μm로 직경의 약 1/2 수준이다.

Note *Melosira nummuloides*와 자매종으로 불릴 만큼 동시에 출현하는 경우가 빈번하고, 형태에서도 유사성이 많다. 그러나 본 종은 세포가 더 크고, 뚜껑면의 중심과 가장자리 사이에 환상의 막 구조가 없는 점에서 구별된다.

생태특성 연안 및 기수 지역에 많이 출현하는 돌말류로서 냉수성이고, 지역적으로는 북반구, 계절적으로는 겨울에 더 많이 나타나며, 북극해에도 분포하는 것으로 알려졌다. 저서성 또는 부착성이나 플랑크톤으로 출현한다.

분포 북반구뿐 아니라 남태평양과 대서양 연안 등 온난지역에서 발생하는 광분포종으로, 분포 범위가 매우 넓다. 국내에서는 연안과 기수 지역에서 매우 흔하게 나타나는 돌말류로서 천수만, 남해의 연안, 영덕 오십천 하구, 형산강 하구, 금강 하구호 등에서 관찰되었다.

Melosira moniliformis.
A, B, D, F. 둘레면의 형태(A), 뚜껑면의 연결(B, D, F), 군체 내 2세포성(D). C. 뚜껑면의 형태. E. 살아있는 군체.
광학현미경; A-E, 주사전자현미경; F. 척도 = 20 μm(E), 10 μm(A-D).

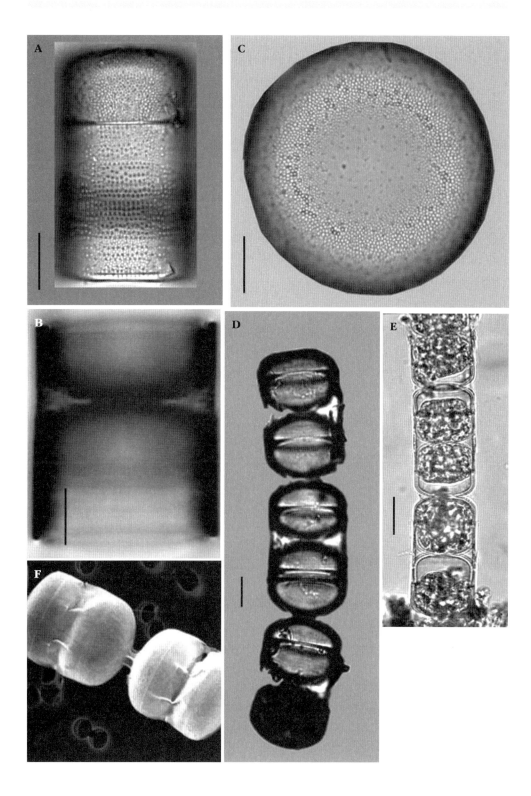

Melosira nummuloides
C. Agardh

기본명   *Conferva nummuloides* Dillwyn.
이명   *Melosira salina* Kützing.
   Lysigonium nummuloides (Dillwyn) Trevisan.
참고문헌   Crawford 1971, p. 132. fig. 1; Crawford 1978, p. 324. fig. 1. Krammer and Lange-Bertalot
   1991, p. 11. pl. 8. figs 1-8.

세포는 구형 또는 둥근 타원체이며, 뚜껑면의 점액 교질물로 연결되어 염주 모양의 사상체를 이룬
다. 뚜껑면이 볼록해, 뚜껑면 연결부 사이 의횡구는 없다. 2개 세포는 어미 세포의 둘레띠를 공유함
으로써 2개씩 규칙적으로 묶여 있다. 세포는 직경(D) 9-42 *μm* 원형, 각투면 높이(H)는 10-14 *μm*이
고, 뚜껑면 직경에 대한 각투 높이의 비율(H/D)은 0.4-1이다. 뚜껑면의 중앙부와 가장자리 사이에
환상의 막(carina) 구조가 있는 점이 특징이며, 뚜껑면의 중앙부에는 가시(corona)가 불규칙하게
분포한다. 뚜껑면 중앙부 가시로 세포가 연결되어 군체를 이룬다.

Note 군체 내의 세포는 2개씩 규칙적으로 묶여 있으며 뚜껑면에 환상의 막이 있는 점이 특징이다.
생태특성 다른 *Melosira* 속 돌말류처럼 주로 바닥에서 생장하는 저서 돌말류이나 플랑크톤으로 많이
나타난다. 기수 지역에서도 유기 오염도가 심한 연안에서 많이 기록되는 오염 내성이 강한 돌말류이
고, 염분이 높은 내륙에서도 관찰된다. 온대지역의 겨울에 많이 출현하며, 여름에는 그 숫자가 감소
하는 냉수성 돌말류로 알려졌다.
분포 전 세계 기수 또는 연안에 생육하는 돌말류로 알려졌으며 매우 흔하게 분포하는 보편종이다. 국
내에서는 강화도, 여수 등 근해 또는 연안에서 보고되었으며, 금강 하구호, 낙동강 하구호, 영덕 오십
천 하구에서도 관찰되었다.

Melosira nummuloides.
A. 살아있는 세포. B, C. 둘레면으로 본 군체. D, E. 뚜껑면의 형태와 환상의 막. 광학현미경; A-D, 주사전자현미경; E. 척도 = 10 *μm*(A-D).

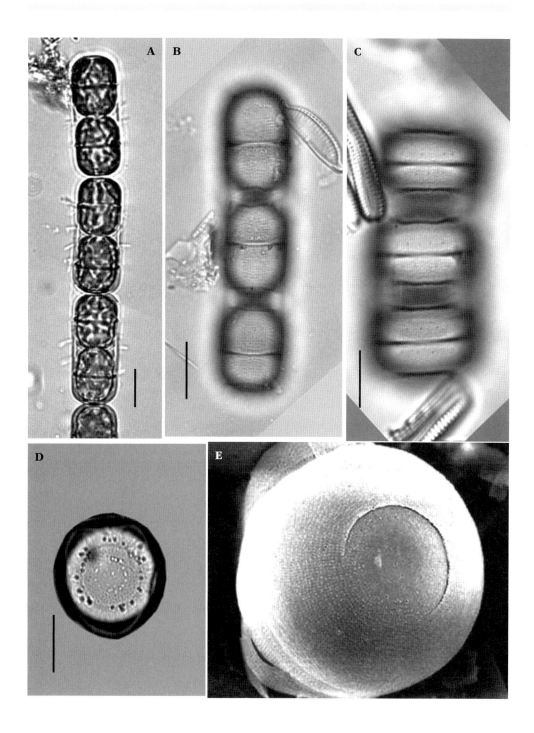

Melosira varians
C. Agardh

참고문헌 Krammer & Lange-Bertalot 1991, p. 7. pl. 3. fig. 8, pl. 4, figs 1-8; Potapova 2009 in Diatoms of North America; 조 2010, p. 109.

세포는 원통형으로, 뚜껑면과 뚜껑면이 결합해 긴 사상체를 이룬다. 뚜껑면은 평편하나, 모서리가 둥글어 뚜껑면 결합부위의 홈(의횡구)이 크다. 뚜껑면에는 과립체 소돌기 또는 작은 가시가 불규칙하게 분포하고, 이것이 결합해 군체를 형성하며, 환상의 막 구조물이나 가시 형태의 구조물은 없다. 둘레면에는 횡구와 고리형 테가 없다. 전자현미경으로 관찰했을 때 각투면에는 미세한 소돌기와 작은 점문 형태의 입술돌기가 불규칙하게 분포하나 광학현미경에서는 점문 또는 별다른 무늬가 없다. 뚜껑면의 가운데를 중심으로 바깥면에 형성된 작은 방(헛작은방)이 많다. 휴면포자의 형성이 빈번한 편이다. 뚜껑면은 직경(D) 8-35 μm 원형이고, 각투면 높이(H)는 4-14 μm이며, H/D 비율은 0.3-1.4 범위이다.

생태특성 하천과 호수의 바닥 부근에 주로 생육하는 저서성 또는 부착성 돌말류이나 얕은 곳에서는 플랑크톤으로 흔하게 나타난다. 봄에서 가을 사이에 많이 발생하나 겨울에도 대량으로 출현하기도 해 계절성이 뚜렷하지 않다. 대하천과 소하천, 작은 수로 등 다양한 크기의 수역에서, 오염도가 높은 곳뿐 아니라 산간계류와 고산 등 수질 오염도가 낮은 빈영양 수계에서도 나타나는 등 분포 범위가 넓고, 생태 내성이 매우 강한 종으로 알려졌다.

분포 저서 돌말류이나 전형적인 플랑크톤 못지않게 부유성 플랑크톤으로 기록되며, 발생하거나 관찰되는 곳이 대하천부터 소하천, 때로는 계류, 실개천, 댐호수, 호수, 저수지, 연못 등 다양하다. 기수에도 나타난다.

Melosira varians.
A, B. 살아있는 세포.
C, D. 뚜껑면의 형태.
E, F. 둘레면으로 본 두 세포의 연결.
G, H. 각투면과 뚜껑면의 미세구조.
광학현미경; A-F. 주사전자현미경; G, H.
척도=10 μm(A-F), 2 μm(G), 1 μm(H).

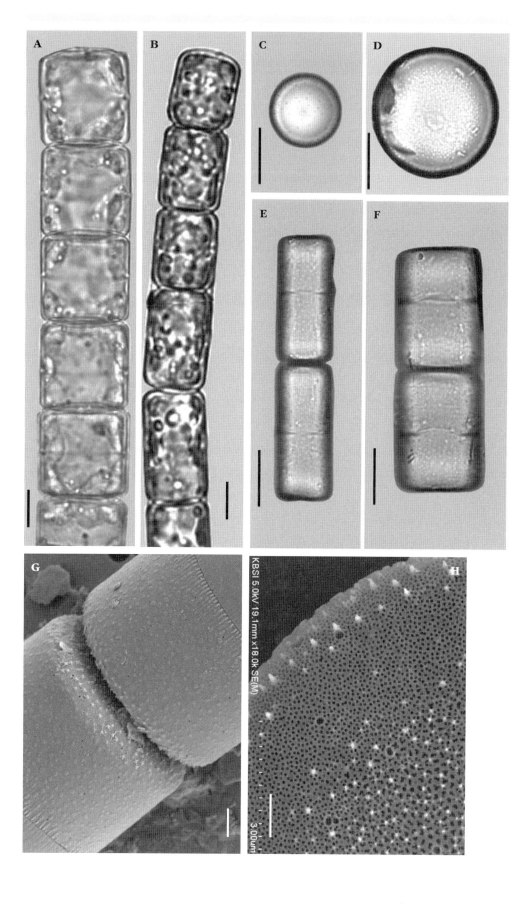

Conticribra weissflogii
(Grunow) Stachura-Suchoples & D.M. Williams

기본명 *Eupodiscus weissflogii* Grunow.
이명 *Micropodiscus weissflogii* Grunow.
　　　Eupodiscus weissflogii (Grunow) De Toni.
　　　Thalassiosira weissflogii (Grunow) G.A. Fryxell & Hasle.
참고문헌 Fryxell & Hasle 1977, p. 68. pl. 1, figs 1-10, pl. 2, figs 11-15; Kobayasi. 2006, 26. pl. 36.

세포는 얇은 북 모양이다. 단독으로 있거나 뚜껑면 중심부의 키틴질이 연결되어 짧은 군체를 이루거나 때로는 점액질 속 덩어리로 관찰되기도 한다. 뚜껑면은 평평하고, 점문이 방사상으로 배열한다. 뚜껑면 중앙에 받침돌기 여러 개가 불규칙하게 배열하고, 받침돌기는 외부에서 외부관과 내부에서 위성 지지공 3-4개로 둘러싸여 있으며, 가장자리 받침돌기는 하나의 환을 이루고, 각투면에 위치하며, 10 μm에 9-11개이다. 가장자리 받침돌기는 외부관으로 끝이 열려 있고, 안쪽에서는 위성 지지공 4개에 둘러싸여 있다. 입술돌기 하나는 가장자리 받침돌기 하나를 대체하고, 외부로 나 있다. 둘레면으로 보면 얇은 직사각형이다. 세포 직경은 4-32 μm이다.

Note 받침돌기가 뚜껑면의 중심부에 위치하고 광학현미경으로 관찰되어 식별이 용이하다.

생태특성 연안과 기수뿐만 아니라 담수역에서 관찰되는 분포가 매우 넓은 돌말류이고, 10‰ 이하의 저염분에서 적조를 일으키기도 한다. 세포의 규산질 골격과 뚜껑면 중심부의 받침돌기 수 등이 염분 농도에 따라 달라지는, 즉 형태 변이가 일어나는 경우가 많다.

분포 부유성 또는 저서성으로 전 세계에서 흔한 보편종이다. 국내에서는 연안 및 하구에서 주로 출현하는 대표적인 연안 또는 기수성 돌말류이다. 서해와 남해 해안, 제주도 연안에서 빈번하게 관찰되었으며 1998년 7월 남해 여자만에서는 대발생하기도 했다. 담수역에서는 낙동강 하구, 금강의 하구호와 본류 여러 곳, 미호천 등에서 출현 빈도가 높았다.

Conticribra weissflogii.
A–C. 뚜껑면의 형태, D. 뚜껑면(바깥쪽면)의 미세구조. E. 둘레면으로 본 세포. F. 뚜껑면(안쪽면) 중심부의 받침돌기. G. 뚜껑면(안쪽면) 가장자리의 입술돌기. 광학현미경; A–C, 주사전자현미경; D–G. 척도 = 10 μm(A–C), 5 μm(E), 2 μm(D), 1 μm(G), 0.5 μm(F).

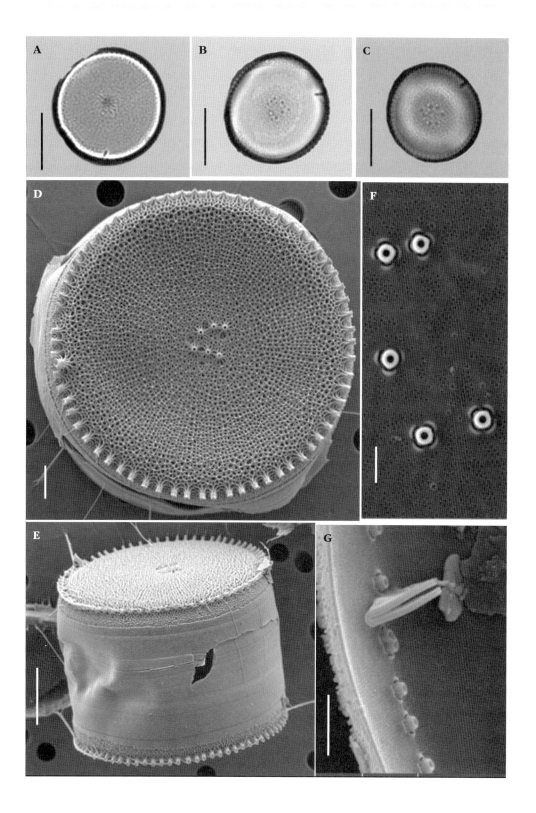

Thalassiosira lacustris
(Grunow) Hasle

기본명 *Stephanodiscus bramaputrae* Ehrenberg.

이명 *Cyclotella punctata* W. Smith.

Stephanodiscus punctatus (W. Smith) Grunow.

Thalassiosira lacustris (Grunow) Hasle.

참고문헌 Hakånsson & Locker 1981, p. 123, fig. 5; Smucker *et al.* 2008, p. 204, figs 1-7, 9-21; Kociolek 2011 in Diatoms of North America.

세포는 얕은 북 모양, 단세포이며, 세포의 규산질 골격이 매우 두껍다. 뚜껑면은 원형으로 중앙부는 볼록하나 전체적으로 심한 굴곡이 있다. 뚜껑면에는 점문열이 중심부에서 가장자리 쪽으로 방사상으로 배열하나 거친 표면과 굴곡 때문에 방사배열이 뚜렷하지 않다. 점문은 매우 큰 다각형이며, 주변부로 향해 다소 불규칙하게 배열하고, 점문열 사이에는 돌출맥이 있으나 뚜렷하지 않다. 뚜껑면 가장자리에 받침돌기가 환상으로 규칙적으로 배열하고, 안쪽에 환상 배열이 하나 더 있으나 간격이 불규칙해 받침돌기 수는 절반 정도 되고, 입술돌기는 받침돌기의 안쪽 뚜껑면에 불규칙하게 여러 개 분포한다. 뚜껑면은 직경 11-57 μm이다.

Note *Thalassiosira bramaputrae* (Ehrenberg) Håkansson & Locker(기본명 *S. bramaputrae* Ehrenberg)와 형태가 매우 유사해 오동정되기도 한다. *T. bramaputrae*는 뚜껑면의 가장자리에 받침돌기가 완전한 두 줄 환상으로 배열하나 *T. lacustris*에서 바깥 받침돌기는 완전한 환상이나 안쪽 것은 일정하지 않고 돌기 수가 적다. 그 외 뚜껑면의 크기와 형태는 같다.

생태특성 부유 플랑크톤으로 강의 기수 지역, 연안의 기수, 해양의 대륙붕까지 분포하는 것으로 보고되며, 염도가 낮은 하천이나 호수에서도 출현하는 등 분포 범위가 매우 넓다. 담수에서 부유 플랑크톤이나 바닥 저서 돌말류로도 관찰된다.

분포 *T. bramaputrae*에 비해 분포 지역이 빈약한 편이다. 국내에서는 1995년 낙동강에서 처음 보고되었고, 주로 하천을 중심으로 드물게 관찰되었다.

Thalassiosira lacustris.

A–C. 뚜껑면의 형태. D, E. 뚜껑의 바깥쪽면(D)과 안쪽면(E)의 미세구조.

광학현미경; A–C. 주사전자현미경; D, E. 척도=10 μm(A–C), 5 μm(D, E).

Skeletonema potamos
(Weber) Hasle

기본명   *Microsiphona potamos* Weber.
이명   *Stephanodiscus subsalsus* (Cleve-Euler) Hustedt *sensu* Hustedt 1928.
       Stephanodiscus subsalsus (Cleve-Euler) Hustedt.
       Skeletonema subsalsum (Cleve-Euler) Bethge.
참고문헌   Weber 1970, p. 151. figs 2; Krammer & Lange-Bertalot 1991, p. 82, pl. 85, figs 4-8.

세포는 짧은 원기둥 모양이며 뚜껑면이 연결되어 군체를 이룬다. 뚜껑면은 원형이거나 약한 타원형이고, 평편하거나 약간 둥글다. 뚜껑면 중앙부에는 과립이 불규칙하게 있기도 하며, 가장자리에는 망상 돌출맥이 있다. 뚜껑면과 각투면 경계에 받침돌기가 5-7개 있으며, 바깥으로 관처럼 돌출하고 그 끝은 2, 3개로 갈라지기도 한다. 뚜껑면 중심부에 입술돌기가 있다. 세포 색소체는 1개로 전체 부피의 절반 이상을 차지한다. 뚜껑면은 직경 3-6 μm 원형 또는 타원형이고, 둘레면으로 보았을 때 길이는 4-10 μm이다.

Note 본 종은 *Stephanodiscus subsalsus* (Cleve-Euler) Hustedt라는 학명으로 독일에서 기재되었으나 이후 *Skeletonema potamos*로 재기재되었다.

생태특성 염분농도 2~34‰ 범위에서 생육하는 광염성이며, 기수뿐 아니라 담수에도 분포한다. 광염성이면서 부영양화 수역에 나타나고 온도에 대한 생장은 고온성이나 협온성을 띤다. 강 하구 또는 기수역에 주로 분포하는 부영양화 지표종이다.

분포 본 종은 유럽과 북미 지역의 호수와 강에서 흔하게 기록되고 있으며 다뉴브(Danube)강에서는 가장 중요한 플랑크톤으로 보고된다. 일본에서는 연안에서, 브라질 남부 지방의 석호에서는 *Aulacoseira* 돌말류와 함께 번무했다. 국내에서는 보고 사례가 많지 않다. 부산 서낙동강에서 1995년 이후 대발생한 적이 있고 그 당시 10^7cells/L를 초과했다. 여주 남한강에서는 2018년 10월 *Aulacoseira granulata* 대발생 시 동반 출현한 적이 있다.

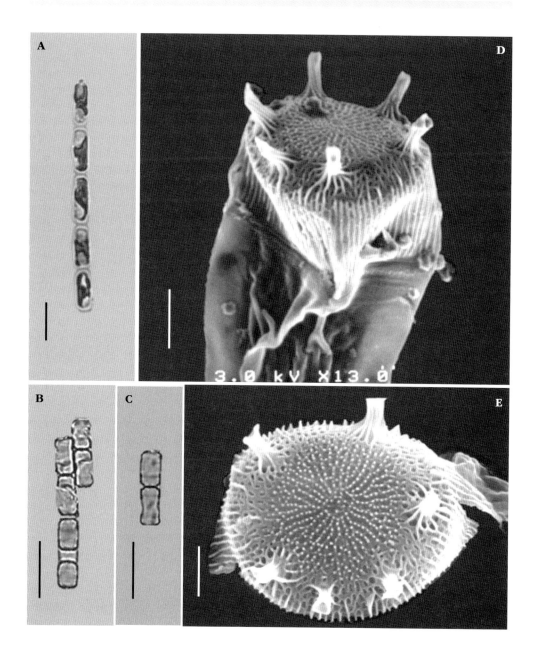

Skeletonema potamos.
A. 살아있는 군체(둘레면). B, C. 둘레면으로 본 군체 형태. D, E. 뚜껑면의 미세구조와 가장자리의 긴 받침돌기.
광학현미경: A–C. 주사전자현미경: D, E. 척도=10 μm(A–C), 1 μm(D, E).

Cyclostephanos dubius
(Hustedt) Round

기본명   *Cyclotella dubia* Hustedt.
이명   *Stephanodiscus pulcherrima* Cleve-Euler.
   Cyclotella dubia var. *spinulosa* Cleve-Euler.
   Stephanodiscus dubius (Fricke) Hustedt.
   Cyclostephanos dubius (Fricke) Round.

참고문헌   Håkansson 2002, p. 62. figs 198-208; Kobayasi. 2006, p. 27. pl. 37-38; Houk *et al.* 2014, p. 52, pl. 173, figs 1-14, pl. 174, figs 1-6, pl. 175, figs 1-6, pl. 176, figs 1-6.

세포는 단독성이나 때때로 짧은 사슬 형태의 군체를 이룬다. 둘레면으로 보면 높이가 낮은 직사각형이며, 뚜껑면에서 보면 원형이다. 뚜껑면 중앙부는 볼록 또는 오목하고, 동심원으로 굴곡이 있으며 뚜껑면의 1/2 부분을 경계로 중심부와 주변부로 뚜렷이 구별된다. 중심부 안쪽의 점문열은 단열이나, 주변부에는 방사상으로 배열하고, 그 사이에 점문열은 중앙에서 각투면 인접부를 향해 2열에서 3-4열로 증가한다. 뚜껑면 중심부에 한 개 또는 여러 개 받침돌기가 외부로 열려 있고, 내부에 위성 지지공이 2개 있다. 뚜껑면의 가장자리 받침돌기는 2-3열의 돌출맥마다 위치하나 돌기가 외부로 돌출하지 않거나 미미하게 돌출하고, 하나의 입술돌기는 각투면 받침돌기 환을 따라 1개 있다. 세포 직경은 3-35 μm이다.

Note 뚜껑면 가장자리의 받침돌기가 외부로 돌출하지 않거나 미미한 점에서 돌기가 뚜렷한 *Stephanodiscus* 속 돌말류와 차이가 있고, 특히 소형 *C. dubius*와 *Stephanodiscus minutulus* (Kützing) Cleve & Möller를 구별하는 게 쉽지 않은데 *S. minutulus*는 받침돌기가 가시 형태로 돌출한 점에서 구별된다.

생태특성 전형적인 플랑크톤으로 중영양, 부영양 수역의 담수에서 기수 지역에 분포하는 호염분 돌말류이나 고알칼리성 수질에서는 저해를 받는 것으로 알려졌다.

분포 우크라이나 크림반도에서 처음 기록되었으며 유럽과 북미의 보편종이다. 특히 전기전도도가 높은 부영양 수역에 많이 나타나는 것으로 알려졌다. 국내에서는 늦여름에서 가을 사이에 집중적으로 나타나며, 낙동강 하구에서는 9~11월, 한강 하류에서는 8-10월에 집중적으로 나타났다. 국내에서는 울진 광천에서 돌부착 조류 조사과정에서 처음 기록되었으며(이 1992), 그 이후 임하호, 필당호 등 호수, 낙동강, 한강, 금강과 미호천, 영산강 등에서 흔하게 나타났다. 특히, 경주 덕동호와 진주 진양호에서는 최우점종으로 기록되기도 했다.

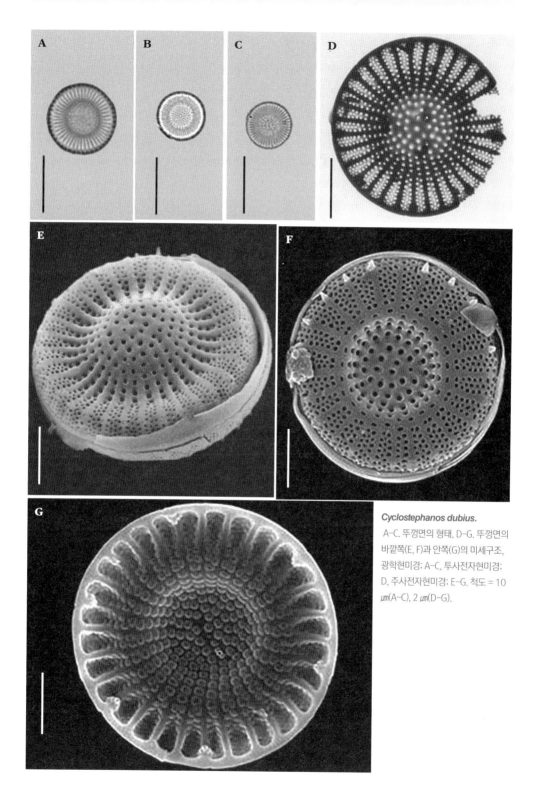

Cyclostephanos dubius.
A–C. 뚜껑면의 형태, D–G. 뚜껑면의
바깥쪽(E, F)과 안쪽(G)의 미세구조,
광학현미경; A–C, 투사전자현미경;
D, 주사전자현미경; E–G. 척도 = 10
μm(A–C), 2 μm(D–G).

Cyclotella atomus
Hustedt

참고문헌 Genkal & Kiss 1993, figs 1-9; Kobayasi 2006, p. 29, pl. 41; Houk *et al.* 2010, p. 13, pl. 124, figs 1-19, pl. 125, figs 1-17, pl. 126, figs 1-6, pl. 127, figs 1-6.

세포는 작은 북 모양으로 단세포이다. 뚜껑면은 작은 원형이며 중심부는 편평하거나 약간 굴곡이 있으며, 대개 중심부에 받침돌기가 하나 있고, 외부로 작고 둥글게 열린 형태이고 내부는 위성 지지공 3개로 둘러싸여 있다. 주변부에서 점문열은 10 μm에 12-20열이며, 가장자리의 굵은 선은 대개 2-3개 점문열마다 나타난다. 뚜껑면의 중심부와 주변부는 명확하게 구분되는 경계는 없으며, 주변부 받침돌기는 2-4개 돌출맥 간격으로 돌출맥 위에 있으며 외부로 거의 돌출하지 않고 내부는 위성 지지공 2개로 둘러싸인 구조이고, 입술돌기는 가장자리의 뚜껑면과 각투면 접합 부위에 하나 위치한다. 직경은 3.5-8.5 μm이다.

Note 소형이지만 광학현미경에서 뚜껑면 중심부 받침돌기와 가장자리 돌출맥이 뚜렷해 식별할 수 있다. 일본에서 뚜껑면의 중심부에 받침돌기가 없는 것이 나타난다고 보고되었는데, *Cyclotella atomus* var. *marina* Tanimura, Nagumo & Kato로 명명되었다.

생태특성 담수에서 기수역까지 분포하는 보편종으로 흐름이 느린 하천, 호수, 연못의 부영양화된 수역을 선호한다.

분포 전 세계 다양한 곳에서 관찰되는 보편종이다. 국내에서는 주로 낙동강수계에서 관찰되었다. 특히 낙동강 하구호에서 불규칙적이긴 하지만 가을에서 봄까지 많이 출현했으며 최대 1.2×10^7cells/L를 기록했다. 낙동강 하구의 조간대 지역에서도 관찰된다.

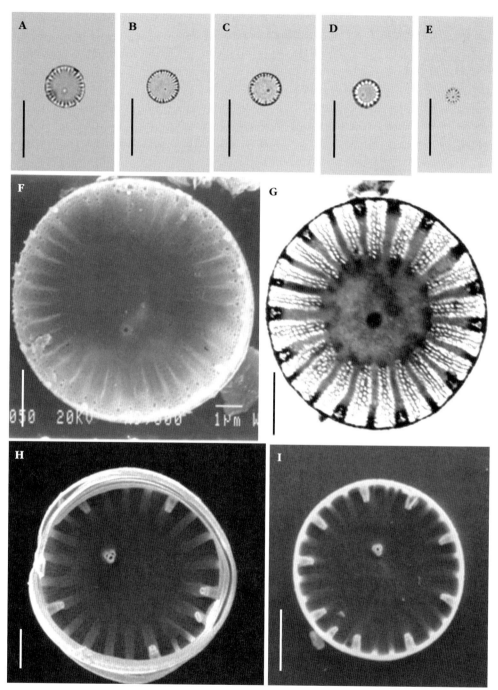

Cyclotella atomus

A-E. 뚜껑면의 형태, F, G. 점문열의 형태. H, I. 뚜껑 안쪽면의 형태, 뚜껑면 중심부의 받침돌기.
광학현미경; A-E, 투사전자현미경; G, 주사전자현미경; F, H, I. 척도 = 10 μm(A-E), 2 μm(F, G, I), 1 μm(H).

Cyclotella meneghiniana
Kützing

이명   *Stephanocyclus meneghinianus* (Kützing) Skabitschevsky
참고문헌   Hustedt 1930, p. 100, fig. 67; Krammer & Lange-Bertalot 1991, p. 44. pl. 44. fig. 1-10; Lowe & Kheiri 2015 in Diatoms of North America.

세포는 북 모양이며, 단세포이나 흔히 2, 3개 세포가 연결된다. 뚜껑면은 중심부와 주변부로 뚜렷하게 구분되고, 중심부에는 융기된 곳과 함입된 곳이 있어 심하게 굴곡이 진다. 주변부에는 방사상 점문열이 있고, 그 사이 돌출맥이 있으며, 돌출맥은 표면에서 함몰된 형태로서 10 μm당 6-10열이다. 돌출맥의 말단 부분에 받침돌기가 있으며, 중심부 함입부에도 받침돌기가 1-4개 있다. 전자현미경으로 관찰하면 뚜껑면 주변부의 받침돌기는 돌출맥 끝마다 위치하나, 관 모양의 외부 돌출부가 뚜렷하지 않다. 뚜껑면의 중심부 받침돌기의 지주공은 3개, 주변부 돌기의 지주공은 2개이다. 입술돌기 1개가 뚜껑면 중심부 근처에 있다. 뚜껑면은 직경 5-43 μm이다.

Note 세포 가장자리에 긴 강모(setae)가 있는 경우가 많다.

생태특성 정수 또는 유수에서 플랑크톤보다는 저서 돌말류로 더 많이 나타나고, 심수층보다는 가장자리 얕은 곳에서 바닥 돌말류 또는 플랑크톤으로 출현한다. 기수 지역에도 쉽게 관찰되는 광분포종으로서 부영양성이면서 가장 흔한 돌말류 중 하나이다.

분포 전 세계에서 매우 흔하고 광범위한 지역에서 관찰되는 대표적인 담수 돌말류이다. 국내에서도 강, 하천, 댐호수, 저수지를 가리지 않고 전역에 분포하고, 때로는 대발생하기도 한다. 2018년 5월과 8월, 각각 영월과 여주 남한강에서 플랑크톤으로 대량 발생했으며 그때 발생량은 약 4.5×10^6cells/L였다.

Cyclotella meneghiniana.
A-C. 살아있는 세포, 2세포로 된 군체, 세포 주변에 많은 강모가 보임. D-F. 뚜껑면의 형태.
G. 둘레면으로 본 세포. H, I. 북 모양의 세포(H), 뚜껑면 가장자리의 미세구조(I).
광학현미경; A-F. 주사전자현미경; H, I. 척도=10 μm(A-F), 5 μm(H), 1 μm(I).

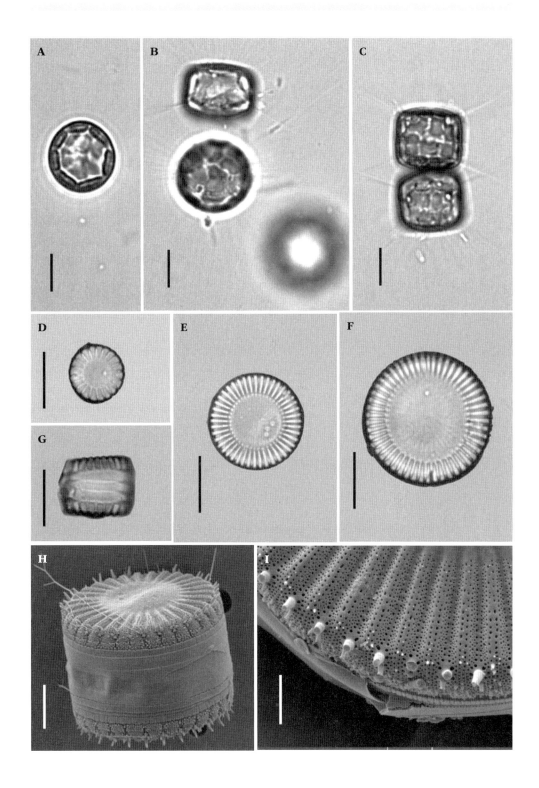

Cyclotella radiosa
(Grunow) Lemmermann

기본명 *Cyclotella comta* var. *radiosa* Grunow.
이명 *Lindavia radiosa* (Grunow) De Toni & Forti.
Puncticulata radiosa (Grunow) Håkansson.
Handmannia radiosa (Grunow) Kociolek & Khursevich.
참고문헌 Krammer & Lange-Bertalot 1991, p. 57, pl. 62, figs 1-6; Houk *et al.* 2010, p. 37, pl. 261, figs 1-11, pl. 262, figs 1-12, pl. 263, figs 1-5, pl. 264, figs 1-6.

세포는 원반형이며, 단세포 또는 2, 3개 세포가 군체를 이룬다. 뚜껑면은 중앙부와 가장자리 주변부로 뚜렷이 구분되고, 동심원상으로 굴곡이 있으며, 중심부는 볼록하거나 편평하기도 하고 때로는 오목하다. 뚜껑면 중앙부에 굵은 점문열이 방사상으로 성기게 배열하고, 주변부 점문열 사이에 돌출맥은 방사상으로 뻗는다. 돌출맥에는 굵은 맥이 있고, 굵은 맥 사이에 가는 맥이 2-4개 있으며, 돌출맥은 10 μm에 15-18열이다. 뚜껑면 주변부에 있는 받침돌기는 굵은 돌출맥 주변부 끝에 있으며, 입술돌기는 최소 1개로서, 중심부 가장자리에 있거나 주변부에 있기도 한다. 뚜껑면은 직경 (6,8)11-18(21) μm이다.

Note 본 종은 *Cyclotella praetermissa* Lund와 *C. quadrijuncta* (Schröter) Hustedt의 뚜껑면 형태와 유사해 구별하기가 쉽지 않다. 뚜껑면 주변부의 폭, 굵은 돌출맥 사이에 있는 가는 돌출맥의 수, 받침돌기와 입술돌기의 형태와 위치, 수도 유사하다. *C. radiosa* 뚜껑면 주변부의 폭이 전체의 1/2로서 1/4-1/2 범위인 *C. praetermissa*보다 조금 더 넓고, 굵은 돌출맥 사이 가는 맥의 수가 2-4개로 3-7개인 *C. praetermissa*보다 적고, 입술돌기도 대개 1, 2개로서 1-5개보다 적다. 그러나 *C. praetermissa* 입술돌기가 있는 주변부의 돌출맥이 심하게 짧아지고, 전자현미경으로 받침돌기가 있는 굵은 돌출맥을 뚜껑면 안쪽에서 보았을 때 가는 맥보다 매우 굵은 점에서 구별된다.
생태특성 담수종의 순수 플랑크톤으로 알칼리성 수질을 선호하며 부영양종인 동시에 심수성 돌말류로 분류된다.
분포 전 세계 보편종이다. 국내에서는 낙동강에서 많이 보고되었으며, 단양 남한강, 보성 주암호, 구례 서시천 하류에서 드물게 나타났다. 최근 김해 시례저수지에서 대량 관찰되었다.

Cyclotella radiosa.
 A-D. 뚜껑면의 형태. E, F. 뚜껑면의 미세구조. G, H. 뚜껑면 안쪽의 미세구조(G)와 주변부의 미세구조(H).
 광학현미경; A-D. 주사전자현미경; E-H. 척도=10 μm(A-D), 2 μm(E, F, G), 1 μm(H).

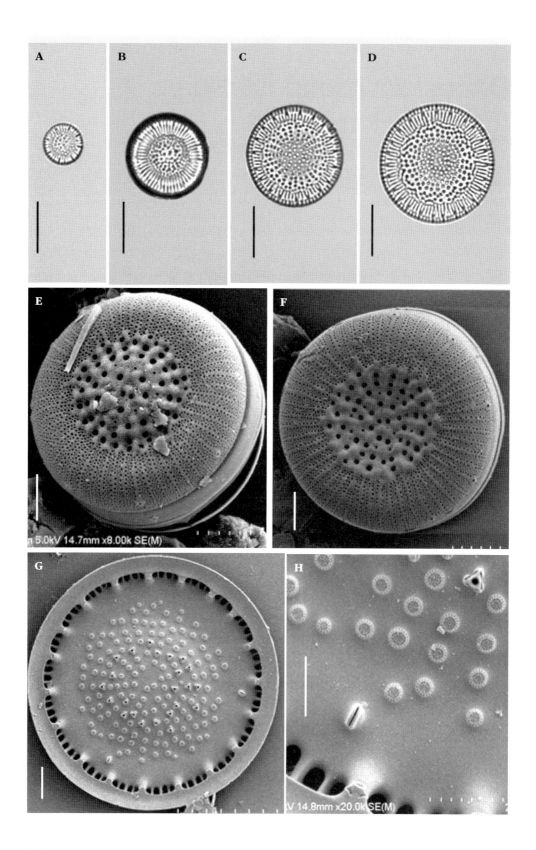

Discostella pseudostelligera
(Hustedt) Houk & Klee

기본명 *Cyclotella pseudostelligera* Hustedt.

이명 *Cyclotella stelligera* var. *pseudostelligera* (Hustedt) Haworth & Hurley.

참고문헌 Krammer & Lange-Bertalot 1991, p. 51, pl. 49, figs 5-7; Lowe 2015 in Diatoms of North America.

세포는 작은 원반형이고, 뚜껑면은 중앙부와 주변부로 뚜렷하게 구분되며, 중앙부는 오목하거나 볼록하나 평평한 것도 있다. 점문열은 2열의 점문으로 되었고, 방사상으로 배열해 전체적으로는 별 모양으로 보인다. 중앙부의 방사상 선문 배열은 대부분 규칙적이나 불규칙하기도 하며, 가운데 뚜렷한 점문이 하나 있다. 뚜껑면의 주변부에는 돌출맥이 10 μm당 17-20열로 방사배열하며, 가장자리에 관 모양 또는 끝이 분지하는 받침돌기가 3-5개 돌출맥 간격으로 있다. 전자현미경으로 관찰하면 뚜껑면 주변부의 일부 돌출맥이 분지하기도 한다. 뚜껑면 주변부에 입술돌기가 1개 있다. 뚜껑면은 직경 4-10 μm이다.

Note *Cyclotella stelligera* 계열의 돌말류로서 기본종과 형태가 유사해 크기가 같을 경우 광학현미경에서 구별이 어렵다. 주변부의 돌출맥과 받침돌기, 중앙부의 점문열, 세포의 두께 등에서 변이가 심하다. 뚜껑면 주변부의 돌출맥이 가장자리에서 분지해 보다 가늘어져 10 μm에 17개 이상이나 *C. stelligera*는 대부분 14개 이하이다.

생태특성 수심이 얕은 중영양 또는 부영양 호수에 많이 나타나는 플랑크톤으로 알려졌으며, 국내에서는 강이나 하천보다는 호수에서 우점도가 높고 때로는 번무하기도 한다.

분포 전 세계 보편종으로 다양한 수역에서 보고되었다. 국내에서는 한강, 낙동강 수계를 중심으로 많이 발생했다.

Discostella pseudostelligera.

A-D. 뚜껑면의 형태. E-I. 뚜껑면의 미세구조, 뚜껑면 가장자리의 미세구조(G), 2점문열로 된 점문열(I).

광학현미경; A-D. 주사전자현미경; E-H. 투사전자현미경; I. 척도=10 μm(A-D), 2 μm(I), 1 μm(E, F, H), 0.5 μm(G).

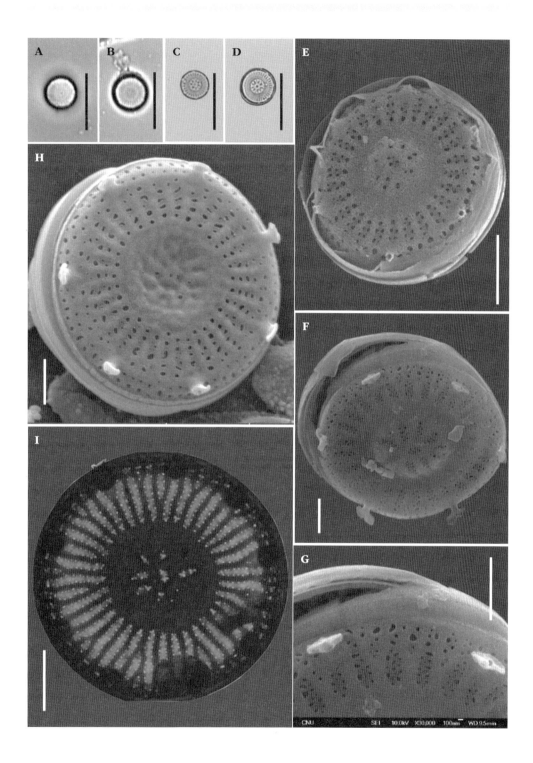

Discostella stelligera
(Cleve & Grunow) Houk & Klee

기본명   *Discoplea graeca* var. *stelligera* Ehrenberg.
이명   *Cyclotella stelligera* Cleve & Grunow.
          Cyclotella meneghiniana var. *stelligera* Cleve & Grunow.
참고문헌 Lowe 1975, p. 421. figs 26-30; Krammer & Lange-Bertalot 1991, p. 51, p. 49, fig. 1a-4; Houk & Klee 2010, p. 47, pl. 303, figs 1-9, pl. 304, figs 1-10, pl. 305, figs 1-6, pl. 306, fig. 1-6.

세포는 단독이고, 둘레면으로 보면 높이가 낮고 모서리가 무딘 직사각형이며, 뚜껑면에서 보면 원형이다. 뚜껑은 평평하거나 오목 또는 볼록하면서 동심원으로 굴곡이 있다. 뚜껑면의 1/2-3/5 부분에서 중심부와 주변부가 뚜렷이 구분되며, 중심부에는 다소 불규칙하나 무늬가 방사상으로 배열하고, 주변부에는 규칙적으로 망목이 방사상으로 배열하며, 방사상 점문열은 10 μm에 10-14열이다. 중심부에는 받침돌기가 없으나 가장자리 받침돌기가 3, 4개 돌출맥 간격으로 뚜껑면과 각투면의 인접부 아래에 위치하고, 외부로 약간 볼록하게 튀어나와 열려 있으며, 내부는 위성 지지공 2개로 둘러싸여 있다. 가장자리 받침돌기가 외연을 따라 하나의 환을 이루며, 입술돌기는 뚜껑면 가장자리의 점문열 위에 있다. 세포 직경은 5-15 μm이다.

Note 뚜껑면 중심부에 방사상 무늬가 미약하거나 없는 경우도 있고, 뚜껑면 가장자리의 받침돌기 등에서 형태 변이가 크다. *D. stelligera* 계열의 소형 돌말류는 뚜껑면의 형태에서 유사종이 많고, 형태 특징이 서로 겹치며 그 경계가 뚜렷하지 않아 종 동정이 어려운 그룹 중 하나이다.

생태특성 봄에서 가을까지 발생하며, 특히 해빙기에 빈도가 높은 돌말류로 알려졌다. 중영양 상태의 수역 연안과 심수층에 분포하는 전형적인 플랑크톤이다. 그러나 호수와 하천, 저수지와 연못 등을 가리지 않고 분포지가 매우 넓고 광범위하며, 호수와 하천에서 저서성으로도 많이 관찰된다.

분포 본 종은 미국에서 빈영양 호수로 알려진 타호(Tahoe)호에서 많이 발생하며 툰드라 지역의 산림 호수 또는 고산 호수에서도 중요종으로 기록되었다. 국내에서는 한강수계, 낙동강 본류 구간과 하구, 금강의 본류와 미호천, 영산강과 섬진강 수계 등에서 넓게 분포한다. 우점도보다는 관찰 빈도가 매우 높은 돌말류 중 하나이다.

Discostella stelligera.
A-E. 뚜껑면의 형태, F, G. 군체의 옆모습(둘레면). H, I. 뚜껑 바깥쪽면(H)과 안쪽면(I)의 미세구조. J. 뚜껑면에서 점문열의 구조.
광학현미경; A-G, 주사전자현미경; H, I. 투사전자현미경; J. 척도 = 10 μm(A-G), 2 μm(H-J).

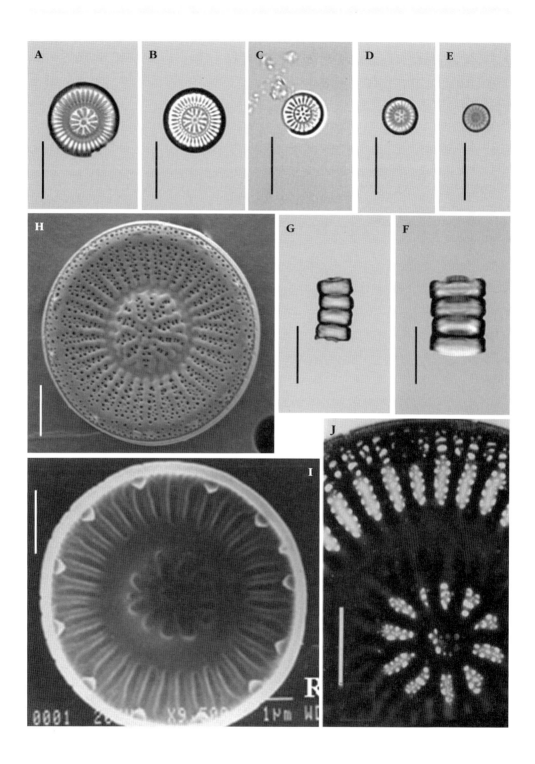

Discostella woltereckii
(Hustedt) Houk & Klee

이명   *Cyclotella woltereckii* Hustedt.
         Cyclotella stelligera f. *wolterecki* (Hustedt) Haworth & Hurley

참고문헌   Hustedt 1942, p. 16. figs 11-13; Simonsen 1987, p. 270, pl. 400, figs 7-14; Klee & Houk 1996,
         p. 20, figs. 1-51; Houk *et al*. 2010, p. 51, pl. 324, figs 1-25, pl. 325, figs 1-6, pl. 326, figs 1-6;
         Genkal 2015, p. 447, figs 1-60(*Discostella pseudostelligera*의 이명으로 간주).

세포는 단독으로 작은 북 모양이며, 둘레면으로 보면 모서리가 무딘 직사각형 또는 사각형이고, 뚜껑면에서 보면 원형이다. 뚜껑은 평평하거나 가운데가 약간 오목하다. 뚜껑면 가운데는 원형의 투명대이거나 방사상 배열의 무늬가 있으며, 바깥쪽으로 돌출맥이 방사상으로 발달되었으며, 돌출맥은 가장자리로 갈수록 2갈래, 때로는 3갈래로 분지해 돌출맥의 밀도가 조밀해진다. 가장자리 받침돌기가 4-7개 있으며, 돌기 말단부가 돌출하거나 뿔 모양으로 분지하기도 한다. 세포 직경은 4.5-13 μm 이다.

Note *Discostella pseudostelligera*와 뚜껑면의 크기, 형태가 유사하나 뚜껑면 중심부의 방사상 배열 무늬와 뚜껑면 가장자리에 있는 받침돌기가 외부로 돌출하는지 여부로 구별한다(Houk & Klee 2010). 그러나 뚜껑면 중심부의 요철과 무늬 여부, 가장자리 받침돌기 수와 형태 등은 형태 변이가 매우 심해 *D. woltereckii*, *D. pseudostelligera*, *D. stelligeroides* (Hustedt) Houk & Klee는 실제 구별이 어려워 상호간 이명 처리해야 한다는 주장도 있고(Genkal 2015), 뚜껑면 중심부에 무늬가 없는 형태를 *D. woltereckii*로 보기도 한다(Belcher *et al*. 1966). 그러나 *D. woltereckii*와 *D. pseudostelligera*는 분포 지역과 생태특성이 서로 다르다(Houk & Klee 2010).

생태특성 전형적인 플랑크톤으로 흐름이 완만한 수역을 선호한다. 기준표본의 채집지가 인도네시아 자바이고, 열대 지역의 담수에서 약한 기수 지역까지 분포하는 돌말류로서 부영양화에 대한 내성이 강하고 상당한 오염 수역에서 생육한다.

분포 전 세계에서는 주로 담수역에서 많이 보고된다. 그러나 실제 전자현미경으로 정확한 동정이 가능한 관계로 국내에서는 보고 사례가 많지 않으며 낙동강 하구와 금강 미호천에서 각각 관찰되었다.

Discotella woltereckii.

A. 뚜껑면의 형태, B, C, F. 뚜껑면에서 점문열의 배열. D. 작은 북 모양의
세포. E. 뚜껑면 가장자리의 받침돌기. 광학현미경: A, 투사전자현미경: F,
주사전자현미경: B–E. 척도 = 10 ㎛(A, B), 2 ㎛(E), 1 ㎛(C, D), 0.2 ㎛(F).

Lindavia fottii
(Hustedt) Nakov, Guillory, Julius, Theriot & Alverson

기본명 *Cyclotella fottii* Hustedt.
참고문헌 Simonsen 1987, p. 307, pl. 462, figs 1-4; Krammer & Lange-Bertalot 1991, p. 49, pl. 47. fig. 3, 4; Houk *et al.* 2010, p. 25, pl. 194, figs 1-7, pl. 195, figs 1-6, pl. 196, figs 1-6.

세포는 원반형의 단세포이다. 뚜껑면은 굴곡 없이 평평하고, 뚜껑면의 중심부와 주변부가 뚜렷이 구별된다. 뚜껑면의 중심부에는 무늬가 없으나, 주변부 돌출맥은 규칙적으로 분지(차상분지)해 돌출맥의 밀도가 높고, 10 μm당 8열의 뚜렷한 선으로 나타난다. 뚜껑면 가장자리 둘레에 받침돌기가 돌출맥 2, 3개당 하나씩 배열하고, 입술돌기는 3~8개 있다. 뚜껑면은 직경 (13)20-90 μm이다.

Note 담수에서 흔하게 관찰되는 보편종이 아니다. 유럽 마케도니아공화국과 알바니아 국경에 있는 Ohrid 호수와 호수 퇴적층의 화석에서 중요 우점종으로 기록되었고, 호수의 고유종으로 분류되었다.
생태특성 담수의 부유 플랑크톤이나 생태 또는 분포 특성이 잘 알려지지 않았다.
분포 전 세계에서 일부 지역에서만 보고되는 희소 돌말류이다. 국내에서 언제부터 기록되기 시작했는지는 확실치 않으나 1997년 이후로 추정된다. 한강, 영산강, 대청호 등 많은 수역에서 관찰되었으며 특히 충주호 아래 남한강 본류에서 빈번히 나타났다. 국내에서는 20 μm 이하 소형도 많이 관찰되었다.

Lindavia fottii.

A–C. 뚜껑면의 형태. D, E. 뚜껑면의 미세 구조. 광학현미경: A–C. 주사전자현미경: D, E. 척도=10 μm(A–C), 2 μm(D). 5 μm(E).

Stephanodiscus hantzschii
Grunow

참고문헌 Krammer & Lange-Bertalot 1991, p. 73, pl. 75, figs 4-11; 조 2010, p. 79, figs 61A-E; Burge & Edlund 2016a in Diatoms of North America.

세포는 얇은 북 모양이며, 단세포성이나 대발생 시 간혹 짧은 군체를 형성하기도 한다. 뚜껑면과 각투면 사이 경계가 뚜렷하며 각투면은 매우 짧다. 뚜껑면에는 1-4개 점문열이 하나의 선을 이루어 방사상으로 배열하고, 그 사이 돌출맥이 있으며, 돌출맥은 10 μm당 8-10열이고, 점문열의 점문은 10 μm에 22-25개이다. 뚜껑면 중앙부에 작은 원형의 돌출맥이 발달하고, 그 내부에 점문이 여러 개 있으며, 중앙부의 원형 돌출맥에서 방사상으로 돌출맥이 뻗는다. 뚜껑면의 돌출맥 가장자리 끝에 가시가 10 μm당 8-12개로 배열하며, 동시에 미세한 극모(seta)가 길게 사방으로 돌출하는 경우가 있다. 주변부의 가시 밑에는 2, 3개 간격으로 받침돌기가 표면과 내부로 돌출하고, 돌기 주변에는 지주공 3개가 받치고 있다. 뚜껑면 중앙부에는 받침돌기가 없다. 뚜껑면 가장자리에 위치한 환상 배열한 가시 중에서 하나는 입술돌기이다. 색소체는 작은 접시형으로 각투면에 집중되었다. 뚜껑면은 직경 12-20 μm이다.

Note *Stephanodiscus hantzschii* f. *tenuis*보다 크고, 광학현미경에서 점문열을 관찰할 수 있다.

생태특성 온대 및 한대 지역의 담수에서 발생하는 대표적인 저온성 플랑크톤으로서 호소성으로 알려져 있으나 국내에서는 호수와 하천을 가리지 않고 발생한다.

분포 전 세계에서 북반구를 중심으로 분포하는 대표적인 담수 플랑크톤이다. 국내에서는 1987년부터 기록되었으며, 한강, 낙동강 등 대하천, 하천, 호수, 저수지 등 다양한 수역에서 보고되었다.

Stephanodiscus hantzschii.
A-C. 뚜껑면의 형태, 뚜껑면 가장자리의 입술돌기(B에서 화살표 방향), 중앙부 환상의 돌출맥. D-G. 뚜껑면의 미세 구조, 가장자리의 돌출맥 끝에 위치한 가시와 각투면에서의 점문열(E), 생활사 중 비후화한 세포(F), 뚜껑의 안쪽면(G).
광학현미경; A-C. 주사전자현미경; D-G. 척도=10 μm(A-C), 5 μm(D, F, G), 1 μm(E).

Stephanodiscus hantzschii f. *tenuis*
(Hustet) Håkansson & Stoermer

기본명   *Stephanodiscus tenuis* Hustedt
참고문헌   Krammer & Lange-Bertalot 1991, p. 73, pl. 75, figs 12, 14, pl. 76, figs 1-3; Burge & Edlund
2016b in Diatoms of North America.

세포는 작은 북 모양이며, 단세포성이나 왕성하게 생장할 때에는 간혹 짧은 군체를 형성하고 이때
세포 가장자리에는 매우 긴 강모(setae)가 많이 생긴다. 대발생하는 기간에는 매우 긴 사슬을 만들
기도 한다. 뚜껑면과 각투면 사이 경계가 뚜렷하며 각투면은 매우 짧다. 뚜껑면에는 1-4개 점문열이
하나의 선을 이루어 방사상으로 배열하고, 그 사이 돌출맥이 있으며, 돌출맥은 10 μm당 10-13열이
다. 점문열의 점문은 가운데와 가장자리에 걸쳐 크기가 일정하며 10 μm당 26-28개이다. 뚜껑면 중
앙부에 작은 원형의 돌출맥이 발달하고, 그 내부에 점문이 여러 개 있으며, 중앙부의 원형 돌출맥에
서 방사상으로 돌출맥이 뻗는 형태를 이룬다. 뚜껑면의 돌출맥 가장자리 끝에 가시가 10 μm당 8-12
개로 배열하며, 동시에 미세한 극모(seta)가 길게 사방으로 돌출하는 경우가 있다. 주변부의 가시
밑에는 2, 3개 간격으로 받침돌기가 표면과 내부 밖으로 돌출하고, 돌기 주변에는 지주공 3개가 받
치고 있다. 뚜껑면 중앙부에는 받침돌기가 없다. 뚜껑면 가장자리에 위치한 환상 배열한 가시 중에
서 하나는 입술돌기이다. 색소체는 작은 접시형으로 각투면에 집중되었다. 뚜껑면은 직경 8-19 μm
이다.

Note *Stephanodiscus hantzschii*보다 작고 점문열이 미세해 광학현미경에서는 점문열을 관찰할 수
없고, 방사상 돌출맥만 관찰할 수 있다. 세포 주변에 환상으로 뻗은 강모는 물속에서 부유를 용이하
게 한다.
생태특성 북반구 온대 및 한대 지역에 흔하게 분포하는 저온성 플랑크톤으로서 우리나라 하천과 호수
에서 장기간 번무하는 부영양화 지표종이다.
분포 북반구를 중심으로 저온 기간에 발생하는 대표적인 저온성으로 전 세계 보편종이다. 국내에서
는 강과 하천, 호수에서 주로 봄과 가을, 겨울에 만성적으로 발생한다.

Stephanodiscus hantzschii **f. tenuis.**
A, B. 살아있는 세포, 다세포 군체와 무수히 많은 강모(setae). D-H. 뚜껑면의 형태. I-K. 뚜껑면의 미세구조, 뚜껑면 중심부에 있는 원형의
돌출맥(I, J), 뚜껑면 가장자리 주변에 있는 가시. 광학현미경; A-H. 전자현미경; I-K. 척도=10 ㎛(A-J), 2 ㎛(I-K).

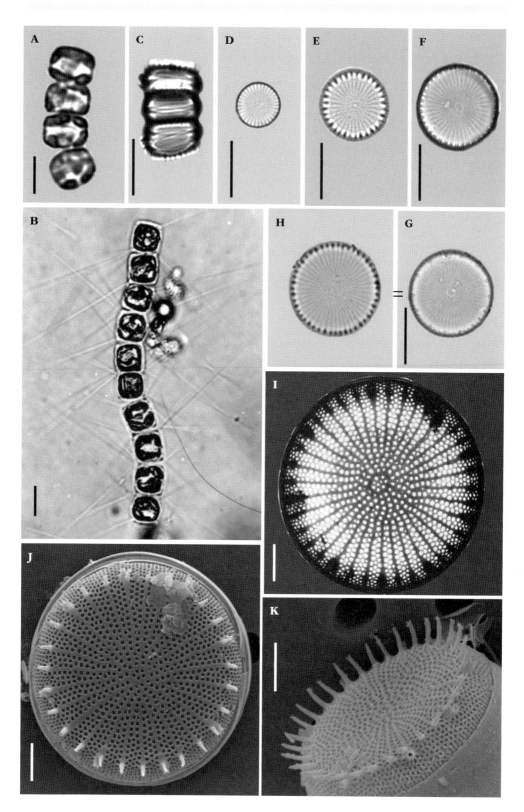

Stephanodiscus parvus
Stoermer & Håkansson

이명   *Stephanodiscus hantzschii* f. *parva* Grunow ex Cleve & Möller
참고문헌   Krammer & Lange-Bertalot 1991, p. 71, pl. 74, figs 1-4; Burge & Edlund 2016c in Diatoms of North America.

세포는 얇은 북 모양이며, 단세포성이나 개체군이 대발생하거나 번무할 때에는 몇 개 세포가 군체를 이루기도 한다. 뚜껑면은 원형이며, 평편하거나 중심부가 약간 오목하다. 뚜껑면에는 뚜렷한 한 줄의 점문열이 중앙부에서 가장자리로 방사상으로 배열하고, 10 μm에 13-15열이며, 중심부의 점문은 다소 불규칙하게 분포하고, 전자현미경으로 관찰하면 뚜껑면의 점문열은 가장자리로 가면 2-4개로 갈라진다. 중심부 약간 벗어난 곳에 받침돌기가 하나 있다. 뚜껑면의 가장자리 둘레, 돌출맥에 가시가 환상으로 배열한다. 많은 접시형 색소체가 뚜껑면에 산재한다. 뚜껑면 직경은 7-10 μm이다.

Note *Stephanodiscus hantzschii* f. *tenuis*보다 크기가 조금 작으나 형태가 유사하고 동반 발생해 광학현미경으로 식별이 쉽지 않다. *tenuis*처럼 뚜껑면 중심부에 환상의 돌출맥이 없고, 중앙부에 받침돌기 하나가 뚜렷하며, 뚜껑면의 방사상 돌출맥과 점문열이 두껍고 보다 거친 점에서 구별된다.

생태특성 부영영화 호수에 많이 출현하는 것으로 알려졌으며 특히 총인(TP) 농도가 높은 수계에서 빈도가 높다. 국내에서는 특히 봄철에 번무한다. 전형적인 플랑크톤이나 바닥 저서조류로도 출현한다.

분포 전 세계 보편종으로 여러 곳에서 보고되었다. 국내에서는 1995년 낙동강 하구에서 처음 보고되었으며 다양한 수계와 수역에서 기록되었다. *S. hantzschii* f. *tenuis*와 동시에 나타나 두 종의 생태특성이 유사할 것으로 본다.

Stephanodiscus parvus.
A-D. 뚜껑면의 형태. E-G. 뚜껑면의 미세구조, 특히 뚜껑면 껍질이 비후화한 세포(E).
광학현미경; A-D. 투사전자현미경; F, 주사전자현미경; E, G, H. 척도=10 μm(A-D), 2 μm(E-H).

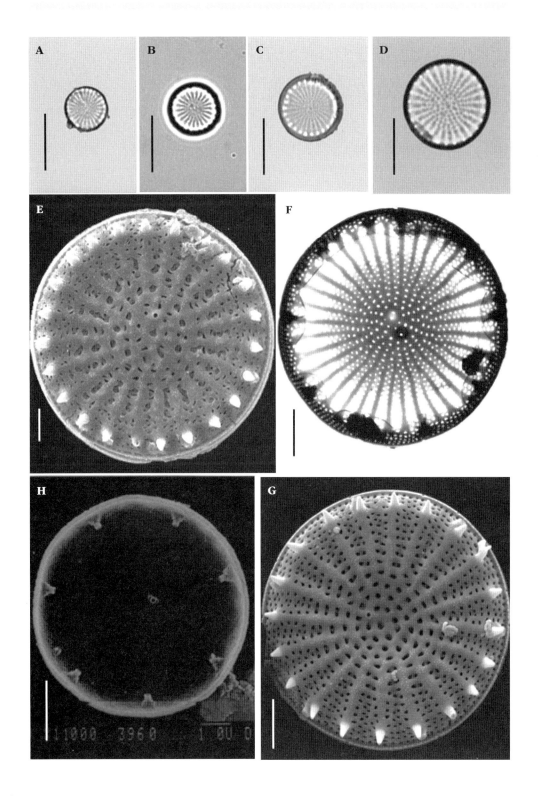

Ctenophora pulchella
(Ralfs) D.M. Williams & Round

기본명	*Exilaria pulchella* Ralfs.
이명	*Synedra pulchella* (Ralfs) Kützing.
	Fragilaria pulchella (Ralfs) Lange-Bertalot.
	Synedra pulchella var. *smithii* Grunow.
	Synedra pulchella var. *abnormis* Macchiati.

참고문헌 Patrick & Reimer 1966, p. 147. fig. 11; Kobayasi. 2006, p. 52. pl. 67; Hofmann *et al.* 2013, p. 273, pl. 4, flgs 13-17.

세포는 단독성으로 기질에 부착한다. 뚜껑면에서 보면 선형, 막대형, 긴 피침형으로 중앙역에서 말단부로 향하면서 가늘어지며 끝이 약간 머리형이다. 뚜껑면 중앙역이 투명하게 직사각형 또는 정사각형으로 비교적 넓으며, 양쪽 말단부는 구멍역(pore field)이 뚜렷하다. 세로축역이 뚜렷하고, 중심부에서 다소 넓어진다. 세포 중앙부 직경은 5.5-7.0 μm이고, 세로축 길이는 65.5-95.5 μm이다. 점문이 커서 구분이 뚜렷하며, 점문열은 평행하고 점문은 10 μm당 11-14개이다.

Note 규산질 세포 골격이 매우 두꺼운 점과 점문열이 매우 크고 굵어 광학현미경에서도 식별되는 점이 다른 *Fragilaria*, *Synedra*, *Ulnaria* 속 돌말류와 구별된다. 간혹 단축 방향을 기준으로 한쪽 길이가 다소 짧은 비대칭형이 발견되기도 한다.

생태특성 단세포로 있거나 세포 여러 개가 모양이 일정하지 않는 형태로 뭉쳐 있으며 수생식물이나 기질 표면에 점액질로 한쪽 끝을 부착하는 습성이 있다. 부착 또는 저서성이나 플랑크톤으로 많이 나타난다. 담수뿐 아니라 염분 농도가 높은 담수 또는 기수에서도 관찰된다.

분포 전 세계 다양한 수체에서 폭넓게 발견되는 광분포종으로 일본에서는 약오탁 내성종으로 기록되었다. 국내에서는 1929년 수원의 서호에서 처음으로 기록되었으며, 대하천과 지류, 소하천 등의 유수와 일부 정수역에서 많이 보고되었다.

Ctenophora pulchella.
A-C. 뚜껑면의 형태, D, F. 뚜껑면 점문열의 미세구조. E, G. 뚜껑면 말단부 끝의 구멍역.
광학현미경; A-C, 주사전자현미경; D-G. 척도 = 10 μm(A-C), 5 μm(D, F), 2 μm(E, G)

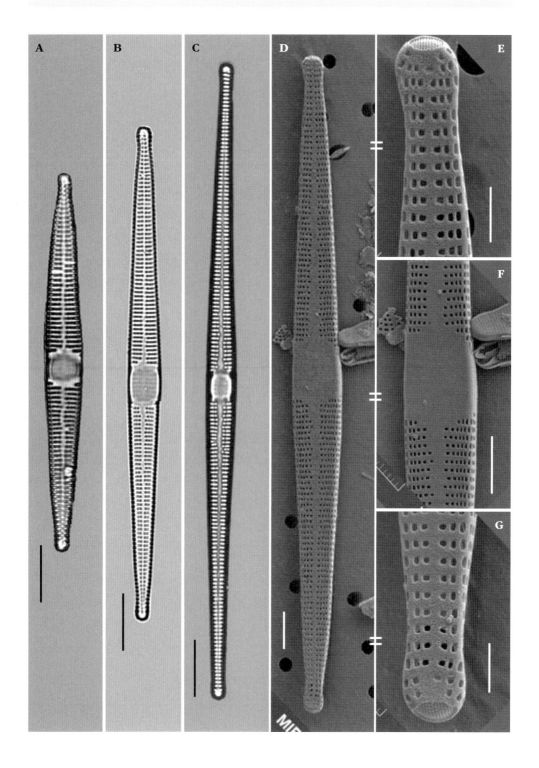

Fragilaria crotonensis
Kitton

이명   *Synedra crotonensis* (Kitton) Cleve & Möller

참고문헌   Hustedt 1931, p. 143, fig. 658; Patrick & Reimer 1966, p. 121, pl. 3, figs 11, 12; Krammer & Lange-Bertalot 1991, p. 130, pl. 116, figs 1-4; Morales, Rosen & Spaulding 2013 in Diatoms of North America.

뚜껑면을 둘레면으로 보면 가운데가 볼록한 긴 사각형이고, 뚜껑면 가운데 가장자리의 돌기가 지퍼처럼 결합해 뗏목과 같은 군체를 이루고, 보통 매우 긴 리본형 군체를 만든다. 뚜껑면은 기본적으로 막대형이나 가운데가 볼록하게 팽창했고, 말단부로 가면 더 좁아지고 끝은 둥글거나 유두 모양 등 다양하다. 뚜껑면의 한쪽 말단부에 입술돌기가 있고, 양쪽 말단부의 맨 끝에는 작은 막공 영역이 있다. 세로축역은 좁으나 중심부로 가면 넓어지고, 중심역은 대개 사각형이며 가장자리까지 이어진다. 점문열은 평행배열하며, 10 μm에 15-18개이다. 뚜껑면은 길이 61-90 μm, 중앙 부위에서 폭은 2.5-3.3 μm이다.

Note 비록 세포는 규산질 골격이 두꺼워도 여러 세포가 뗏목 같은 형태의 군체를 이루면 부유하는 데에 더 유리하다.

생태특성 온대 지방의 중영양 상태 수질을 선호하는 돌말류로 알려졌으며, 뗏목 모양 군체가 비운동성 돌말류의 침강에 대한 저항력을 높이는 것으로 알려졌다.

분포 전 세계에서 가장 흔하고 보편적인 플랑크톤이다. 국내에서도 강과 하천, 호수와 저수지 등 다양한 담수 수계와 수역에서 가장 흔하게 분포하는 분류군이다.

Fragilaria crotonensis.
A, B. 리본형 또는 뗏목형 군체. C-E. 뚜껑면의 형태. F. 3개 세포의 결합과 결합가시. G. H. 살아있는 군체.
광학현미경; A, C-E, G, H. 주사전자현미경; B, F. 척도 = 20 μm(G, H), 10 μm(A, C-E, G), 5 μm(B, F).

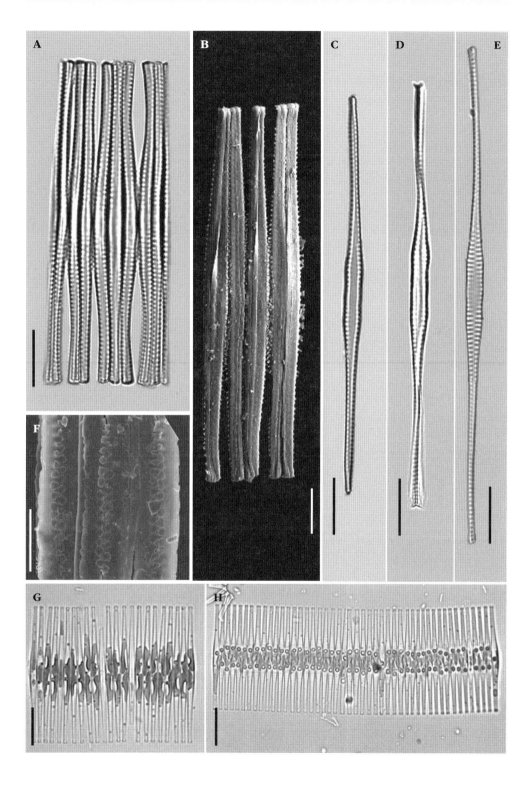

Fragilaria mesolepta
Rabenhorst

이명　*Fragilaria capucina* var. *mesolepta* (Rabenhorst) Rabenhorst
Staurosira mesolepta (Rabenhorst) Cleve & Möller
Staurosira capucina var. *mesolepta* (Rabenhorst) Comère
Fragilaria virescens var. *mesolepta* (Rabenh.) Schonfeldt
Fragilaria capucina f. *mesolepta* (Rabenhorst) Hustedt
Fragilariforma virescens var. *mesolepta* (Rabenhorst) Andresen, Stoermer & Kreis 2000

참고문헌　Hustedt 1931, p. 145, figs 659h-i; Patrick & Reimer 1966, p. 119, pl. 3, fig. 6; Krammer & Lange-Bertalot 1991, p. 123, pl. 110, figs 14-21, 23, 24; Tuji & Williams 2008a, p. 506, figs 1-30; Hofmann *et al.* 2013, p. 267, pl. 8, figs 22-27.

뚜껑면은 선형에서 피침형이나 가장자리 중앙이 오목하게 조이고, 양쪽 말단으로 가면 폭이 좁아져 끝은 약간 돌출하면서 부리 모양이다. 둘레면으로 보면 짧은 막대 모양이고, 뚜껑면이 결합해 뗏목 또는 리본 형태의 군체를 이룬다. 세로축역은 좁은 선형이고, 중심역은 보통 사각형이다. 점문열은 뚜렷하지 않고 다소 불분명하며, 평행배열하고 10 μm에 13-17열이다. 뚜껑면 길이는 13-44 μm, 폭은 2-3.5 μm이다.

Note *Fragilaria crotonensis*, *Staurosira binodis*와 함께 우리나라 하천과 호수에서 나타나는 대표 리본형 플랑크톤 중 하나이다.

생태특성 플랑크톤 또는 저서 돌말류로 관찰되며, 알칼리도가 다소 높거나 염도가 낮은 기수 지역에서 출현한다.

분포 전 세계에서 흔하게 보고되는 보편종이다. 국내에서는 *F. capucina* var. *mesolepta*로 더 많이 기록되었으며, 하천보다는 호수와 저수지에서 빈번히 발생한다. 그러나 실제 발생하는 빈도와 우점도로 볼 때 기록 빈도는 낮은 편이다.

Fragilaria mesolepta.
A-C. 뚜껑면의 형태. D-E. 군체의 옆면, 둘레면 보기. G. 뚜껑면 말단부와 가장자리 결합돌기. H, I. 살아있는 군체.
광학현미경; A-F, H, I. 주사전자현미경; G. 척도=10 μm(A-F, H, I), 2 μm(G).

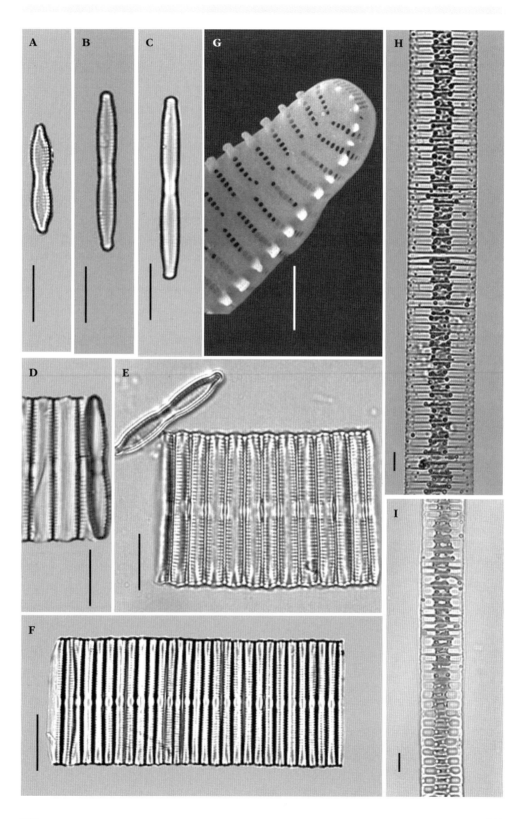

Fragilaria recapitellata
Lange-Bertalot & Metzeltin

이명   *Synedra capitellata* Grunow.
        Synedra vaucheriae var. *capitellata* (Grunow) Hustedt.
        Fragilaria capitellata (Grunow) Petersen non Laudy.
        Fragilaria vaucheriae var. *capitellata* (Grunow) Ross.
        Fragilaria vaucheriae var. *capitellata* (Grunow) Patrick.
        Fragilaria capucina var. *capitellata* Krammer & Lange-Bertalot.
참고문헌   Hustedt 1932, p. 195, figs 689e; Patrick & Reimer 1966, p. 121, pl. 3, figs 16; Krammer &
        Lange-Bertalot 1991, p. 124, pl. 109, figs 25-28; Hofmann *et al.* 2013, p. 274, pl. 8, figs 32-37.

뚜껑면은 선형에서 피침형이고, 양쪽 말단으로 가면 폭이 좁아지고 끝은 약간 돌출하면서 뚜렷한 머리 모양이다. 둘레면으로 보면 짧은 막대 모양이다. 세로축역은 좁은 선형이고, 중심역은 보통 뚜껑면 중앙부의 반쪽을 차지한다. 점문열은 평행배열하며, 말단으로 가면 약간 방사형으로 배열하며, 10 *μm*에 16-20열이다. 뚜껑면 길이는 15-27 *μm*, 폭은 4-5.5 *μm*이다.

생태특성 뚜껑면의 가장자리에 결합가시가 없으나 짧은 띠 모양의 군체를 이루고, 주로 바닥 저서 돌말류이나 플랑크톤으로도 출현한다.

분포 다른 막대 모양의 *Fragialria* 종과 달리 형태 특징이 보다 뚜렷해 기록되거나 보고된 사례가 많다. *F. vaucheriae* var. *capitellata*라는 이름으로 남한강, 낙동강, 남대천, 임하호, 함안 늪지 등에서 보고되었다.

Fragilaria recapitellata.
A–E. 뚜껑면의 형태. 광학현미경; A–E. 척도=10 ㎛(A–E), 2 ㎛(F), 1 ㎛(G, H).

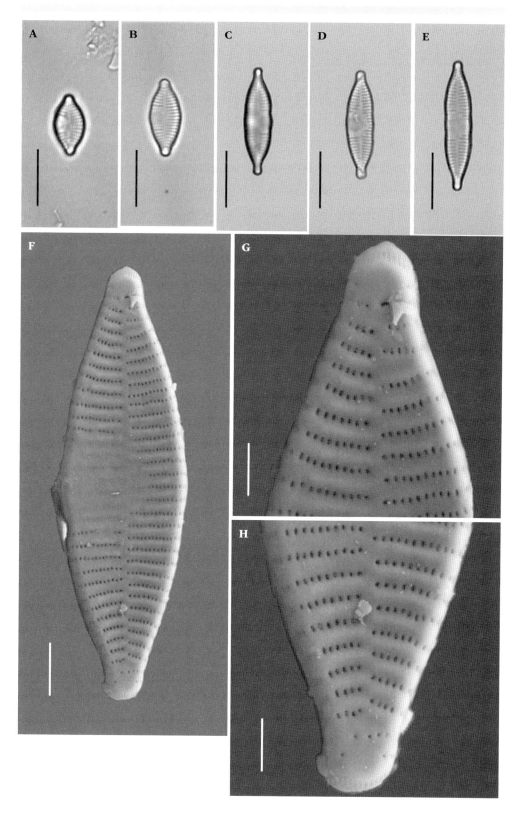

Fragilaria socia
(Wallace) Lange-Bertalot

기본명   *Synedra socia* Wallace
참고문헌 Patrick & Reimer 1966, p. 145, pl. 6, figs 4-6; Tuji & Williams 2008b, p. 128, figs 10-13;
LaLiberte & Vaccarino 2015 in Diatoms of North America.

뚜껑면은 완전한 피침형이나 가장자리 중심부가 약간 조이고, 중심역이 있는 곳이 팽창한다. 말단부로 갈수록 폭이 점차 좁아지며 끝은 돌출되어 작은 부리 모양이다. 세로축역은 좁은 선형이고, 무문중심역은 사각으로 양쪽 가장자리까지 이어지나 소형에서는 중심역이 반쪽에만 있고, 중심역은 두껍고 가장자리가 볼록하며 도드라져 보인다. 점문열은 평행배열하나 장축 방향으로 보았을 때 좌우어긋나고 10 μm에 17-18열이다. 뚜껑면은 길이 21-40 μm, 폭은 3.2-4 μm이다.

Note *Fragilaria rumpens* (Kützing) Carlson과 유사하나 중심역이 두꺼워지거나 볼록하지 않아 도드라져 보이지 않는 점에서 본 종과 구별되고, *F. rumpens*의 점문열은 10 μm에 18열 이상으로 더 조밀하다. 소형 *F. socia*는 무문 중심역이 한쪽에만 있어 소형 *F. vaucheriae*와 형태가 유사하나 점문열의 굵기 또는 강도에서 차이가 난다. 그러나 본 종의 소형은 *F. recapitellata* 중에서 대형과 구별이 쉽지 않다. 점액질로 세포 한쪽이 기질에 부착하거나 느슨한 로제트형 군체를 이루는 것으로 보고되었으나(LaLiberte & Vaccarino 2015), 남한강에서는 뗏목 모양의 군체였다. 그러나 본 종이 뗏목형 군체라고 하는 보고도 있어 추가 확인이 필요하다.
생태특성 전도도가 낮은 산간계류 같은 유수에 주로 분포한다.
분포 유럽에는 분포하지않는 등 세계에 흔하게 보고되는 보편종은 아니다. 국내에서는 *Synedra socia*라는 이름으로 형산강, 남한강, 동화천, 남천, 영천댐 등에서 보고되었다.

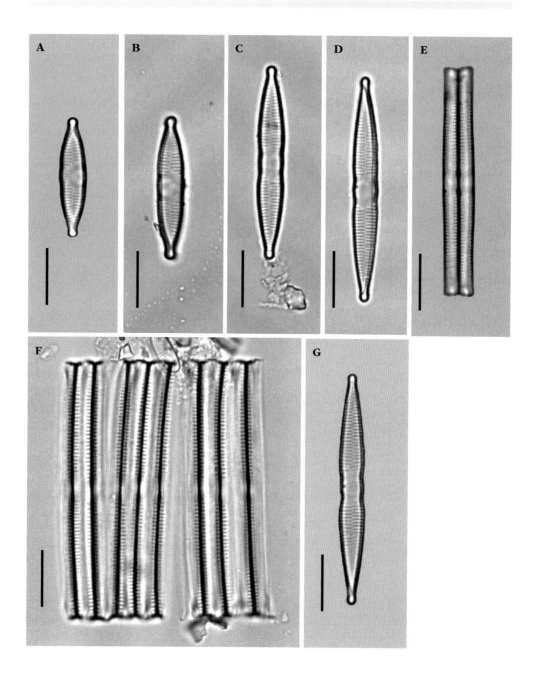

Fragilaria socia.
A–D, G 뚜껑면의 형태. E, F. 둘레면으로 본 세포. 광학현미경; A–G. 척도=10 ㎛(A–G).

Fragilaria subconstricta
Østrup

참고문헌 Krammer & Lange-Bertalot 1991, p. 123, pl. 110, figs 17, 18; Tuji & Williams 2008a, p. 509, figs 31-42.

뚜껑면은 선형에서 피침형이나 선형에 가까우며 양쪽 가장자리가 평행하고, 양쪽 말단으로 가면 폭이 조금 좁아지고, 끝은 둔원이다. 둘레면으로 보면 짧은 막대 모양이고, 뚜껑면이 결합해 뗏목형 군체를 이루며, 대개 매우 긴 군체를 만든다. 세로축역은 좁은 선형이고, 중심역은 보통 사각형이다. 점문열은 뚜렷하지 않고 다소 불분명하며, 평행배열하고, 10 μm에 13-17열이다. 뚜껑면 길이는 13-44 μm, 폭은 2-3.5 μm이다.

Note *Fragilaria mesolepta*와 동일종으로 간주되었던 분류군(Krammer & Lange-Bertalot 1991)이다. 뚜껑면 중심부의 가장자리가 오목하지 않고, 말단 형태가 둔원인 점을 제외하면 뚜껑면의 기본 형태와 군체 모양이 *F. mesolepta*와 유사하나 *F. mesolepta* 뗏목 군체의 둘레면으로 보았을 때 중심부에 팽창 부위가 뚜렷한 점에서 본 종과 구별된다.

생태특성 전형적인 플랑크톤 돌말류로 알칼리도가 다소 높은 수역에 분포하나 염도가 낮은 기수 지역에도 출현한다.

분포 국내에서 보고된 사례가 거의 없으며, 본 종과 형태가 유사한 *F. capucina* Desmaziéres 등으로 기록되었을 것으로 추정된다. 남한강에서는 *F. mesolepta*와 동시에 나타났다. 리본 또는 뗏목 형태의 군체로서 실제로는 발생량이 적지 않을 것으로 추정된다.

Fragilaria subconstricta.
A–D. 뚜껑면의 형태. F, G. 둘레면으로 본 군체. 광학현미경; A–G. 척도=10 μm(A–G), 2 μm(H).

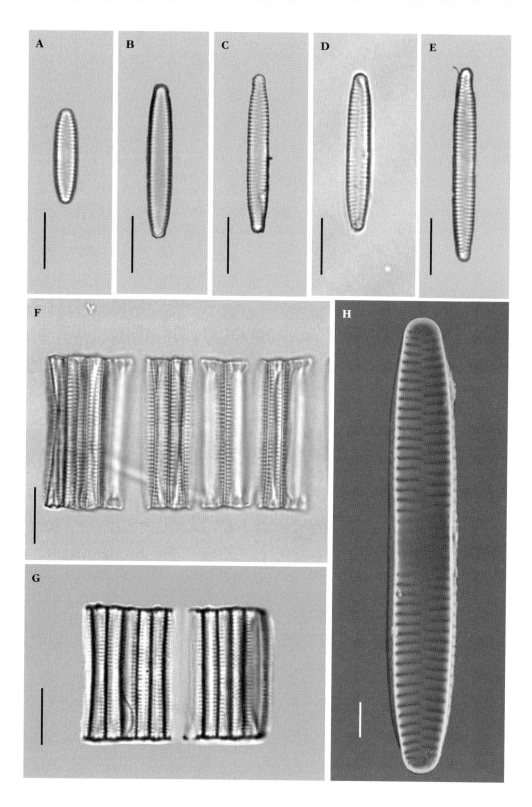

Fragilaria vaucheriae
(Kützing) Petersen

기본명   *Exilaria vaucheriae* Kützing

이명   *Synedra vaucheriae* (Kützing) Kützing

Fragilaria capucina var. *vaucheriae* (Kützing) Lange-Bertalot

Ctenophora vaucheriae (Kützing) Schonfeldt

참고문헌   Hustedt 1932, p. 194, figs 689a-c. Patrick & Reimer 1966, p. 120, pl. 3, figs 14, 15; Krammer & Lange-Bertalot 1991, p. 124. pl. 108, figs 10-15; Morales 2010 in Diatoms of North America; Hofmann *et al.* 2013, p. 277, pl. 9, figs 1-7.

뚜껑면은 선형에서 피침형이고, 양쪽 말단으로 가면 폭이 좁아지고 끝은 약간 돌출하면서 부리 모양이거나 약간 머리 모양이다. 뚜껑면 한쪽 말단부에 입술돌기가 있고, 맨 끝에는 작은 막공역이 있다. 둘레면으로 보면 짧은 막대 모양이고, 뚜껑면이 연결되어 대개 작은 뗏목 모양의 군체를 이루며, 때로는 단세포로 관찰되기도 한다. 세로축역은 좁은 선형이고, 중심역은 뚜껑면 중앙부의 반쪽을 차지하며 무문이거나 또는 옅은 점문열이 나타나기도 하며, 대형에서는 좌우 무문인 것도 있다. 점문열은 평행배열하며, 말단으로 가면 약간 방사형으로 배열하고, 10 μm에 14-16열이다. 뚜껑면 길이는 6-30 μm, 폭은 4-5 μm이다.

생태특성   뗏목 모양의 군체가 기질 표면에 붙는 부착 돌말류이나 플랑크톤으로도 출현한다.

분포   전 세계에서 흔하게 기록되고 보고되는 대표적인 돌말류이다. 국내에서도 *Fragilaria* 속 돌말류 중에서 가장 많이 보고되었다. 규산질 세포 골격이 두꺼운 저서성 돌말류이나 플랑크톤으로도 많이 나타난다.

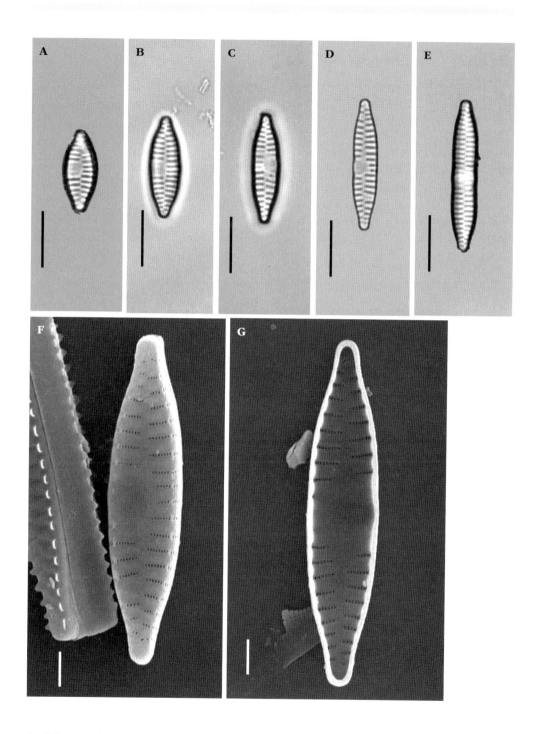

Fragilaria vaucheriae.

A-E. 뚜껑면의 형태. F, G. 뚜껑면의 미세구조. 광학현미경: A-E. 주사전자현미경: F, G. 척도=10 *μm*(A-E), 2 *μm*(F, G).

Staurosira binodis
(Ehrenberg) Lange-Bertalot

기본명   *Fragilaria binodis* Ehrenberg.

이명   *Fragilaria construens* var. *binodis* (Ehrenberg) Grunow.

         Fragilaria construens f. *binodis* (Ehrenberg) Hustedt.

         Staurosira construens var. *binodis* (Ehrenberg) Hamilton.

         Pseudostaurosira binodis (Ehrenberg) Edlund.

참고문헌   Hustedt 1931, p. 156, figs 670d-g; Patrick & Reimer 1966, p. 125, pl. 4, fig. 7; Krammer & Lange-Bertlaot 1991, p. 153, pl. 132, figs 23-27; Morales, 2010 in Diatoms of North America; Hofmann *et al.* 2013, p. 260, pl. 10, figs 7-12

둘레면으로 보면 장방형이고 대개 가운데가 부풀며, 뚜껑면의 가장자리에 있는 넓적한 결합가시가 서로 연결되어 긴 뗏목형 군체를 이룬다. 뚜껑면은 소형에서는 타원형에 가까운 피침형 또는 십자형이고, 대형에서는 뚜껑면의 가장자리 가운데가 함몰되어 2개 굴곡이 있는 형태이며, 말단부의 끝은 돌출한 부리 모양이다. 뚜껑면 말단부에는 작은 구멍역이 있으며, 입술돌기는 없다. 세로축역은 넓은 편이고, 중심역은 세로축역과 구별되지 않으며 따로 없다. 점문열은 평행배열하고 10 μm에 14-17열이다. 뚜껑면은 7-21 μm이고, 폭은 4-6 μm이다.

생태특성 긴 사슬형 군체로서 한쪽 끝이 점액질로 기질에 붙는 부착 또는 저서 돌말류이나 동시에 플랑크톤으로도 많이 출현한다.

분포 국내에서는 *Fragilaria construens* var. *binodis*라는 이름으로 형산강, 남한강, 금호강, 동화천, 남천, 영천댐 등에서 보고되었다. 2018년 5월 여주 남한강에서 플랑크톤으로 많이 나타났다. 플랑크톤으로 출현도가 높은 분류군이다.

Staurosira binodis.
A-D. 뚜껑면의 형태. E. 둘레면으로 본 사슬형 군체. F. 뚜껑 안쪽면의 미세구조.
광학현미경; A-E. 주사전자현미경; F. 척도=10 μm(A-E), 2 μm(F).

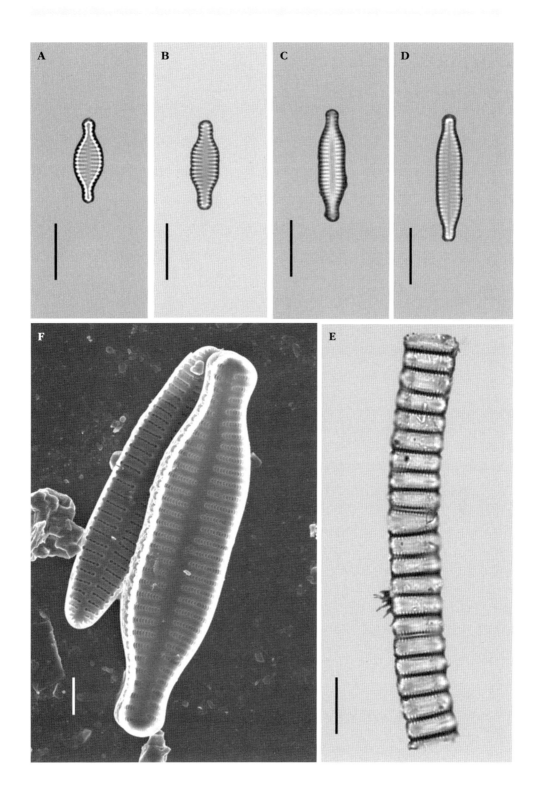

Staurosira construens
Ehrenberg

이명   *Fragilaria construens* (Ehrenberg) Grunow.
참고문헌   Patrick & Reimer 1966, p. 125, pl. 4, fig. 4; Morales 2010 in Diatoms of North America; Lange-Bertalot *et al.* 2017, p. 571, pl. 11, figs 1-6.

세포 옆면, 둘레면으로 보면 막대 모양 같고, 뚜껑면 가장자리 가시로 연결되어 긴 뗏목형 군체를 이룬다. 군체는 주로 세포의 옆면, 둘레면으로 보인다. 뚜껑면은 중심부가 심하게 부풀어 오른 십자형이고, 말단부는 둔원이다. 세로축역은 선형 또는 선형에 가까운 피침형이며, 점문열은 뚜껑면 전체에 걸쳐 방사배열하고, 10 μm에 14-16열이다. 뚜껑면은 길이 6-15 μm, 폭은 5-9 μm이다.

생태특성 빈영양에서 부영양 단계의 수역에 생육하는 광분포 돌말류로서 알칼리도가 높은 곳을 선호한다. 군체를 이루는 전형적인 저서 돌말류이나 플랑크톤으로 많이 나타난다. 세포 골격이 두꺼운 돌말류라고 하더라도 *Fragilaria*와 같이 리본 또는 뗏목 모양의 긴 군체를 형성하면 부력이 발생한다. 플랑크톤으로 많이 나타나고, 수심이 얕은 하천에서는 이 같은 뗏목형 군체가 우점종으로 기록되기도 한다.

분포 전 세계 보편종으로 분포 영역이 매우 넓다. 국내에서는 *Fragilaria construens*라는 학명으로 강과 하천, 댐호수, 소하천을 중심으로 많이 보고되었다.

Staurosira construens.
A-C. 뚜껑면의 형태. D. 둘레면으로 본 군체. E, F. 뚜껑면의 미세구조와 가장자리 결합가시. G. 세포 둘레면의 미세구조와 세포의 결합 형태.
광학현미경; A-D. 주사전자현미경; E-G. 척도=10 μm(A-D), 2 μm(F, G), 1 μm(E).

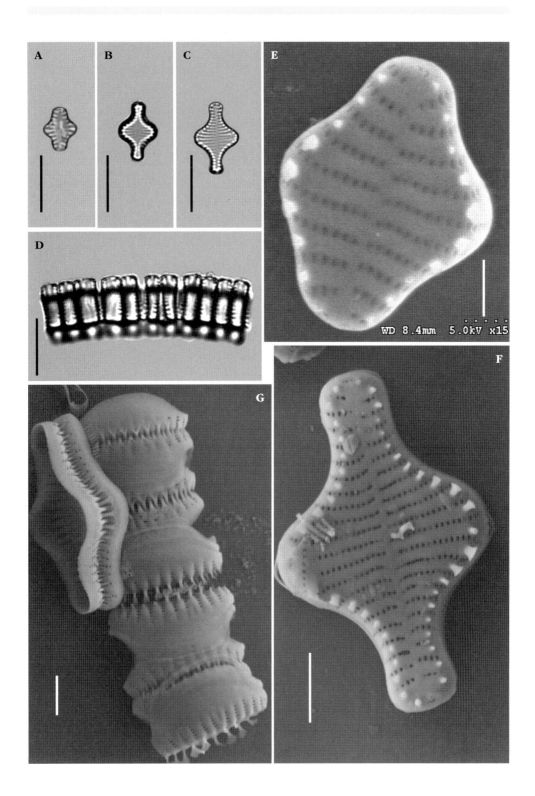

Nanofrustulum trainorii
(Morales) Morales

기본명 *Pseudostaurosira trainorii* Morales.

비 이명 *Fragilaria elliptica* Schumann sensu Lange-Bertalot

  Staurosira elliptica (Schumann) D.M. Williams & Round

참고문헌 Morales 2001, p. 113, figs 6a-l; Morales *et al.* 2010, p. 101, figs 13-19, figs 36-41; Morales 2013 in Diatoms of North America; Morales *et al.* 2019, p. 275.

세포는 둘레면으로 보면 사각형이고, 뚜껑면 가장자리 가시로 연결된 사슬형 군체를 이루며, 대개 군체가 매우 길다. 연결가시는 뚜껑면 가장자리에서 점문열 위치에 있다. 둘레띠면에 둘레띠가 여러 겹 있으나, 둘레띠가 군데군데 끊어져 조각으로 되어 있고, 각투면 가장자리에는 두꺼운 규산질 작은 조각이 배열한다. 뚜껑면은 원형 내지 타원형이고, 뚜껑면 정단부는 둥글다. 세로축역은 선형이거나 피침형이며, 뚜껑면 말단부에 입술돌기는 없고, 뚜껑면 말단부 끝에 있는 다공역은 불완전한 형태로 2-3개 있다. 점문열은 평행하지만, 뚜껑면 정단에서는 약간 방사상으로 배열하며, 점문은 둥글고 넓은 편이고, 점문열은 10 *μm*에 18-25열이다. 뚜껑면은 길이 2-9 *μm*, 폭 1.5-4.5 *μm*이다.

Note 본 종은 종전에 *Staurosira elliptica* (Schumann) D.M. Williams & Round로 보고되었던 분류군인데, 이는 정기준표본을 잘못 해석했기 때문이었다. *Staurosira elliptica*는 새로운 기준표본을 설정했고, 본 종과는 다른 종이 되었다. *Stauroneis* 속은 뚜껑면 가장자리에 연결가시가 있는 위치가 점문열 사이의 돌출맥인 반면, *Pseudostauroneis* 속은 돌출맥 사이 점문열에 있는 점에서 구별된다. 그러나 본 종은 명명 당시에는 간과했으나 *Nanofrustulum* 속의 형태 특징을 띤다. *Nanofrustulum* 속은 둘레띠면이 군데군데 끊어진 조각이라는 점에서 *Pseudostauroneis* 속과 구별된다. 담양 영산강 상류의 표본에서 보면 많은 조각으로 된 둘레띠면을 볼 수 있고, 각투면 가장자리(둘레띠 쪽)에 두꺼운 규산질 조각이 일렬로 붙어 있는 것을 볼 수 있다. 이것이 본 종의 가장 중요한 형태 특징이다.

생태특성 긴 사슬형 군체를 이루어 기질 표면에 수직 부착하는 저서성 부착돌말류이나 군체가 쉽게 부유해 플랑크톤으로 흔하게 관찰된다. 최근 형태가 유사한 소형 종들이 보고되었으며, *Pseudostaurosira brevistriata* (Grunow) D.M. Williams & Round와도 닮은 데가 많다.

분포 특히 북미에서 많이 보고되면서 생태 특징이 알려졌다. 국내에서는 *Fragilaria elliptica* Schumann 또는 *F. construens* var. *venter* (Ehrenberg) Grunow라는 이름으로 기록되었을 것으로 추정한다. 5대강 지류 또는 수심이 얕은 하천에서는 플랑크톤 우점종이나 아우점종인 경우가 많다. 특히 강우 시 또는 하천에서 교란 발생 시 플랑크톤으로 많이 나타난다.

Nanofrustulum trainorii.

A. 살아있는 세포. B-D. 뚜껑면의 형태. E-G. 군체의 옆면, 둘레면 보기. H, I. 뚜껑면의 미세구조와 가장자리 가시. J. 뚜껑면의 안쪽 미세구조. K, L. 둘레띠면의 미세구조(K), 파편화된 둘레띠와 각투면 가장자리의 두꺼운 규산질 조각(L).

광학현미경; A-G. 주사전자현미경; H-L. 척도=10 *μm*(A-G), 5 *μm*(K), 2 *μm*(I, J), 1 *μm*(H, L).

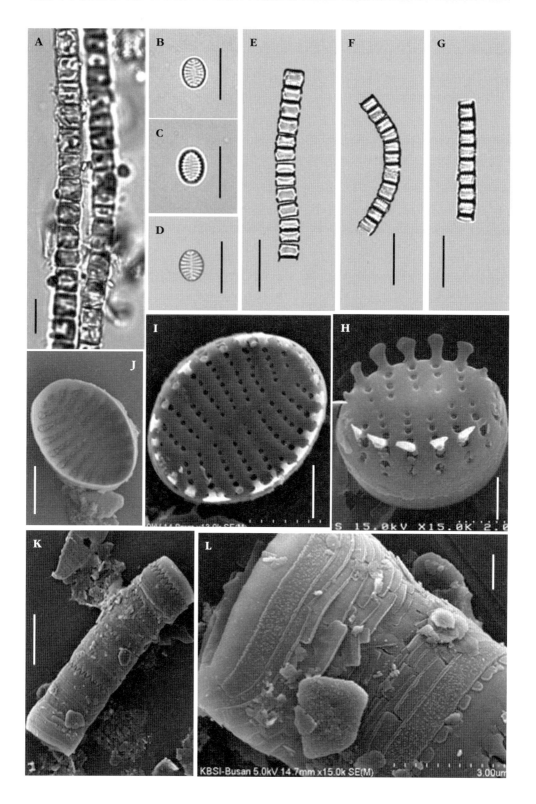

Staurosirella pinnata
(Ehrenberg) D.M. Williams & Round

기본명 *Fragilaria pinnata* Ehrenberg

이명 *Fragilaria pinnata* f. *lancettula* (Schumann) Hustedt
Punctastriata pinnata (Ehrenberg) D.M. Williams & Round

참고문헌 Hustedt 1931, p. 160, figs 671a-i; Patrick & Reimer 1966, p. 127, pl. 4, figs 10; Krammer & Lange-Bertalot 1991, p. 157, pl. 133, figs 1-11, 32, 32A, pl. 131, figs 3, 4; Morales 2010b in Diatoms of North America; Hofmann *et al.* 2013, p. 272, pl. 10, figs 30-35.

세포를 둘레면으로 보면 사각형이고, 뚜껑면의 가장자리 결합가시는 원주형이나 주걱 모양의 끝이 서로 연결되어 사슬 모양의 긴 군체를 이룬다. 가장자리 결합가시는 뚜껑면의 점문열 사이 돌출맥에 위치하며, 뚜껑면은 타원형에서 선형으로 끝은 둥글다. 세로축역은 좁으나 뚜껑면 중심부에서 피침형인 경우도 있다. 점문열의 점문은 슬릿(slit)형으로, 점문열 한 개의 폭이 매우 넓고 굵으며, 중앙부에서는 거의 평행배열하고, 말단부에서는 방사배열해 10 μm에 (5)7-12열이다. 뚜껑면은 3-35 μm이고, 폭은 2-8 μm이다.

Note *Staurosira venter* (Ehrenberg) Cleve & Möller 등 다른 소형 종과 같이 작고, 형태가 유사한 점이 많아 광학현미경에서 구별하는 것이 쉽지 않다. 본 종은 점문열의 폭이 넓고, 단순한 점문이 아니라 길쭉한 슬릿(slit)형 망목으로 이루어진 점에서 구별된다.

생태특성 군체가 점액질로 기질 표면에 부착하거나 군체가 부유해 플랑크톤으로 관찰되기도 한다.

분포 전 세계에 흔한 보편종이다. 국내에서 본 종은 북한강, 남한강, 형산강, 금호강, 만경강 등 주로 대하천에서 많이 보고되었다. 전형적인 저서성이나 플랑크톤으로도 많이 출현한다.

Staurosirella pinnata.
A-E. 뚜껑면의 형태. F-H. 둘레면으로 본 군체. I. 둘레면으로 본 세포. J, K. 뚜껑 안쪽면(K)과 바깥쪽면(J)의 미세구조.
광학현미경; A-I. 주사전자현미경; J, K. 척도=10 μm(A-I); 1 μm(J, K).

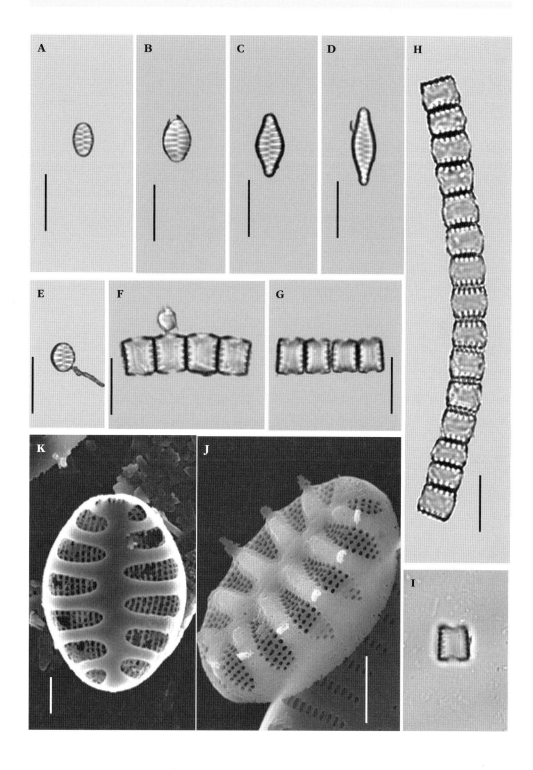

Ulnaria acus
(Kützing) Aboal

기본명   *Synedra acus* Kützing.

이명   *Synedra oxyrhynchus* var. *acus* (Kützing) Kirchner.

Synedra affinis var. *acus* (Kützing) Grunow.

Synedra goulardi var. *acus* (Kützing) Frenguelli.

Fragilaria ulna var. *acus* (Kützing) Lange-Bertalot.

Fragilaria ulna f. *acus* (Kützing) Krammer & Lange-Bertalot.

Fragilaria acus (Kützing) Lange-Bertalot.

Ulnaria ulna var. *acus* (Kützing) Compere.

참고문헌   Lange-Bertalot & Ulrich 2014, pl. 25, figs 1-9; Burge, Tunno & Edlund 2016 in Diatoms of North America; Lange-Bertalot *et al.* 2017, p. 601, pl. 6, figs 6-8; Liu *et al.* 2019, p. 6, figs 4-33; Williams & Blanco 2019, p. 4, figs 5-31.

뚜껑면은 좁고 긴 피침형이고, 중심부는 평행하나 선단으로 갈수록 폭이 좁아져 끝은 부리 모양이거나 다소 약한 머리 모양이다. 뚜껑면이 매우 긴 경우에는 양쪽 선단의 뚜껑면 폭이 좁아져 양쪽 가장자리가 평행하게 달리는 구간이 나타나기는 한다. 뚜껑면의 중심역은 무문대가 직사각형이나 양쪽 가장자리에 짧은 점문열이 있거나 중심역에 헛점문열이 있는가 하면, 중심역이 없는 것도 있으며, 세로축역은 좁은 직선이다. 뚜껑면의 양쪽 끝에는 입술돌기가 있으며, 틈눈판(ocellulimbus)과 작은 가시 같은 돌기가 3개 있다. 점문열은 평행하고 양쪽 열이 서로 대칭을 이루고 때로는 어긋나게 교차하는 것도 있으며 10 μm에 11-14열이다. 입술돌기는 뚜껑면의 양쪽 말단부 안쪽에 있다. 세포 길이는 60.5-252 μm, 폭은 3.3-5.2 μm이다.

Note 가장 흔하게 관찰되고 기록된 돌말류이나 오랫동안 기준표본이 지정되지 않아 형태뿐 아니라 크기에서도 해당 분류군의 경계가 모호해 본 종의 형태가 제각각으로 혼란이 컸다. Lange-Bertalot & Ulrich (2014)가 신기준표본을 지정해 종의 윤곽이 뚜렷해졌다. 그러나 2019년 신기준표본보다 우선하는 선정기준표본이 다시 지정되었다(Williams & Blanco 2019). 기준표본 지정 이후 종전의 *Ulnaria acus*로 분류되었던 다수가 새로운 종으로 명명되고 있다.

생태특성 단세포이나 때로는 군체를 이루기도 하며 빈영양에서 부영양 수역, 전도도가 다소 높은 수역에서 부유 플랑크톤, 저서성 또는 부착성으로도 나타난다. 우점도는 낮으나 관찰빈도가 매우 높은 종이다. 전반적으로 부영양화 수역에 흔하게 출현한다.

분포 전 세계 보편종으로 분포가 매우 넓다. 국내에서는 한강, 낙동강 같은 대하천과 그 지류, 소하천, 하구, 호수와 저수지, 댐호수 등 다양한 수역에서 계절과 관계없이 많이 보고되었다.

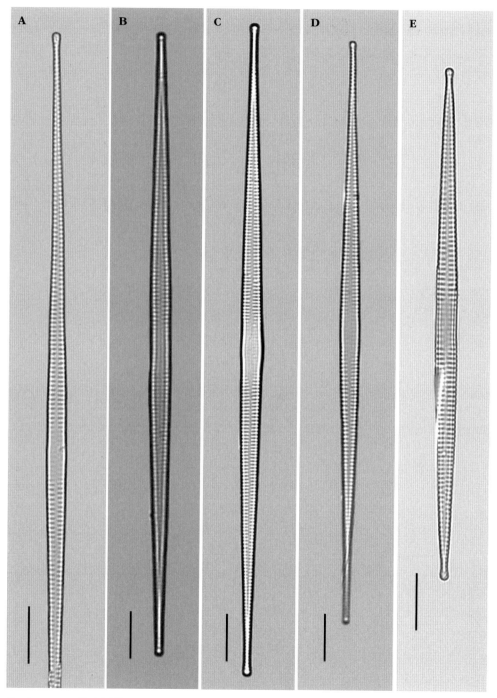

Ulnaria acus. A-E. 뚜껑면의 형태. 광학현미경; A-E. 척도 = 10 ㎛(A-E).

Ulnaria delicatissima var. *angustissima* (Grunow) Aboal & Silva

기본명   *Synedra delicatissima* var. *angustissima* Grunow.

이명   *Synedra acus* f. *angustissima* (Grunow) Krieger.

         Fragilaria delicatissima var. *angustissima* (Grunow) Lange-Bertalot.

         Ulnaria delicatissima (Grunow) Aboal & Silva.

참고문헌   Hustedt 1932, p. 202, fig. 693c; Patrick & Reimer 1966, p. 136, pl. 5, fig. 2; Krammer & Lange-Bertalot 1991, p. 144, pl. 122, figs. 15, 16, pl. 114, fig. 21.

뚜껑면은 가늘고 바늘 모양이고, 양쪽 말단으로 가면 폭이 점차 좁아지고 끝은 좁으나 약간 부리형이거나 머리형이다. 세로축역은 좁고, 무문 중심역은 직사각형이다. 점문열은 평행배열하고, 10 μm에 13-14열이다. 뚜껑면 양쪽 말단부에 입술돌기가 있다. 뚜껑면은 길이 200-340 μm, 폭은 4-5.5 μm이며, 말단부로 가면 뚜껑면 양쪽 가장자리가 평행하게 달리는 구간이 나타나고, 끝의 뚜껑면 폭은 1-2 μm이다.

Note Tuji & Williams (2007)는 F. Meister가 일본 나가노현 Suwa호에서 신종으로 발표한 *Synedra japonica* Meister의 기준표본을 선정했다. *S. japonica*는 Patrick & Reimer (1966)가 기재한 *S. delicatissima* var. *angustissima* Grunow와 동일종임을 발견했다. Grunow (1882)의 표본을 검토한 결과, Patrick & Reimer (1966)의 기재와는 차이가 있어 Tuji & Williams (2007)는 *S. delicatissima* var. *angustissima*의 기준표본(선정기준표본)을 선정했다. *S. delicatissima* var. *angustissima*는 *S. delicatissima* W. Smith와 형태가 다르지 않다고 보고 그 이명으로 간주했다. *S. japonica*는 일본 호수에서 보편적으로 분포하는 흔한 플랑크톤으로 알려지며, 그동안 일본에서도 *Synedra acus* 또는 *S. delicatissima* var. *angustissima*로 기록되어 왔다. 이에 따른다면 본 종은 *Ulnaria japonica* (Meister) Tuji (Tuji 2009)가 되고, *S. delicatissima* var. *angustissima* Grunow sensu Patrick & Reimer (1966)는 *U. japonica*의 이명이 된다.

생태특성 본 종은 전형적인 부유성 플랑크톤으로, 알칼리도가 다소 높은 곳을 선호한다.

분포 유럽보다는 주로 북미에서 많이 보고되었으며, 한국에서도 기록된 횟수가 많다. 국내에서는 긴 바늘 모양 플랑크톤 중에서는 가장 흔하게 나타난다. 특히 남한강에서 플랑크톤으로 많이 관찰되었으며, 2018년 10월 충주호와 단양 남한강에서 번성했다.

Ulnaria delicatissima var. *angustissima*.
A-I. 뚜껑면의 형태, 부리모양의 말단부의 끝. J, K. 뚜껑면 말단부의 입술돌기.
광학현미경; A-I. 주사전자현미경; J, K. 척도=20 μm(I), 10 μm(A-H), 2 μm(J), 1 μm(K).

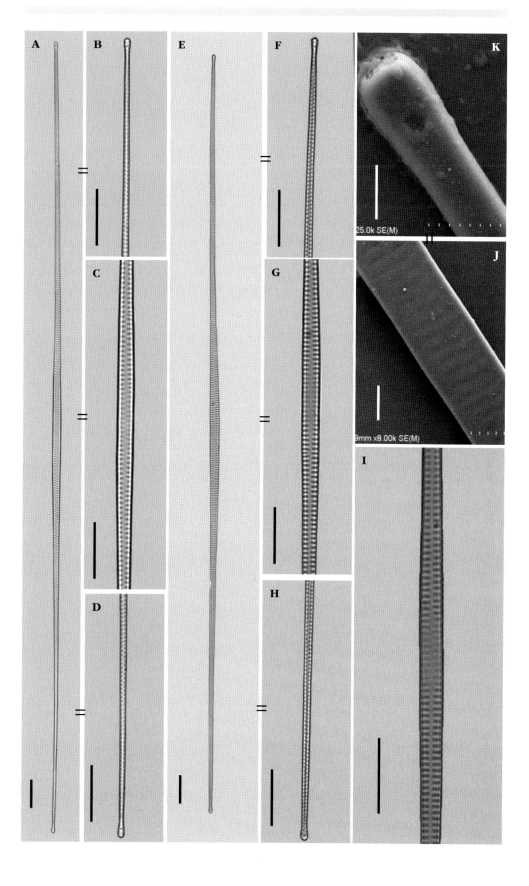

Ulnaria ulna
(Nitzsch) Compère

기본명 *Bacillaria ulna* Nitzsch.
이명 *Synedra ulna* (Nitzsch) Ehrenberg.
　　　Fragilaria ulna (Nitzsch) Lange-Bertalot.
참고문헌 Hustedt 1932, p. 195, 691Aa-c. Patrick & Reimer 1966, p. 148, pl. 7, figs 1, 2. Krammer & Lange-Bertalot 1991, p. 143. pl. 122, figs 1-8. Lange-Bertalot *et al.* 2017, p. 602, pl. 6, figs 1-5.

뚜껑면은 긴 막대 모양으로 말단부에서 폭이 좁아지고, 끝은 둥글거나 부리 모양으로 머리 모양은 아니다. 둘레면으로도 긴 막대 모양이나 말단부 쪽으로 갈수록 폭이 더 넓어진다. 세로축역은 좁은 선형이나 중심부로 가면 다소 넓어지고, 중심역은 사각형에 완전한 무문도 있지만 때로는 점문열의 그림자가 비치는 것도 있다. 점문열은 평행배열하나 장축 방향으로 마주보는 점문열은 서로 어긋나고, 10 μm에 10-12열이다. 뚜껑면의 양쪽 말단부에 입술돌기가 있다. 뚜껑면은 길이 50-350 μm, 폭은 5-9 μm이다.

생태특성 담수에서 흔하게 관찰되는 보편종으로, 단세포, 비부착 저서 돌말류이나 플랑크톤으로도 흔하게 나타난다. 부영양종으로 유수보다는 정수역을 더 선호한다.
분포 전 세계에 분포하는 담수 돌말류 중 가장 흔하고 보편적인 분류군 중 하나이다. 국내에서도 한강을 비롯한 대하천과 작은 하천, 댐호수, 저수지 등 다양한 수역에서 많이 보고되었다.

Ulnaria ulna.
A, B. 살아있는 세포, 뚜껑면(A)과 둘레면(B). C, D. 뚜껑면의 형태. E. 둘레면으로 본 세포.
광학현미경; A-E. 주사전자현미경; F, G. 척도=10 μm(A-E), 5 μm (F, G).

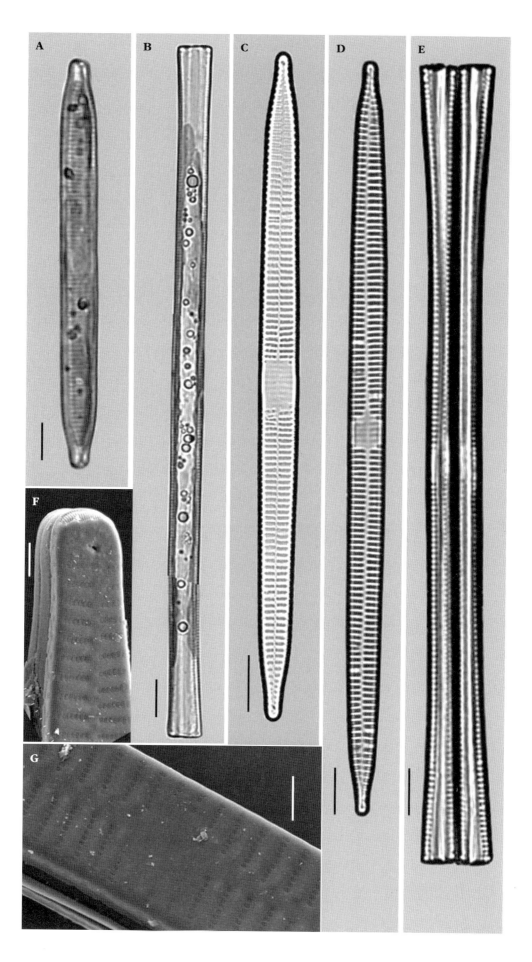

Hannaea arcus var. *subarcus*
(Iwahashi) J.H. Lee

기본명   *Ceratoneis recta* f. *subarcus* Iwahashi
참고문헌   Lee *et al.* 1992, p. 50, pl. 2, fig. 34; 이 2010, p. 80, figs 20C, D.

뚜껑면은 미약한 만곡형으로 세포의 옆면, 둘레면으로 봐도 약간 구부러져 있고, 뗏목 모양 군체이
나 짧다. 뚜껑면은 선형 또는 미약한 피침형이나 중심부에서 약간 굽은 형태로 좌우 비대칭이고, 뚜
껑면 말단으로 가면서 폭이 점차 좁아지며, 끝은 돌출한 부리 또는 머리 모양이다. 세로축역은 좁은
선형이고, 중심역은 무문대가 뚜렷하나 굽은 배쪽의 가장자리는 부풀어 볼록하며 반대편 등쪽에는
약한 점문열이 나타난다. 점문열은 평행을 이루거나 뚜껑면 말단으로 갈수록 약간 방사형으로 배열
하고, 10 μm에 14-15개가 있다. 뚜껑은 길이 43-65 μm, 폭 6-6.5 μm이다.

생태특성 뗏목 모양의 짧은 군체를 이루는 저서 돌말류이나 플랑크톤으로도 나타난다. 산간계류와 같
이 흐르는 유수 지역을 선호하고, 수온이 비교적 낮은 곳에 많이 출현한다. 깨끗하고 맑은 곳에 생육
하는 호청수성 돌말류이다.
분포 국내에서는 임하호, 광천, 신천, 영천댐, 밀양강 등 주로 낙동강수계에서 많이 보고되었다. 최근
남한강의 지류에서 플랑크톤으로 드물게 출현했고, 단양천 하류에서 다수 관찰되었다.

Hannaea arcus var. *subarcus*.
A. 둘레면으로 본 군체. B-D. 뚜껑면의 형태. E-G. 뚜껑면의 미세구조, 뚜껑면의 말단부(F)와 중심부(G). H, I. 살아있는 세포(H, I)와 군체(I).
광학현미경; A-D, H, I. 주사전자현미경; E-G. 척도=10 μm(A-D, H, I). 5 μm(E), 2 μm(F, G).

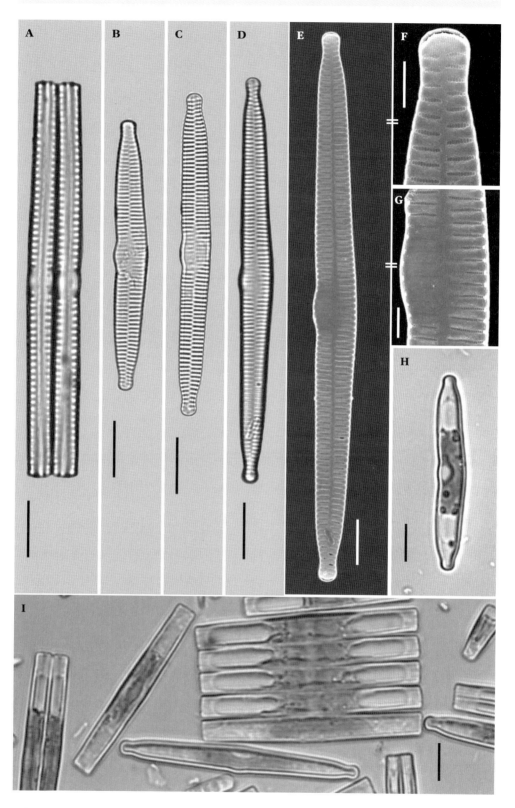

Asterionella formosa
Hassall

이명 *Asterionella gracillima* var. *formosa* (Hassall) Wislouch
참고문헌 Patrick & Reimer 1966, p. 159, pl. 9, figs 1-3; Krammer & Lange-Bertalot 1991, p. 103, pl. 103,
figs 1-9, pl. 104, figs 9, 10; Spaulding 2012 in Diatoms of North America.

세포의 뚜껑면은 막대 모양이나 양 끝이 곤봉처럼 부풀고, 세포의 한쪽 끝이 점액질로 서로 붙으며,
다른 쪽 끝은 퍼져 있어 전체적으로 별 또는 로제트 모양을 이루지만, 지그재그 모양으로 관찰되는
경우도 있다. 군체 내 세포의 수는 4 또는 8개가 기본형이나 32개 세포까지 관찰된다. 뚜껑면 끝의
곤봉은 세포 연결 쪽(기부)이 더 크고, 반대쪽(머리부)은 작다. 연결부 내부에 입술돌기가 있다. 뚜껑
면은 길이 40-130 μm, 폭 1-3 μm 범위이며, 점문열은 10 μm에 24-28개이고, 뚜껑면의 가운데 세로
축역은 매우 좁다.

Note 본 종과 형태가 같으나 세포가 심하게 휘어진 것을, 과거에는 *A. formosa* var. *acaroides*
Lemmermann으로 명명해 기본종의 변종으로 분류했으나 돌말류에 기생하는 미생물에 의해 단순
히 형태가 변형된 것으로 밝혀졌다.
생태특성 중영양 또는 부영양성 돌말류이나 빈영양 수역에서도 발생하며, 염분 농도가 높은 하구에서
도 중요종으로 나타나는 경우도 있다. 군체당 세포 수는 이산화규소(SiO_2)와 무기 인산염의 농도 같
은 영양염의 농도뿐 아니라 수온에도 영향을 받는다.
분포 전 세계에서 가장 대표적인 담수 플랑크톤이다. 국내에서도 댐호수와 호수를 중심으로 번무하
고, 한강과 낙동강 같은 대하천에서도 우점종으로 나타나는 등 빈도가 매우 높다. 많이 발생하는 시기
는 봄과 가을이며, 소형 저수지에서도 단독 발생하거나 번무하기도 한다.

Asterionella formosa.
A-E. 살아있는 세포(C, D)와 군체(A, B, E). F. 둘레면으로 본 세포. G, H. 뚜껑면의 형태. I. 군체에서 세포 기부의 연결. J, K. 뚜껑면의 말단
팽창부의 미세구조. 광학현미경; A-I. 주사전자현미경; J, K. 척도=10 ㎛(A-I), 2 ㎛(J, K).

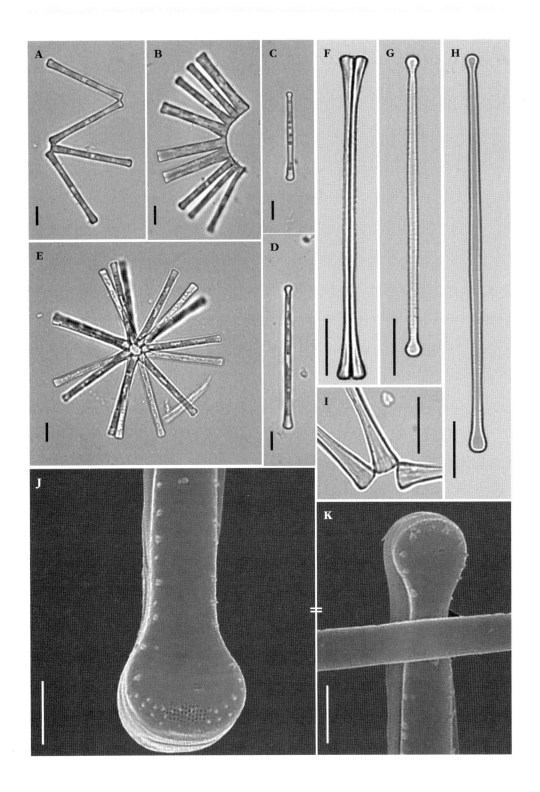

Asterionella formosa var. *gracillima* (Hanztsch) Grunow

기본명	*Diatoma gracillima* Hantzsch
이명	*Asterionella gracillima* var. *formosa* (Hassall) Wislouch
	Asterionella gracillima (Hantzsch) Heiberg 1863
참고문헌	Hustedt 1932, p. 252, figs 731; Patrick & Reimer 1966, p. 159, pl. 9, fig. 4; Kobayasi. 2006, 47. pl. 63, figs 1a-e.

세포는 막대 모양이며 양 끝이 곤봉처럼 부풀고, 한쪽 끝이 점액질로 서로 붙어 있으며 다른 쪽 끝은 퍼져 있어, 전체적으로 별 또는 로제트 모양 또는 지그재그 모양 군체를 이룬다. 군체 내 세포 수는 4 또는 8개가 기본형이며, 32개까지 관찰된다. 뚜껑면 끝의 곤봉은 세포 연결 쪽(기부)이 더 크고, 반대쪽(머리부)은 작다. 연결부 쪽 뚜껑면 내부에 입술돌기가 있다. 뚜껑면의 점문열은 단열로서 평행하게 배열하나 다소 불규칙하며 10 μm당 20-27개이고, 뚜껑면의 가운데 세로축역은 매우 좁다. 뚜껑면은 길이 35-90 μm, 폭 2-3 μm 범위이다.

Note 본 종을 독립된 분류군으로 보지 않고, 기본종 *A. formosa*의 이명을 보고 편입시키는 경우도 많다. 대개 *gracillima* 형과 *formosa* 형이 동시에 나타나며 세포 양쪽 팽창부의 형태를 기준으로 할 때 구별이 쉽지 않고 애매한 경우도 있다.

생태특성 전형적인 부유 플랑크톤으로 일본에서는 약오탁 내성종으로 분류하며, 부영양 또는 빈영양 호수에서 흔하게 출현한다. 국내에서는 부영양 수역에 주로 나타났다.

분포 유럽과 북미에서는 *A. formosa*에 대한 기록은 많은 반면, *A. formosa* var. *gracillima*에 대한 보고는 많지 않은 편이다. 일본에서는 호수 중요종으로 보고되기도 했다. 국내에서는 1941년 함경도 부전호에서 처음 보고된 이래 하천, 댐, 호소, 계류, 강 그리고 하구에서 빈도 높게 출현했으며, 한강 하류에서는 봄과 가을에 많이 발생했고, 낙동강에서는 3월에서 5월경에, 남한강에서는 5월, 소형 저수지에서는 9월에 대발생하기도 했다. 금강 본류와 하구호에서도 많이 출현했다. 낙동강 하구와 하류 지역의 경우 *A. formosa* 보다는 *A. formossa* var. *gracillima*의 발생량이 훨씬 더 많았다.

Asterionella formosa var. *gracillima.*
A-C. 뚜껑면의 형태. D, E. 둘레면의 형태 F-H. 뚜껑면의 미세구조.
광학현미경; A-E, 주사전자현미경; F-H. 척도 = 10 μm(A-E), 5 μm(F), 1 μm(G, H)

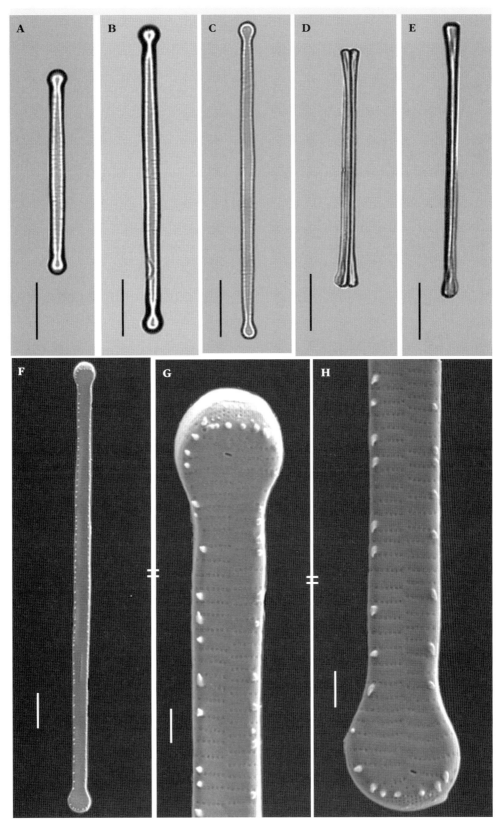

Diatoma vulgaris
Bory

이명   *Diatoma vulgare* Bory.
        Diatoma vulgare var. *productum* Grunow.
참고문헌 Patrick & Reimer 1966, p. 109, pl. 2, fig. 9; Krammer & Lange-Bertalot 1991, p. 95, pl. 91, figs 2,
        3, pl. 93, figs 1-12, pl. 94. figs 1-13, pl. 95, figs 1-7, pl 97, figs 3-5.

세포는 둘레면으로 보면 길쭉한 장방형으로 가장자리가 약간 볼록하고, 지그재그 모양 군체를 이룬다. 뚜껑면은 넓은 타원형으로 양쪽 끝은 둥글거나 폭이 넓은 부리 모양으로 약간 돌출하기도 하며, 맨 끝에는 막공역이 나타나고, 어느 한쪽 말단부에는 입술돌기가 있다. 세로축역은 매우 좁은 직선이고, 중심역은 없다. 뚜껑면에서 돌출맥은 뚜렷하며, 10 μm당 5-12열이고, 점문열은 10 μm에 45-50개로서 미약해 광학현미경에서 식별하기가 어렵다. 세포는 길이 8-75 μm, 폭 7-18 μm이다.

생태특성 세포가 지그재그 모양으로 붙은 군체이고, 기질에 점액질로 붙는 부착 돌말류나 플랑크톤으로도 흔하게 출현한다.
분포 전 세계 담수에서 흔하게 관찰되는 보편적인 플랑크톤 중 하나이다. 국내에서도 하천과 수심이 낮은 호수를 비롯해 다양한 수역에서 빈번하게 관찰된다. 우점도보다는 관찰 빈도가 매우 높은 돌말류이다.

Diatoma vulgaris.
A. E. F. 살아있는 세포(A)와 군체(E, F).
B, C. 뚜껑면의 형태.
D. 둘레면으로 본 세포.
G-I. 뚜껑면의 미세구조, 뚜껑의 바깥쪽면(G)과 안쪽면(H), 말단부의 안쪽면 형태와 입술돌기(I).
광학현미경; A-F. 주사전자현미경; G-I.
척도=10 μm(A-D, G, H), 20 μm(E), 40 μm(F), 2 μm(I).

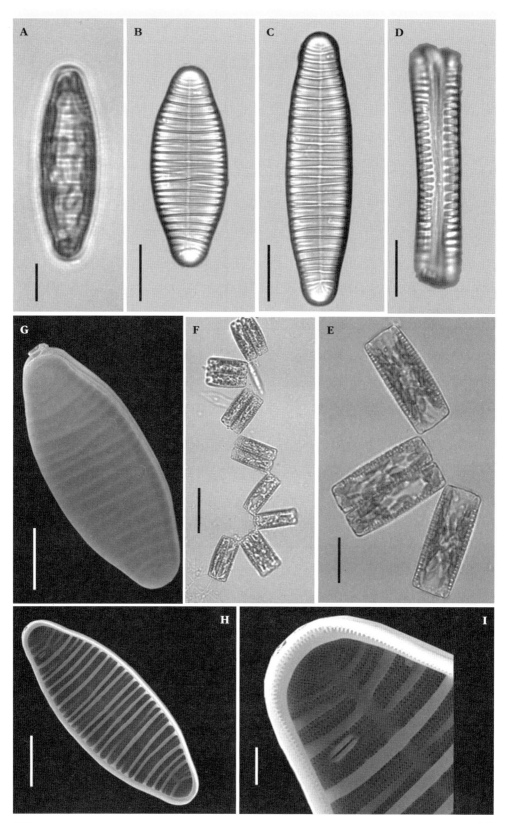

Tabellaria fenestrata
(Lyngbye) Kützing

기본명   *Diatoma fenestratum* Lyngbye.
이명   *Tabellaria flocculosa* var. *fenestrata* (Lyngbye) Rabenhorst.
          Tabellaria fenestrata var. *gracilis* Meister.
참고문헌 Hustedt 1932, p. 26, figs 554a-c; Patrick & Reimer 1966, p. 103, pl. 1. figs 1-2; Krammer &
          Lange-Bertalot 1991, p. 106, pl. 105, figs 1-4, pl. 107, fig. 8; Hofmann *et al.* 2013, p. 562, pl. 3,
          figs 14-16.

세포의 한쪽 끝부분이 서로 어긋나게 연결되어 약한 지그재그 모양 또는 별 모양 군체를 이룬다. 뚜껑면은 둘레면으로 보면 사각형이고, 깊은 가로벽이 여러 개 있으며, 뚜껑면은 긴 선형이나 중심부와 양쪽 끝이 부풀었다. 뚜껑면의 중앙과 말단 팽창부의 폭은 거의 같다. 뚜껑면의 무문 중심역은 없으며 세로축역은 매우 좁은 직선이며, 점문열은 10 μm에 (14)17-22열이다. 뚜껑면의 중앙에 입술돌기가 있다. 뚜껑면 길이는 (25)33-116 μm, 중심부 확장 영역의 폭은 4-10 μm이다.

Note 뚜껑면의 중앙에 무문 중심역이 없으며 중앙 팽창부가 말단 팽창부 폭과 거의 같은 점에서 *Tabellaria flocculosa*와 구별된다.

생태특성 부유 플랑크톤, 저서성 또는 부착성으로 출현하며, 중영양 또는 부영양 호수와 연못 등에 주로 분포한다.

분포 북미와 북유럽에서 피오르드 지역, 고도가 매우 높은 지역, 빈영양 또는 중영양 단계의 담수에서 많이 분포하는 것으로 보고되었다. 국내에서는 이미 1920년대에 기록되었으며, 한강수계의 호소와 산지 계류, 함안늪과 대암산 용늪에서도 관찰되었으며, *T. flocculosa*와 같이 출현하는 경우가 많다.

Tabellaria fenestrata. A–C. 뚜껑면의 형태, D. 둘레면의 형태. E, F. 지그재그 모양 군체.
광학현미경; A–F. 척도 = 10 ㎛(A–D), 20 ㎛(F), 50 ㎛(E).

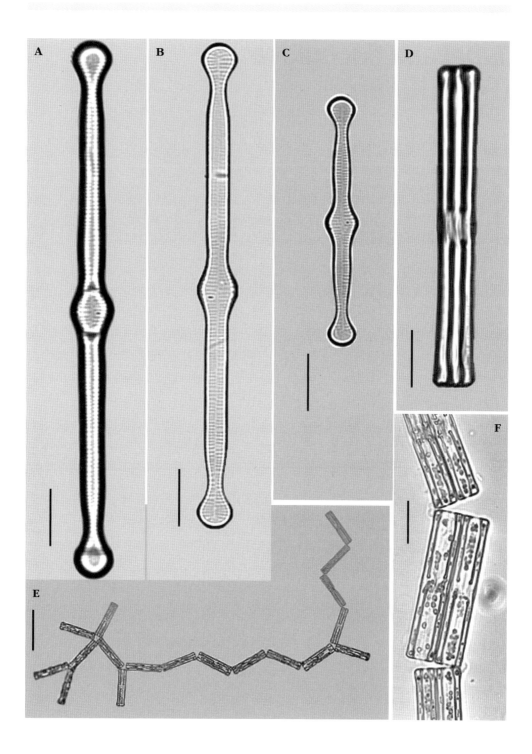

Tabellaria flocculosa
(Roth) Kützing

기본명   *Conferva flocculosa* Roth.
이명   *Diatoma flocculosum* Roth.
        Bacillaria tabellaris Ehrenberg.
        Tabellaria amphicephala Ehrenberg.
        Tabellaria flocculosa var. *amphicephala* Grunow.
        Tabellaria flocculosa var. *genuina* Kirchner.
참고문헌 Hustedt 1932, p. 28, figs 558a-f; Patrick & Reimer 1966, p. 104. pl. 1. figs 4-5; Krammer &
        Lange-Bertalot 1991, p 108. pl. 106. figs 1-13, pl. 107, figs 7, 11, 12; Hofmann *et al.* 2013, p.
        563, pl. 3, figs 9-13.

세포의 한쪽 끝부분이 서로 어긋나게 연결되어 지그재그 모양 또는 별 모양 군체를 이룬다. 뚜껑면은 둘레면으로 보면 사각형이고, 깊은 가로벽이 여러 개 있으며, 뚜껑면은 긴 선형이나 중심부와 양쪽 끝이 부풀었으며 주변부에 가시가 많이 있다. 뚜껑면의 중앙부가 말단부보다 팽창부가 더 커서 그 폭이 더 넓다. 뚜껑면의 세로축역은 좁은 직선이고, 무문 중심역이 작지만 뚜렷하며, 점문열은 10 μm에 13-20열이다. 뚜껑면의 중앙부에 입술돌기가 있다. 뚜껑면 길이는 6-130 μm, 중심부 확장 영역의 폭은 4-8.5 μm이다.

Note 가로벽이 곧은 직선이 아닌 점, 뚜껑면의 가장자리에 가시가 있는 점, 뚜껑면 중앙부의 팽창 부위가 말단보다 더 넓은 점에서 *T. fenestrata*와 구별된다. 뚜껑면 형태는 변이가 심하다.

생태특성 부유 플랑크톤 또는 저서성으로 pH 범위가 넓긴 하지만 다소 산성 수역을 선호하며, 이탄 습지 같은 곳에서 많이 관찰된다. 본 종의 개체군 중에서 세포 길이가 짧은 돌말류는 연못이나 늪에서 많이 관찰되는 반면, 세포 길이가 긴 개체는 빈영양 또는 중영양 수역에서 더 많이 나타난다.

분포 북반구 온대에서 한대에 이르는 지역에 주로 분포한다. 국내에서는 1920년대 Skvortzow (1929)가 수원 지역 호수에서 처음 기록했으며, 백운산과 월출산의 산간 계류, 함안 늪지에서 관찰되었으며, 대암산 용늪에서 이끼류의 기중 돌말류로도 나타났다. 한강, 금호강 등 하천에서도 관찰되었다.

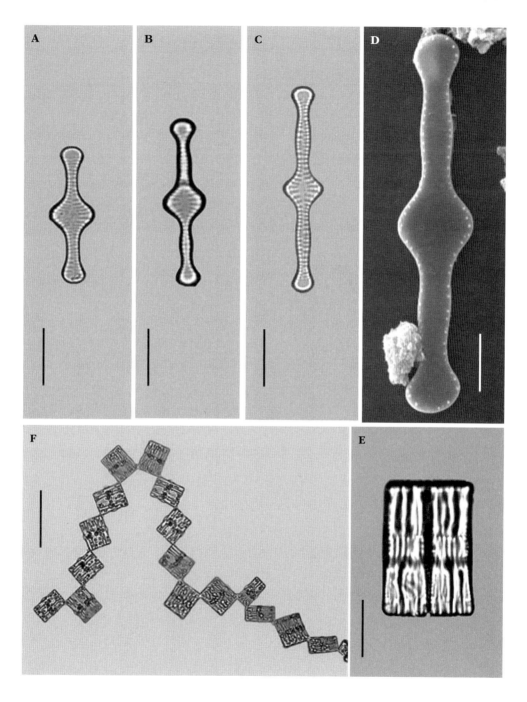

Tabellaria flocculosa.

A–C. 뚜껑면의 형태, D. 뚜껑면의 미세구조. E. 둘레면의 형태. F. 지그재그 모양 군체.

광학현미경; A–C, E, F, 전자현미경; D. 척도 = 50 ㎛(F), 10 ㎛(A–C, E), 5 ㎛(D).

Achnanthidium convergens
(Kobayasi) Kobayasi

기본명   *Achnanthes convergens* Kobayasi.
참고문헌   Kobayasi *et al.* 1986, p. 84, pl. 1, figs 1-7, 11-18, pl. 3, figs 37-43, pl. 5, figs 51-54; Kobayasi 1997, p. 159, fig. 58.

뚜껑면은 선형에 가까운 피침형이고, 말단부는 넓은 둔원이다. 뚜껑면을 장축 방향으로 보면, 등줄 뚜껑면은 오목하고 등줄 없는 뚜껑면은 볼록해 옆면, 둘레면으로 보면 굽어 있다. 등줄의 중심부 끝은 곧으나 말단부 끝은 같은 방향으로 짧게 휘어진다. 세로축역은 좁고, 중심을 향해 약간 넓어지기는 하나 중심역은 따로 없다. 양쪽 뚜껑면에서 점문열은 평행배열하나 등줄 뚜껑면의 말단부에서는 약한 역방사상으로 배열하며, 중심부에서 10 μm에 18-25열, 말단부에서 36-40열로 조밀하나, 등줄 없는 뚜껑면에서는 10 μm에 22-25열로 거의 일정하다. 등줄 뚜껑면에서 뚜껑면과 각투면 사이, 즉 뚜껑면의 가장자리에 점문열이 없는 넓은 무문대가 테두리 같은 점이 특징이다. 뚜껑면은 길이 10-25 μm, 폭 4-4.5 μm이다.

Note 일본 도쿄 Arakawa강에서 기록된 돌말류로서 일본과 한국에서는 많이 기록 보고되었고, 중국에서도 일부 발표되었으나 구미에서는 보고된 사례가 없다. 동북아시아 지역에 생육하는 고유종으로 추정된다. *Achnanthidium deflexum* (Reimer) Kingston와 *A. rivulare* Potapova & Ponader 가 *A. convergens*와 형태적으로 유사하다.

생태특성 수심이 얕은 하천에서 가장 흔하고 전형적인 돌 부착 조류이며, 특히 흐름이 빠른 유수 지역에 많은 하천 지표종으로 알려졌다. 산강 계류 등 청수역 하천에서도 우점종인 경우가 많다.

분포 국내에서 많이 알려진 돌말류로서 한강을 비롯한 대하천과 소하천을 중심으로 많이 분포하고 때로는 부착 조류 중에서 우점종으로 나타나기도 한다. 본 종은 다른 수계보다 특히 낙동강수계에 많이 분포한다.

Achnanthidium convergens.
A-D. 등줄 뚜껑면(A, B)과 등줄 없는 뚜껑면(C, D)의 형태. E-H. 등줄 뚜껑면(E, F)과 등줄 없는 뚜껑면(G, H)의 미세구조(E-G 바깥면, H 안쪽면). 광학현미경; A-D. 주사전자현미경; E-H. 척도=10 ㎛(A-D), 2 ㎛(E-H).

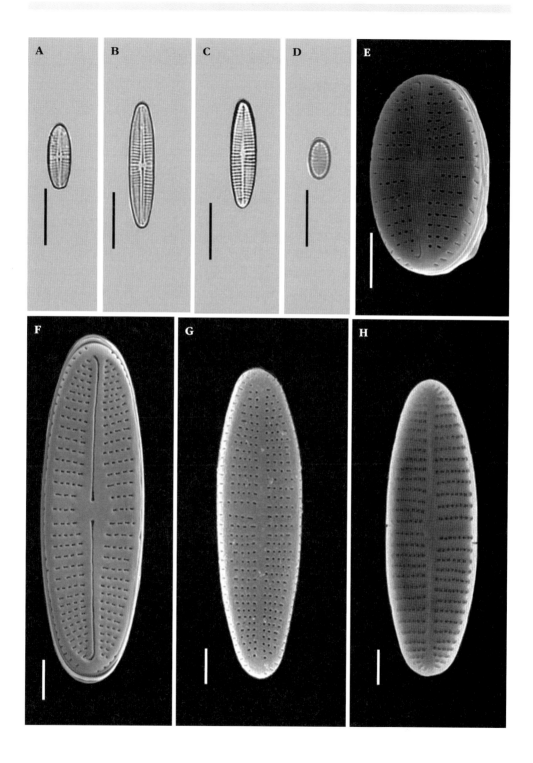

Achnanthidium minutissimum
(Kützing) Czarnecki

기본명 *Achnanthes minutissima* Kützing.

이명 *Achnanthes minutissima* Kützing.

Microneis minutissima (Kützing) Meister.

Achnanthidium lanceolatum f. *minutissima* (Kützing) Tomosvary.

Microneis minutissima (Kützing) Cleve.

참고문헌 Kobayasi. 2006, p. 125, pl. 156-157; Ponader & Potapova 2007, p. 229. pl. 1, figs 1-10, pl. 2, figs 1-3; Hofmann *et al.* 2013, p. 83, pl. 23, figs 15-21.

세포는 소형으로 둘레면으로 보면 가운데가 휘어지고, 모서리가 둥근 긴 직사각형이다. 뚜껑면은 타원형, 선형-피침형으로 양 끝이 둥글고 돌출되기도 한다. 뚜껑면의 등줄은 직선이고, 세로축역은 좁은 피침형으로 중심부로 갈수록 다소 넓어지고, 가운데 점문열 길이가 짧아지거나 점문열 사이 간격이 넓어져 중심역이 형성된다. 뚜껑면 중앙과 말단의 등줄 끝은 휘어지거나 꺾이지 않고 곧고, 점문열은 등줄 뚜껑면과 등줄 없는 뚜껑면에서 모두 방사배열하며 중심부에서는 10 μm에 25-35열이나 말단으로 가면 36-38열로 더 조밀해지고 방사배열이 더 심해진다. 점문열은 등줄 뚜껑면에서 10 μm에 41개이고, 등줄 없는 뚜껑면에서는 10 μm에 45-55개로 더 조밀하다. 등줄 없는 뚜껑면의 점문열 배열은 등줄 뚜껑면과 거의 같고, 세로축역은 좁은 피침형이다. 뚜껑면 길이는 5-25 μm, 폭은 2.5-4 μm이다.

Note 북미 Appalachia 산지에서 조사한 *Achnanthidium minutissimum* 그룹을 대상으로 형태 분석한 결과 6개 소그룹(마름모형, 좁은 선형, 직선-피침형, 말단이 머리 모양, 투명대가 있는 선형-피침형, 넓은 선형-피침형)으로 구분했고, 그중에서 *A. minutissimum*과 같은 선형-피침형이 가장 대표적이고 전형적인 것으로 보았다.

생태특성 전 세계에서 가장 흔하게 관찰되는 돌말류로서 알칼리도가 높은 수계에서 산도가 높은 곳까지, 빈영양에서 과영양 수계까지 분포한다. 유기 오염이 심한 곳에 내성이 있는가 하면, 반면 영양염이 낮은 빈영양 수계에서도 대량 발생하기도 한다. 한편, 교란 지역에 적응이 빠르고, 염분 농도와도 무관하게 분포한다.

분포 가장 흔한 저서 또는 부착성 담수 돌말류로서 열대 지역에서 북극에 이르기까지 다양한 곳에 분포하고, 부유 플랑크톤으로도 관찰되며, 유수의 경우에는 대량으로 나타나기도 한다. 국내에서는 1968년 북한강에서 처음 보고된 이후 전국의 강, 하천, 댐, 호소, 계류, 하구 등에서 폭넓게 출현했다. 유수와 정수 수역을 가리지 않고 관찰되는 가장 흔하고 보편적인 돌말류이고 그만큼 형태 변이가 크다.

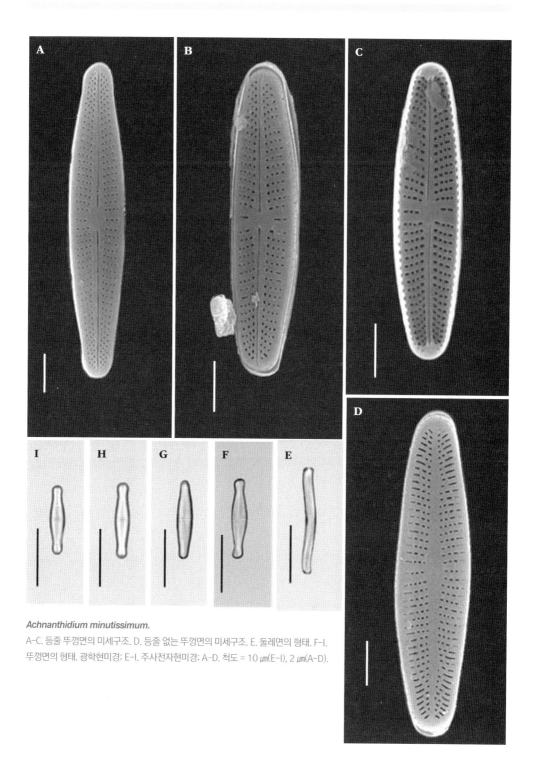

Achnanthidium minutissimum.

A-C. 등줄 뚜껑면의 미세구조. D. 등줄 없는 뚜껑면의 미세구조. E. 둘레면의 형태. F-I. 뚜껑면의 형태. 광학현미경; E-I. 주사전자현미경; A-D. 척도 = 10 ㎛(E-I), 2 ㎛(A-D).

Lemnicola hungarica
(Grunow) Round & Basson

기본명 *Achnanthidium hungaricum* Grunow.
이명 *Achnanthes hungarica* (Grunow) Grunow.
　　　Microneis hungarica (Grunow) Cleve.
　　　Cocconeis hungarica (Grunow) Schonfeldt.
　　　Microneis hungarica (Grunow) Meister.
참고문헌 Round & Basson 1997, p. 77, figs 4-7, 26-31; Kobayasi 2006, p. 130, pls 164-165; Lange-Bertalot *et al.* 2017, p. 354, pl. 16, figs 71-77.

뚜껑은 선형-타원형에서 선형-피침형이고, 정단부가 좁아지고 끝은 쐐기형이거나 넓은 둔원이다. 등줄 뚜껑면에서 등줄은 곧으나 말단부 끝은 서로 반대 방향으로 휘어지고, 세로축역은 좁은 직선이고, 중심역은 뚜껑면 가장자리까지 넓게 이어지나 양쪽 비대칭이다. 점문열은 평행배열하나 말단으로 가면 방사배열이 되며, 10 μm에 16-23열이다. 등줄 없는 뚜껑면의 세로축역은 좁고, 중심역은 매우 작거나 없는 경우도 있다. 점문열의 배열과 밀도는 등줄 뚜껑면과 거의 같다. 뚜껑면 길이는 6-45 μm, 폭은 4-8 μm이다.

Note 본 종은 등줄 뚜껑면의 무문 중심역이 좌우 비대칭인 점이 특징이며, 형태적으로 유사종이 없어 식별이 용이하다.

생태특성 중급 또는 높은 전도도의 부영양 수역에 주로 분포하고 오염 내성도 높은 편이다. 부유 수생식물에 많이 부착하고, 특히 좀개구리속(*Lemna*) 수생식물에서 많이 관찰된다. 저서성 바닥 돌말류로서 소하천과 흐름이 느린 수역에 주로 분포한다.

분포 국내에서는 주로 한강과 낙동강에서 부유 또는 부착 돌말류로 나타났으며 다른 지역보다 빈도가 높았다.

Lemnicola hungarica.
A-C. 등줄 뚜껑면의 형태. D. 등줄 없는 뚜껑면의 형태. E. 등줄 뚜껑면의 미세구조. F. 등줄 없는 뚜껑면의 미세구조.
광학현미경; A-D, 주사전자현미경; E, F. 척도 = 10 μm(A-D), 2 μm(E, F).

Planothidium delicatulum
(Kützing) Round & Bukhtiyarova

기본명   *Achnanthidium delicatulum* Kützing.
이명   *Achnanthes delicatula* (Kützing) Grunow.
   Achnantheiopsis delicatula (Kützing) Lange-Bertalot.
참고문헌   Krammer & Lange-Bertalot 1991, p. 71, pl. 39, figs 1-33; Hofmann *et al.* 2013, p. 507, pl. 24, figs 36-40.

뚜껑면은 타원형이고, 말단은 돌출해 부리 모양이다. 등줄 뚜껑면은 무문 중심역이 작은 원형이며, 등줄은 섬유상이나 곧고, 점문열은 말단으로 갈수록 방사배열이 강하며 10 μm에 11-16열이다. 등줄 없는 뚜껑면은 무문 중심역이 없으며 세로축역이 좁은 직선이고, 점문열은 약한 방사배열로 점문열의 밀도는 등줄 뚜껑면과 같으나 더 강하게 보인다. 뚜껑면의 장축 방향으로 한쪽 면의 가운데 두 점문열 간격이 다른 것보다 더 넓은 것이 특징이다. 뚜껑면은 길이 10-26 μm, 폭은 5-10 μm이다.

Note 뚜껑면의 말단이 뾰족하고 돌출한 점에서 *Planothidium septentrionalis* (Østrup) Round & Bukhtiyarova와 구별된다.
생태특성 전도도가 높은 담수 또는 기수 지역을 선호하고, 부영양화 지역에 많이 나타난다.
분포 전 세계 보편종이다. 국내에서는 경주 형산강에서 보고되었으며, 낙동강 하구와 하구의 조간대 모래 갯벌에서도 빈번하게 관찰되었다.

Planothidium delicatulum.
A-C. 등줄 뚜껑면의 형태, D, E. 등줄 없는 뚜껑면의 형태. F, G. 뚜껑면의 미세구조(F 등줄 뚜껑면 안쪽, G 등줄 없는 뚜껑면 바깥쪽).
광학현미경; A-E, 주사전자현미경; F, G. 척도 = 10 μm(A-E), 2 μm(F, G).

Planothidium lanceolatum
(Brébisson) Lange-Bertalot

기본명   *Achnanthidium lanceolatum* Brébisson.
이명   *Achnanthes lanceolata* (Brébisson) Grunow.
  Microneis lanceolata (Brébisson) Frenguelli.
  Achnantheiopsis lanceolata (Brebisson) Lange-Bertalot.
  Planothidium lanceolatum var. *genuinum* Andresen, Stoermer & Kreis.
참고문헌   Patrick & Reimer 1966, p. 269, pl. 18, fig. 1; Krammer & Lange-Bertalot 1991, p. 76, pl. 41, figs 1-8, 25; Kobayashi *et al.* 2006, p. 132. pl. 167, figs 1-13; Hofmann *et al.* 2013, p. 510, pl. 24, figs 41-47.

뚜껑면은 타원형이거나 폭이 넓은 피침형이고 말단부는 폭이 넓은 둔원이나 다소 돌출한다. 등줄 뚜껑면은 등줄이 곧고, 무문 중심역은 사각형으로 뚜껑면 가장자리까지 이어지며, 점문열은 전체적으로 방사배열이며 10 μm에 10-15열이다. 뚜껑면 중심부에는 가장자리에만 짧은 점문열이 있다. 등줄 없는 뚜껑면은 점문열 배열과 밀도 등은 등줄 뚜껑면과 같고, 뚜껑면 한쪽 중심부에 말굽 모양의 투명 비후조직이 있는 점이 특징이다. 뚜껑면은 길이 6-40 μm, 폭은 4.5-10 μm이다.

Note 뚜껑면 말단이 폭이 넓고 돌출한 형태인 점에서 다른 근연종과 구별되며 중심부의 말굽 모양 비후조직이 2중이 아닌 것도 구별점이 된다.

생태특성 pH가 중성에서 알칼리에 이르고 연수보다는 경수를, 정수보다는 유수를 선호하나 영양염이 풍부한 부영양 수역에는 흔하지 않다.

분포 캐나다 국립공원의 35개 산지 호수에서 저서 돌말류로 높은 빈도로 나타났으며, 부착 돌말류의 지표를 이용해 미국 2,735개 지역에서 하천 수질을 평가한 결과에서도 매우 높은 빈도를 기록했다. 국내에서는 *Achnanthes lanceolata*로 1971년 처음 보고된 이래 강, 호수, 하천, 늪지, 댐 등에서 발견되었으며, 섬진강, 고창 석정 온천, 임진강, 여러 곳의 산지 하천 등에서도 보고되었다.

Planothidium lanceolatum.
A-C. 등줄 없는 뚜껑면의 형태, D-F. 등줄 뚜껑면의 형태. G. 등줄 뚜껑면의 미세구조. H, I. 등줄 없는 뚜껑면(H 바깥쪽, I 안쪽)의 미세구조.
광학현미경; A-F, 주사전자현미경; G-I. 척도 = 10 μm(A-F), 2 μm(G-I).

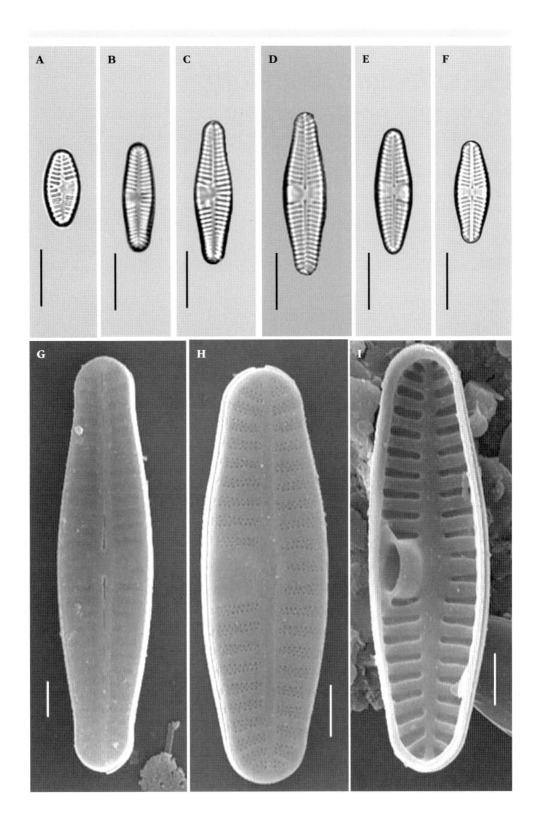

Planothidium rostratum
(Østrup) Lange-Bertalot

기본명   *Achnanthes rostrata* Østrup.
이명   *Achnanthes lanceolata* var. *rostrata* Schulz.
　　　Achnanthes lanceolata var. *rostrata* (Østrup) Hustedt.
　　　Achnanthes lanceolata subsp. *rostrata* (Østrup) Lange-Bertalot.
　　　Planothidium rostratum (Østrup) Round & Bukhtiyarova.
참고문헌   Hustedt 1933, p. 410, figs 863i-m; Krammer & Lange-Bertalot 1991, p. 77, pl. 43. figs 1-14.

뚜껑면은 좁은 타원형이고, 말단부는 돌출해 끝은 부리 모양이거나 다소 머리 모양이다. 등줄 뚜껑면은 세로축이 좁은 선형이나 뚜껑면의 가운데 중심역이 사각형이고, 등줄은 곧은 편이다. 등줄 뚜껑면의 점문열은 전체적으로 방사배열이며, 10 μm에 10-14열이고, 하나의 점문열은 2~4열의 작은 점문으로 되어 있다. 등줄 없는 뚜껑면은 점문열 배열과 밀도 등은 등줄 뚜껑면과 같으나 한쪽 뚜껑면의 중심부에 말굽 모양의 2중 투명 비후조직이 있는 점이 특징이다. 세포는 길이 6-15 μm, 폭 4-7 μm이다. 등줄 없는 뚜껑면 쪽에 1개 판상 엽록체가 있다.

생태특성 부착 또는 저서 돌말류이나 플랑크톤으로 나타나며, 중성에서 알칼리성 수질과 연수보다는 경수를, 정수보다는 유수를 더 선호한다.
분포 전 세계에 보편적인 돌말류이다. 국내에서는 *Achnanthes lanceolata* var. *rostrata*라는 이름으로 한강과 낙동강 수계 등에서 많이 보고되었다.

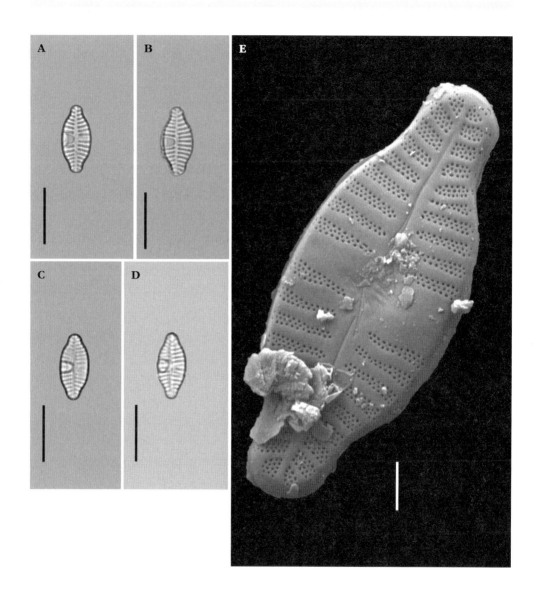

Planothidium rostratum. A–D.
등줄 없는 뚜껑면(A–C)과 등줄 뚜껑면(D)의 형태. E. 등줄 없는 뚜껑면의 미세구조.
광학현미경; A–D, 주사전자현미경; E. 척도=10 ㎛(A–D), 2 ㎛(E).

Cocconeis pediculus
Ehrenberg

이명　*Cocconeis depressa* Kützing
참고문헌　Patrick & Reimer 1966, p. 240, pl. 15, fig. 3; Krammer & Lange-Bertalot 1991, p. 89, pl. 55, figs 1-8, pl. 57, figs 1-4; Lange-Bertalot *et al.* 2017, p. 139, pl. 20, figs 17-19.

뚜껑면은 넓은 타원형이거나나 마름모형 또는 원형이고, 말단부는 둔원이다. 등줄 뚜껑면에서 등줄은 곧고, 등줄의 중심부 끝이 두꺼워 서로 가까이 위치하고, 등줄의 말단부 끝은 뚜껑면의 말단부 끝까지 미치지 않는다. 세로축역은 좁은 선형이고, 중심역은 작은 원형이다. 점문열은 말단으로 갈수록 방사배열이 강하며, 10 μm에 16-24열이고, 점문은 10 μm에 18-23개이다. 등줄 없는 뚜껑면에서 세로축역이 매우 넓으나 중심부에서 조여지는 형태이다. 점문열은 말단으로 갈수록 방사배열이며, 10 μm에 16-24열이고, 점문이 굵고, 10 μm에 10-13개이며, 장축 방향으로 파상 열이 뚜렷하다. 세포는 길이 13-54 μm, 폭 7-37 μm이다.

생태특성 뚜껑면이 기질 표면에 부착하는 돌말류나 바닥 저서 조류, 수생식물 부착 조류 또는 플랑크톤으로 광범위하게 출현한다. 알칼리도가 높은 부영양 수역에 주로 분포하며, 전도도가 낮거나 산성화된 곳, 빈영양 수역에는 거의 나타나지 않는다.
분포 북미와 유럽 등 전 세계에서 가장 보편적인 부착 돌말류이다. 부착 돌말류의 지표성을 이용한 미국 산지 하천 2,735개 지점의 수질 평가에서 가장 이용 빈도가 높은 종류 중 하나였다. 국내 담수에서도 가장 흔한 돌말류 중 하나이다. 일반적으로 우점도보다는 관찰되는 빈도가 매우 높은 종이다.

Cocconeis pediculus.
A, B: 살아있는 세포.
C-G: 등줄 없는 뚜껑면(C-E)과 등줄 뚜껑면(F, G)의 형태.
H-J. 등줄 뚜껑면(J, I)과 등줄 없는 뚜껑면(H)의 미세구조(J, H 뚜껑의 안쪽면, I 뚜껑의 바깥쪽면).
광학현미경; A-G. 주사전자현미경; H-J. 척도=10 ㎛(A-G), 5 ㎛(H-J).

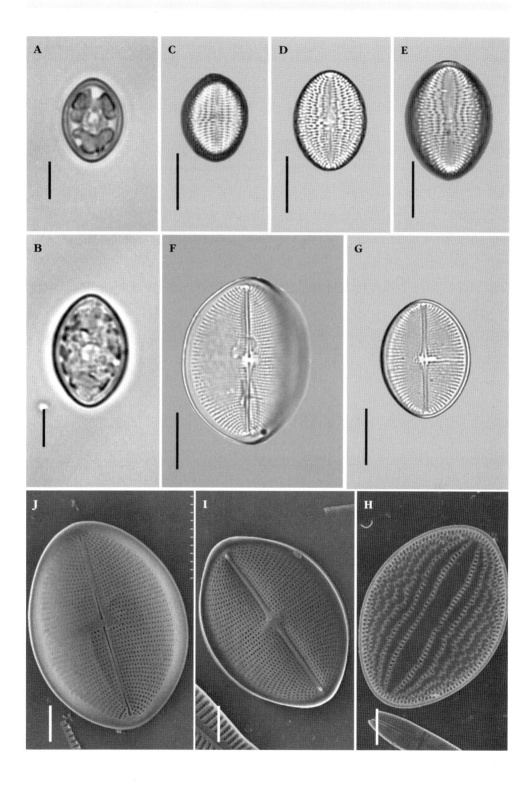

Cocconeis placentula var. *placentula*
Ehrenberg

참고문헌 Patrick & Reimer 1966, p. 240, pl. 15, figs. 7; Lange-Bertalot 2017, p. 140, pl. 20, figs. 3-5.

뚜껑면은 타원형 또는 원형이며, 말단부가 둔원이다. 등줄 뚜껑면에서 등줄은 곧고, 등줄 중심부 쪽 끝이 서로 가까이 위치한다. 세로축역은 좁은 선형이며, 중심역은 난형이나 세로축보다 약간 넓은 정도이다. 점문열의 점문은 평행배열하나 말단으로 갈수록 방사배열이 강해지며, 10 ㎛에 20-23열 이다. 뚜껑면 가장자리에 좁은 투명 무문띠가 있고, 그 안쪽에 또 다른 투명띠가 뚜껑면을 싸고 있다. 등줄 없는 뚜껑면에서 세로축역도 좁은 직선이고, 중심역은 없다. 점문열의 점문은 말단으로 갈수록 방사배열하고, 10 ㎛에 24-26열이며, 점문은 가로 단축 방향뿐 아니라 세로 장축 방향으로도 열을 이룬다. 뚜껑면은 길이 10-70 ㎛, 폭 8-40 ㎛이다.

Note *Cocconeis placentula*와 2개 종 하위분류군 *C. placentula* var. *euglypta* 및 *C. placentula* var. *lineata*, 세 분류군은 형태가 유사할 뿐 아니라 변이가 심하고 등줄 없는 뚜껑면 형태가 비슷 해 실제 구별이 어렵다. 등줄 뚜껑면으로는 분류군 구별이 안 되는 점도 있으며, 예전과 같이 세분화 하지 않고 *Cocconeis placentula* sensu lato 단일종으로 통합시키는 경향이 많아졌다. 그러나 최 근 3종의 선정기준표본(lectotype)이 지정되긴 했으나(Jahn *et al.* 2009, Romero & Jahn 2013) 현실에서는 활용되지 않고 있다. 여기서는 기준표본을 다소 고려하면서 예전 분류 기준을 적용 한 Lange-Bertalot *et al.* (2017)의 최근 문헌을 참고로 했다. 본 종은 뚜껑면의 점문열이 짧은 선 (dash)이 아닌 점문이며, 장축 방향으로 세로 점문열의 지그재그가 미약하고, 대형 뚜껑면에서 전형 적인 형태 특징이 나타나는 점에서 다른 2개 변종과 구별된다.

생태특성 본 종은 등줄 뚜껑면이 기질 표면에 부착하는 부착조류이고, 국내뿐 아니라 전 세계에서 가 장 보편적인 돌말류로서 지역 및 생태 분포 범위가 매우 넓다.

분포 *Cocconeis placentula* sensu stricto는 국내에서는 드문 편이다. 플랑크톤으로 드물게 나타나 며, 하천 최상류 또는 산지 습지 같은 곳에서 발견되기도 한다.

Cocconeis placentula var. *placentula*.
A-D. 등줄 없는 뚜껑면(A-C)과 등줄 뚜껑면(D)의 형태. E. 등줄 뚜껑면(안쪽면)의 미세구조와 가장자리 2겹의 무문대.
광학현미경; A-D. 주사전자현미경; E. 척도 = 10 ㎛(A-D), 2 ㎛(E).

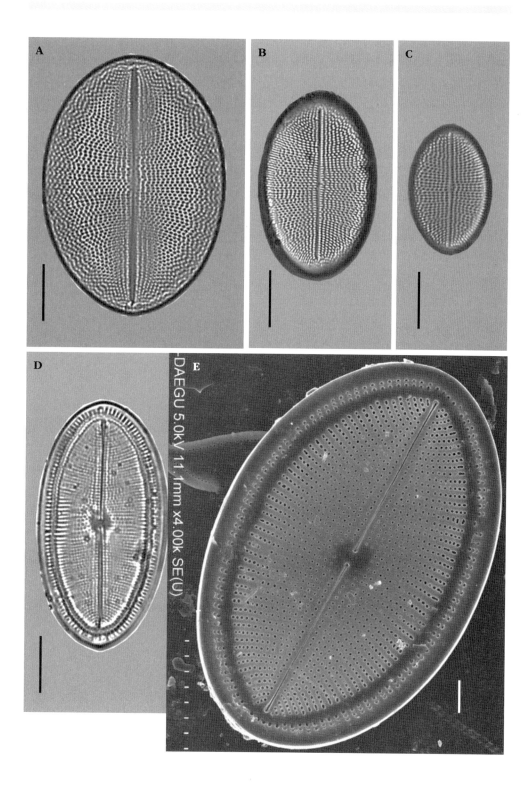

Cocconeis placentula var. *euglypta* (Ehrenberg) Grunow

기본명 *Cocconeis euglypta* Ehrenberg.

참고문헌 Patrick & Reimer 1966, p. 241, pl. 15, fig. 8; Lange-Bertalot *et al.* 2017, p. 138, pl. 20, figs 10-12.

뚜껑면은 타원형 또는 원형이며, 말단부가 둔원이다. 등줄 뚜껑면에서 등줄은 곧고, 등줄 중심부 쪽 끝이 서로 가까이 위치한다. 세로축역은 좁은 선형이며, 중심역은 세로축보다 약간 넓은 정도이다. 점문열은 평행배열이나 말단으로 갈수록 방사배열이 강하며, 10 μm에 19-23열이다. 뚜껑면 가장자리에 좁은 투명 무문띠가 있고, 그 안쪽에 또 다른 투명띠가 뚜껑면을 싸고 있다. 등줄 없는 뚜껑면에서 세로축역도 좁은 직선이고, 중심역은 없다. 점문열은 짧은 선(dash) 또는 점문으로 이루어지고, 말단으로 갈수록 방사배열하며, 10 μm에 18-24열이며, 점문은 단축 방향뿐 아니라 세로 장축 방향으로도 열을 이룬다. 뚜껑면 장축을 기준으로 한쪽면에서 세로 점문열은 대개 5열 이하이고, 세로 점문열 폭이 점문열 사이 무문대보다 넓은 편이다. 세포는 길이 15-45 μm, 폭 9-25 μm이다.

Note 본 종은 뚜껑면 장축 세로 방향으로 점문열 띠가 지그재그이기보다 직선이며, 점문열이 길고, 그 폭이 점문열 사이 무문대보다 더 넓은 점에서 var. *lineata*와 구별된다.

생태특성 본 종 역시 기본종과 마찬가지로 뚜껑면이 표면에 부착하는 부착조류이고, 국내뿐 아니라 전 세계 가장 보편적인 돌말류로서 지역 및 생태 분포 범위가 매우 넓다. 부착조류로서 정수보다는 유수에 더 많이 나타난다.

분포 국내에서는 하천과 강, 저수지 등에서 흔하게 분포하고, 플랑크톤으로 많이 나타난다.

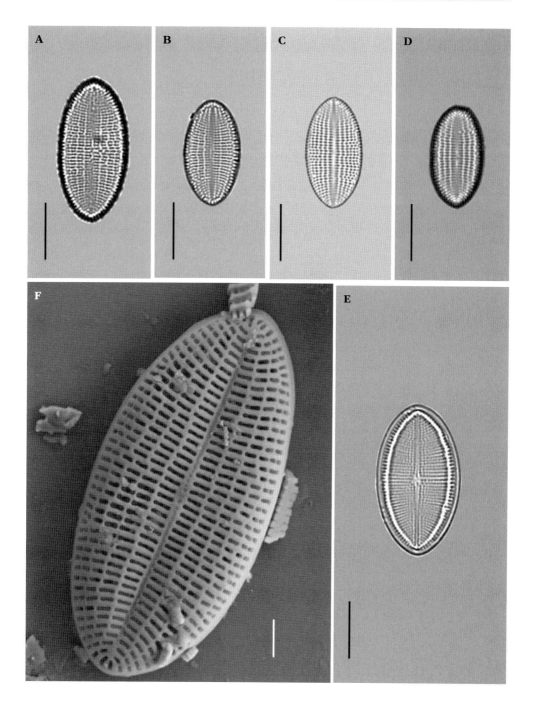

Cocconeis placentula var. *euglypta.*
A-D. 등줄 없는 뚜껑면(A-D)과 등줄 뚜껑면(E)의 형태. F: 등줄 없는 뚜껑면(안쪽)의 미세구조.
광학현미경; A-E. 주사전자현미경; F. 척도 = 10 μm(A-E), 2 μm(F).

Cocconeis placentula var. *lineata*
(Ehrenberg) Van Heurck

기본명   *Cocconeis lineata* Ehrenberg.

이명   *Cocconeis placentula* var. *lineata* (Ehrenberg) Cleve.

         Cocconeis placentula f. *lineata* (Ehrenberg) Hustedt.

참고문헌 Patrick & Reimer 1966, p. 242, pl. 15, figs. 5, 6; Krammer & Lange-Bertalot 1991, p. 87, pl. 49, fig. 1, pl. 50, figs. 1-13; Lange-Bertalot *et al.* 2017, p. 138, pl. 20, figs 8, 9.

뚜껑면은 타원형 또는 원형이며, 말단부가 둔원이다. 등줄 뚜껑면에서 등줄은 곧고, 등줄의 중심부 끝이 서로 가까이 위치한다. 세로축역은 좁은 선형이며, 중심역은 세로축보다 약간 넓은 정도이다. 뚜껑면 가장자리에 좁은 투명 무문띠가 있고, 그 안쪽에 또 다른 투명띠가 뚜껑면을 싸고 있다. 등줄 없는 뚜껑면에서 세로축역도 좁은 직선이고, 중심역은 없다. 점문열은 점문 또는 짧은 선(dash)으로 이루어지고, 평행배열이나 말단으로 갈수록 방사배열이 되고, 10 μm에 20-23열이고, 점문은 10 μm에 18-22개이며, 점문열은 단축 가로 방향 보다 장축 세로 방향으로 더 뚜렷한 지그재그 또는 파상열을 이룬다. 뚜껑면의 장축 중심선을 기준으로 한쪽면에서 장축 점문열은 10열 이하이고, 세로 점문열 사이 무문대의 폭이 점문열보다 더 넓다. 뚜껑면은 길이 16-80 μm, 폭 6-35 μm이다.

Note *Cocconeis placentula* 분류군 3종 중에서 var. *lineata*는 장축 방향으로 점문열이 매우 치밀하고 지그재그 형태로 선이 더 뚜렷하고, 점문열 사이 무문대가 넓은 점, 세로 점문열의 수가 많은 점에서 var. *euglypta*와 구별된다.

생태특성 기본종과 마찬가지로 등줄 뚜껑면이 기질 표면에 부착하는 부착돌말류이다. 국내 뿐 아니라 전 세계 가장 보편적인 돌말류로서 지역 및 생태 분포 범위가 매우 넓다.

분포 국내 하천과 강을 중심으로 매우 흔하게 관찰되며, 세 분류군 중에서 출현 빈도가 가장 높다.

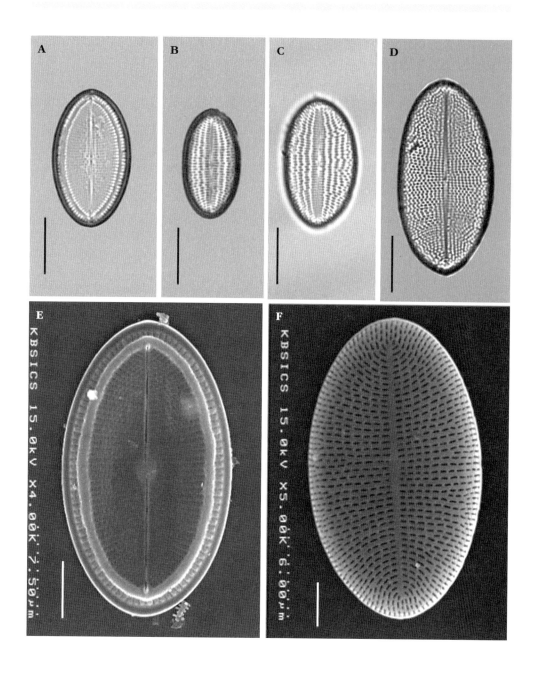

Cocconeis placentula var. lineata.

A–D. 등줄 뚜껑면(A)과 등줄 없는 뚜껑면(B–D)의 형태. E, F: 등줄 뚜껑면(E)과 등줄 없는 뚜껑면(F)의 미세구조.
광학현미경; A–D. 주사전자현미경; E, F. 척도=10 μm(A–D), 5 μm(E, F).

Cymbella aspera
(Ehrenberg) Cleve

기본명   *Cocconema asperum* Ehrenberg.

이명   *Frustulia gastroides* Kützing.

      Cymbella gastroides (Kützing) Kützing.

참고문헌   Krammer & Lange-Bertalot 1986, p. 319, pl. 7, fig. 1, pl. 8, fig. 2, pl. 11, fig. 5, pl. 131, fig. 1; Krammer 2002, p. 114, pl. 62, fig. 5, pl. 124, figs 1-8, pl. 125, figs 1-4, pl. 126, figs 1-5, pl. 127, fig. 7, pl. 142, fig. 7, pl. 138, fig. 7; Hofmann *et al.* 2013, p. 147, pl. 82, figs 1, 2.

뚜껑면 등쪽은 완만한 아치형이고, 배쪽 가장자리는 중심부가 약간 볼록한 등배형 반달 모양이며 말단은 넓은 둔원으로 끝이 늘어지거나 돌출하지 않는다. 뚜껑면 등줄은 뚜껑면 거의 가운데에 위치하고, 무문 중심역은 뚜껑면 폭의 1/4-1/3을 차지하며, 세로축역은 좁은 선형에 아치형으로 굽었다. 등줄은 거의 뚜껑면 가운데를 달리나 바깥쪽 홈은 중심에서 벗어나 등줄 중심부와 말단부에서 안쪽 홈과 만나고, 중심부 끝은 물방울 모양이며, 말단부 끝은 낫 모양으로 등쪽으로 휘었다. 등쪽과 배쪽 점문열은 전체적으로 방사상으로 배열하고, 중심부에서는 10 μm에 6.5-8열, 말단에서는 10열이며, 점문은 10 μm에 8-10개이다. 배쪽 점문열의 중심부 끝부분에 굵은 유리점(stigma) 7-10개가 접해 있다. 뚜껑면 길이는 110-200 μm이, 폭은 26-35 μm이다.

Note 등줄 중심부 끝이 작은 물방울 모양이나 *C. lanceolata* (C. Agardh) *C. Agardh*의 등줄 끝은 갈고리 모양인 점에서 구별되고, 뚜껑면 등쪽 가장자리의 휘어짐도 *C. lanceolata*가 심하다. *C. neogena* (Grunow) Krammer도 본 종과 뚜껑면 형태가 유사하나 점문열의 점문 밀도(10 μm에 12-15 : 8-10)에서 차이가 난다.

생태특성 전도도가 중간 정도인 산지 계류와 같은 빈영양 수역을 선호하며 호알칼리성이다.

분포 전 세계 보편종으로 늪, 지하수와 광천수 같은 곳에서도 출현하나 보통은 얕은 하천과 호수에서 나타나며 많은 양이 발생하지는 않는다. 국내에서는 1929년 수원에서 처음 보고된 이래 강(북한강, 남한강 등), 하천(수어천 등), 댐호수(춘천호, 청평호, 소양호 등), 저수지(철원 토교저수지 등), 늪(함안늪) 등에서 많이 보고되었다.

Cymbella aspera.

A, B. 뚜껑면의 형태, C. 뚜껑면의 미세구조. 광학현미경; A, B, 주사전자현미경; C. 척도 = 10 μm(A-C).

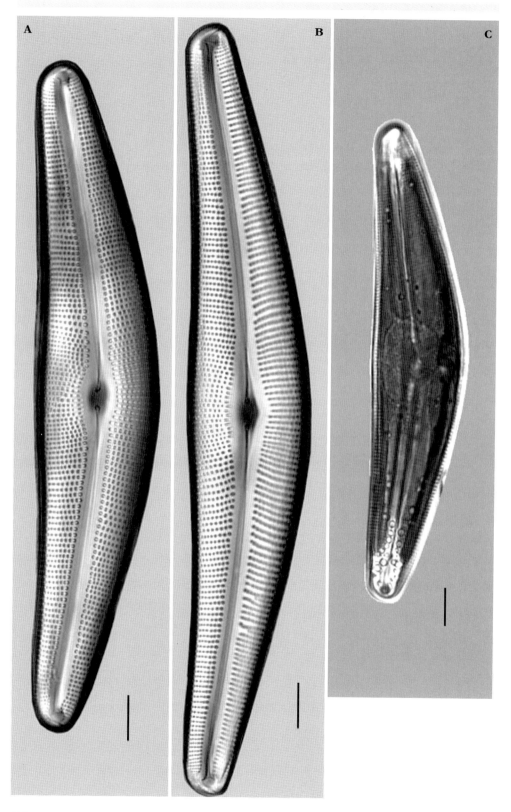

Cymbella tropica
Krammer

이명 *Cymbella turgidula* sensu Metzeltin & Lange-Bertalot
참고문헌 Metzeltin & Lange-Bertalot 1998, pl. 133, figs 14-16; Krammer 2002, p. 61, pl. 44, figs 1-10, pl. 49, figs 12, 13.

뚜껑면은 기본적으로 타원형이나, 약한 등배형으로 굽어 등쪽 가장자리는 뚜렷한 아치형이고, 배쪽 가장자리는 볼록하며, 뚜껑면의 양쪽 말단부는 약간 돌출하고, 끝은 둥글다. 등줄은 중심부 끝에서는 바깥쪽 등줄 틈이 배쪽으로 휘어지면서 안쪽과 바깥쪽의 등줄 틈이 교차하고, 말단부에서는 등줄 끝이 등쪽으로 꺾인다. 세로축역은 좁은 선형이거나 약하게 곡선을 이루며, 중심역은 좁은 타원형이고, 배쪽보다 등쪽이 조금 더 넓다. 중심부의 유리점은 배쪽 점문열 끝에 길쭉하게 보통 1개 있으나 대형에서는 2개일 때도 있다. 점문열은 중심부에서는 약하게 방사배열하며 10 μm에 9-10열, 말단부에서는 평행배열하며 10 μm에 13-14열이고, 점문은 10 μm에 22-25개이다. 뚜껑면의 길이는 26-42 μm이고, 폭은 8.5-12 μm이다.

Note *C. turgidula* 또는 *turgidula* 계열의 다른 종과 형태가 유사하나 *C. turgidula*보다 뚜껑면의 길이가 작고 폭이 좁으며, 중심부에 유리점이 1개이고 길쭉하다는(광학현미경에서는 매우 큰 점으로 보인다) 점에서 구별된다. 국내에서는 *C. turgidula* 또는 *turgidula* 계열의 다른 종으로 기재되고 있는 것으로 추정된다.

생태특성 점액질성 부착 돌말류이나 수심이 얕은 하천에서는 플랑크톤으로도 많이 출현한다. 정기준 표본의 채집지가 베네수엘라이며, 남미 브라질의 아마존강, 에콰도르, 코스타리카 등 열대에서 광범위하게 분포하는 돌말류로 알려졌다. 국내 하천에서 돌 부착 조류로 흔하게 나타난다.

분포 북미, 유럽 등에서도 많이 관찰되는 광분포 돌말류이다. 국내에서는 2018년 남한강에서 처음 보고되었으나 우리나라 하천 수계에 전반적으로 분포한다. 부착 조류로 번무하면 다른 *Cymbella* 종과 동반해 플랑크톤으로 다량 나타나는 경우가 많다.

Cymbella tropica.
A–C. 살아있는 세포.
D, E. 뚜껑면의 형태.
F, G. 뚜껑면의 미세구조(G), 뚜껑면 중심부(F)의 미세구조(F, G 뚜껑의 바깥쪽면).
광학현미경; A–E. 주사전자현미경; F, G. 척도=10 ㎛(A-E), 5 ㎛(G). 2 ㎛(F).

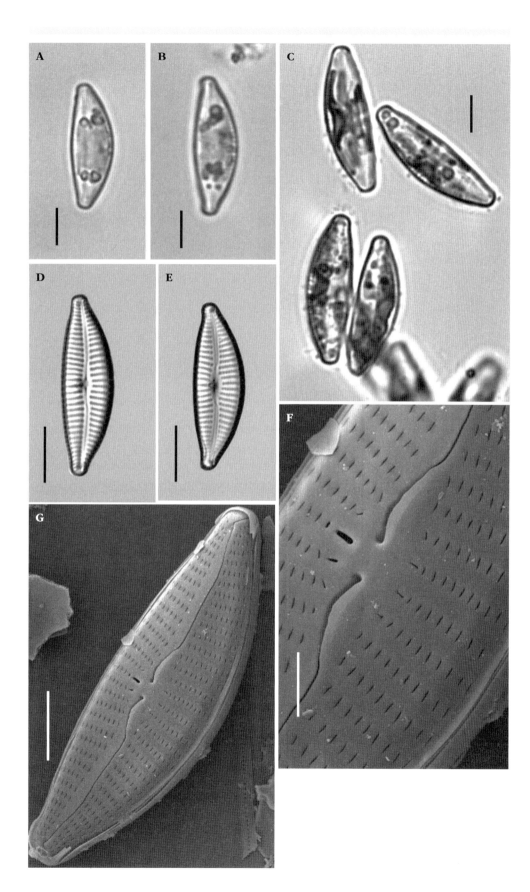

Cymbella tumida
(Brébisson) Van Heurck

기본명   *Cocconema tumidum* Brébisson.

이명   *Cymbella stomatophora* Grunow.

참고문헌   Krammer & Lange-Bertalot 1986, p. 318, pl. 130, figs 4-6; Krammer 2002, p. 141, pl. 162, figs 1-8, pl. 163, figs 1-6, pl. 164, figs 1-8, pl. 165, figs 3-5, pl. 166, fig. 3, pl. 168, figs 5, 6; Hofmann *et al.* 2013, p. 157, pl. 81, figs 5, 6.

뚜껑면 등쪽은 강한 아치형이고, 배쪽 가장자리는 약간 볼록하거나 거의 곧거나 또는 미세하게 오목한 등배형 반달 모양이며 말단은 약하게 돌출한 형태로 끝은 폭이 넓은 부리 모양이다. 뚜껑면 등줄은 뚜껑면 거의 가운데에 위치하고, 무문 중심역은 원형 내지 마름모형으로서 뚜껑면 폭의 1/2-1/3을 차지한다. 세로축역은 좁은 선형에 아치형으로 굽었으며, 등줄은 거의 뚜껑면 가운데를 지나며, 중심부 끝은 약간 배쪽으로 굽었고, 말단부 끝은 낫 모양이며 등쪽으로 휘었다. 등쪽 점문열은 중앙에서는 방사상이며 말단으로 가면 평행배열하고, 10 μm에 8-11열이며, 점문은 10 μm에 14-19개이다. 배쪽 점문열은 전반적으로 방사상 배열이나 중심부에서 방사상 배열이 더 강하다. 배쪽 점문열의 중심부 끝부분에 매우 굵은 유리점(stigma)이 접해 있다. 뚜껑면 길이는 35-95 μm, 폭은 16-22(24) μm이다.

Note 뚜껑면 전체 겉모양과 말단부 끝의 형태에서 변이가 크다.

생태특성 저서성 돌말류로서 중간 정도의 전도도인 빈영양 또는 중영양 수역을 선호한다.

분포 전 세계 보편종으로 온대와 아열대 지역의 담수역에 흔하게 분포하는 돌말류이며 열대 지역에서도 많이 관찰된다. 국내에서는 하천, 댐, 호소, 계류, 강 그리고 하구 등에서 빈도 높게 출현했다.

Cymbella tumida.
A–C. 뚜껑면의 형태, D, E. 뚜껑면의 미세구조(D 중심부, E 말단부).
광학현미경; A–C, 주사전자현미경; D, E. 척도 = 10 ㎛(A–C), 5 ㎛(E), 2 ㎛(D).

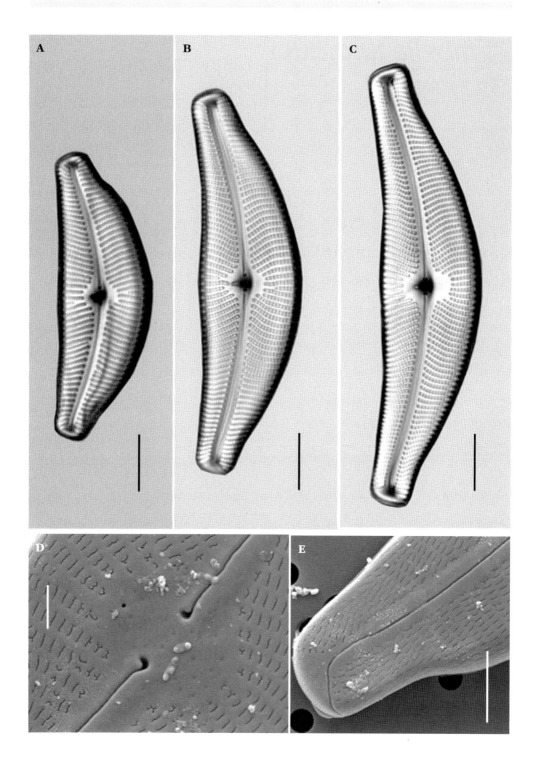

Cymbella turgidula
Grunow

참고문헌 Krammer & Lange-Bertalot 1986, p. 66, pl. 48, figs 1-17, pl. 49, figs 1-3; 정 1993, p. 274, fig. 242; 이 2011, p. 25, pl. 6, figs A-C.

뚜껑면은 기본적으로 타원형이나, 약한 등배형으로 굽어 등쪽 가장자리는 뚜렷한 아치형이고, 배쪽 가장자리는 볼록하며, 뚜껑면 양쪽 말단부는 약간 돌출하고, 끝은 둥글다. 등줄은 중심부 끝에서는 바깥쪽 등줄 틈이 배쪽으로 휘어지면서 안쪽과 바깥쪽의 등줄 틈이 교차하고, 말단부에서는 등줄 끝이 등쪽으로 꺾인다. 세로축역은 좁은 선형이거나 약하게 곡선을 이루며, 중심역은 매우 작고 둥글며, 배쪽보다 등쪽이 조금 더 넓다. 중심부의 유리점은 보통 2개나 1개 또는 3개일 때도 있다. 점문열은 중심부에서는 약하게 방사배열하며 10 μm에 8-11열, 말단부에서는 평행배열하며 10 μm에 12-14열이며, 점문은 10 μm에 22-25개이다. 뚜껑면의 길이는 25-37 μm이고, 폭은 10-13 μm이다.

Note 유리점이 1개인 *C. affinis*와 형태가 유사하지만 팽배한 뚜껑면의 윤곽과 점문열에서 점문 밀도가 낮은(10 μm에 22-25 : 24-28) 점에서 구별된다.

생태특성 부착 돌말류이나 하천 바닥의 돌에서 번무할 때에는 많은 양이 플랑크톤으로 나타난다. 수질 오염이 낮은 청수역과 알칼리성 수역을 선호하며, 수심이 얕은 하천에서 관찰 빈도가 높다.

분포 전 세계에서 흔한 담수 돌말류이다. 국내에서는 한강과 낙동강 등 대하천 지류 또는 소하천에서 많이 보고되었다. 남한강에서는 본류보다는 단양의 죽령천과 단양천, 여주의 청미천 하류에서 플랑크톤으로 다수 관찰되었다.

Cymbella turgidula.
A, B. 살아있는 세포.
C-E. 뚜껑면의 형태.
F, G. 뚜껑면의 미세구조(F), 뚜껑면 중심부의 미세구조(G)(F, G 뚜껑의 바깥쪽면).
광학현미경: A-E. 주사전자현미경: F, G. 척도=10 μm(A-F), 5 μm(G).

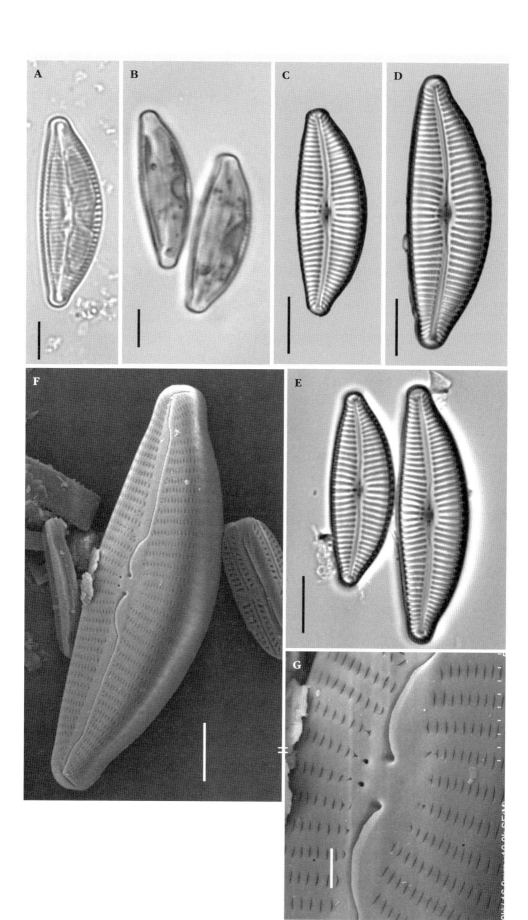

Encyonema leibleinii
(C. Agardh) Silva, Jahn, Ludwig & Menezes

기본명 *Gloionema leibleinii* C. Agardh.

이명 *Encyonema prostratum* (Berkeley) Kützing.

Encyonema paradoxum Kützing sensu Kützing.

Gloionema paradoxum C. Agardh sensu Ehrenberg.

non *Gloionema paradoxum* C. Agardh.

Cymbella prostrata (Berkeley) Cleve.

참고문헌 Krammer 1997b, p. 38, pl. 115, figs 1-5, pl. 116, figs 1-6, pl. 118, figs 1-3, pl. 119, figs 1-6; Hofmann *et al.* 2013, p. 190, pl. 86, figs 1-4; Silva *et al.* 2013, p. 121, figs 10-24; Alexson 2014 in Diatoms of North America; Silva & Nogueira 2015, p. 335, figs 1-5.

뚜껑면은 기본적으로 폭이 넓은 피침형-타원형이나, 등쪽 가장자리는 아치형이고, 배쪽 가장자리는 볼록하게 융기해 전체적으로 반달 모양이다. 뚜껑면 양쪽 말단부는 폭넓게 돌출해 끝이 배쪽면으로 굽은 것과 말단부가 돌출하지 않은 두 종류가 있다. 등줄은 중심부 끝은 등쪽으로 약간 굽었고, 말단부 끝은 배쪽으로 꺾인다. 세로축역은 좁은 선형이며, 무문 중심역은 작은 마름모형이다. 등쪽면 점문열은 방사배열하고, 배쪽면 점문열도 방사배열하나 뚜껑면 말단부에서는 모두 평행배열한다. 점문열은 10 μm에 7-10열이고 점문은 10 μm에 16-22개이다. 뚜껑면 중심부에 큰 유리점이 없다. 뚜껑면 길이는 38-94 μm이고, 폭은 16-25 μm이다.

Note *E. cespitosum, E. auerswaldii* Rabenhorst와 뚜껑면 형태가 유사하나 뚜껑면 폭이 15 μm보다 좁고 점문열이 조밀한 점에서 본 종과는 구별된다.

생태특성 빈영양에서 중영양 단계 수역에도 산재하나, 중급 전도도의 호수, 부영양화 유수 지역에 주로 나타난다. 점액질 튜브 내에 일렬로 배열하는 저서 돌말류이나 플랑크톤으로 드물게 나타난다.

분포 *Encyonema* 속 돌말류 중에서 대형에 속하고, 점액질에 싸인 형태로 소하천에서도 대량으로 관찰되기보다는 드물게 나타난다.

Encyonema leibleinii.

A, B. 점액질체 안의 세포. C-E. 뚜껑면의 형태. F, G. 뚜껑면의 미세구조(F), 말단부의 미세구조(G)(F, G 뚜껑의 바깥쪽면).

광학현미경; A-E. 주사전자현미경; F, G. 척도= 10 μm(A-F), 2 μm(G).

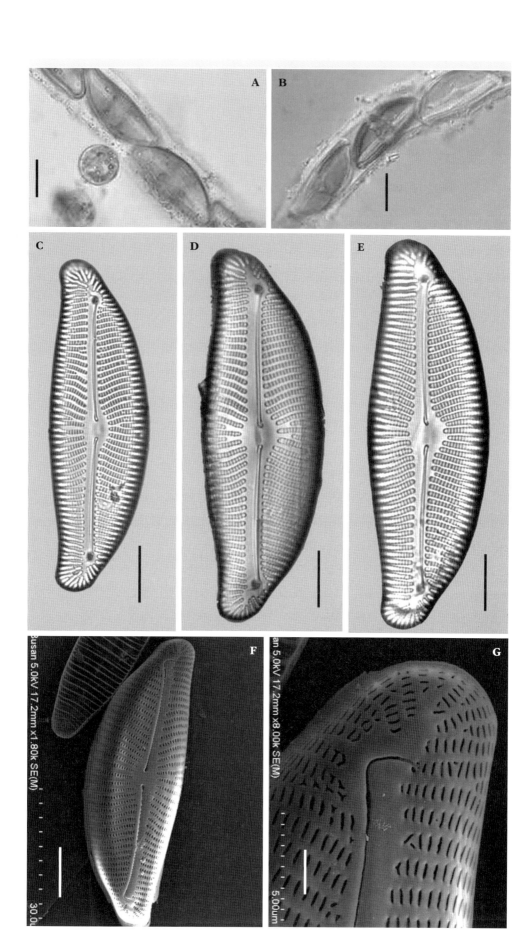

Encyonema minutum
(Hilse) D.G. Mann

기본명 *Cymbella minuta* Hilse.

이명 *Cymbella ventricosa* sensu Kützing pro parte.

Cymbella ventricosa var. I sensu Geitler.

Cymbella chandolensis Gandhi.

참고문헌 Krammer & Lange-Bertalot 1986, p. 305, pl. 119, figs 1-13, pl. 16, fig. 4; Krammer 1997a, p. 53, pl. 6, figs 19-27, pl. 24, fig. 5, pl. 25, figs 1-19; Hofmann *et al.* 2013, p. 188, pl. 87, figs 33-40.

뚜껑면 등쪽은 강한 아치형이고, 배쪽은 곧은 등배형 반달 모양이며, 말단은 미세하게 돌출하며 배쪽으로 굽었다. 뚜껑면 등줄은 실 모양이고, 무문 중심역은 매우 작거나 없으며, 세로축역은 좁은 선형으로 배쪽 가장자리와 거의 평행하다. 등줄 중심부 끝은 등쪽으로 약간 굽었고, 말단부 끝은 배쪽으로 휘어진다. 등쪽 점문열은 평행하거나 약한 방사상이며 10 *μm*에 15-18열이고, 점문은 10 *μm*에 34-38개이며, 배쪽 점문열은 중심부에서 강한 방사상으로 배열한다. 등쪽 점문열의 중심부 끝부분에 유리점(stigma)이 1개 접해 있다. 뚜껑면 길이는 7-23 *μm*, 폭은 4.2-6.9 *μm*이다.

Note 본 종의 범주 내에 있던 것들이 신종으로 분리되면서 *E. schimanskii* Krammer, *E. ochridanum* Krammer, *E. subminutum* Krammer & Lange-Bertalot 등은 *E. minuta*와 형태가 매우 유사하고 일부 형태에서 차별화되긴 하나 소형이면서 종간 형태 범위가 겹치기 때문에 구별하기가 쉽지 않다. *E. minutum*은 *E. silesiacum*과도 형태 유사점이 있으나 크기가 작은 점(뚜껑면 폭 4.2-6.9 *μm* : 5.9-9.6 *μm*), 점문열 밀도(중심부 10 *μm*에 15-18 : 11-14)에서 차이가 난다.

생태특성 저서성 돌말류이나 플랑크톤으로 나타나며, 전도도가 중급인 빈영양 수역을 선호하고, 호청수성이며 pH는 광적응형이다.

분포 전 세계에서 매우 흔하게 관찰되는 담수 돌말류이다. 국내에서는 1965년 한강에서 처음 보고된 이래 전국 각지의 강(북한강, 임진강, 섬강, 만경강 등), 하천(고산천, 수어천 등), 댐호수(영천댐, 주암호 등), 저수지(토교저수지, 장좌못, 남매지 등) 등에서 빈도 높게 보고된다.

Encyonema minutum.

A-D. 뚜껑면의 형태, E-G. 뚜껑면의 미세구조(F 뚜껑면의 중심부, G 말단부).

광학현미경; A-D, 주사전자현미경; E-G. 척도 = 10 μm(A-D), 1 μm(E), 0.5 μm(F, G).

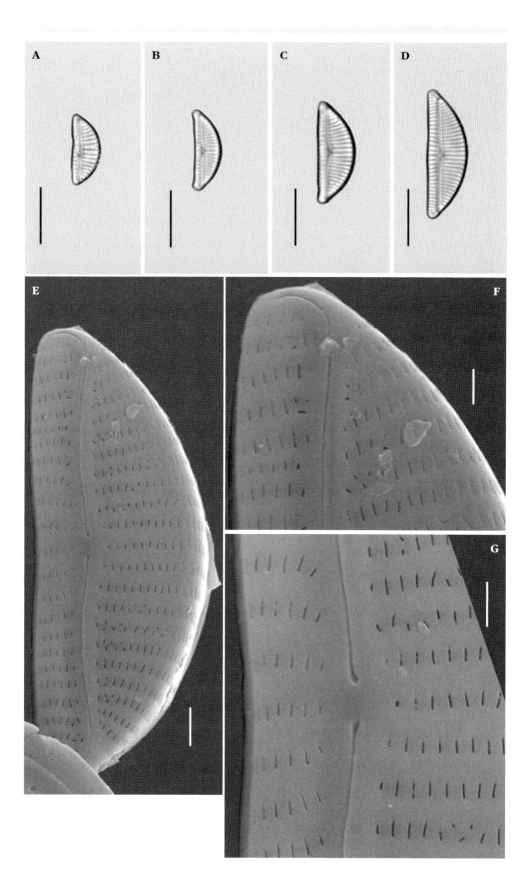

Encyonema silesiacum
(Bleisch) D.G. Mann

기본명   *Cymbella silesiaca* Bleisch.
이명   *Cymbella minuta* var. *silesiaca* (Bleisch) Reimer.
참고문헌   Krammer 1997a, p. 72, pl. 4, figs 1-18, pl. 7, figs 1, 2, 6-19; Hofmann *et al.* 2013, p. 192, pl. 87, figs 11-17.

뚜껑면은 기본적으로 타원형이나, 등쪽 가장자리는 강한 아치형이고, 배쪽 가장자리는 선형이거나 약간 볼록하며, 약간 오목한 것 등 변이가 크지만 전체적으로 반달 모양이다. 뚜껑면 양쪽 말단부는 돌출하지 않아 부리 모양이 아니고 둥글다. 등줄은 중심부 끝은 등쪽으로 약간 굽었고, 말단부 끝은 배쪽으로 길게 휘어진다. 세로축역은 좁은 선형이며, 중심역은 없다. 등쪽면 점문열은 평행배열하고, 말단부에서는 방사배열하며, 배쪽면 점문열은 중심부에서는 방사배열, 말단부에서는 역방사배열한다. 점문열은 10 μm에 11-14열이고 점문은 10 μm에 28-31개이다. 등쪽면 중심 점문열 끝에 큰 유리점이 1개 있으며, 광학현미경으로도 확인할 수 있다. 뚜껑면 길이는 16-42 μm이고, 폭은 5.9-9.6 μm이다.

Note *Encyonema lange-bertalotii* Krammer와 유사하나 뚜껑면 폭이 더 넓고, 뚜껑면 말단부가 돌출형이며, 등쪽 중앙부에 큰 유리점이 없는 점에서 본 종과 구별된다.

생태특성 교란이 적은 수역, 예를 들면 고산 또는 산간 지역의 하천이나 폭포 등 다양한 곳에서 많이 관찰된다. 빈영양에서 중영양, 전도도가 낮은 곳에서 중급에 이르는 수역에 주로 분포한다. 그러나 부영양화 수역에서도 생육할 수 있는 보편종이다. 점액질 튜브 내에 긴 군체를 만드는 저서성이나 플랑크톤으로도 흔히 나타난다.

분포 전 세계에서도 분포지가 다양하고 흔하게 관찰되는 보편종이다. 국내에서도 대하천, 소하천, 호수, 저수지 등에서 관찰되고 많이 보고되었다. 본 종은 *E. ventricosum*과 동반 출현하는 경우가 많아 생태 및 분포가 유사할 것으로 보인다.

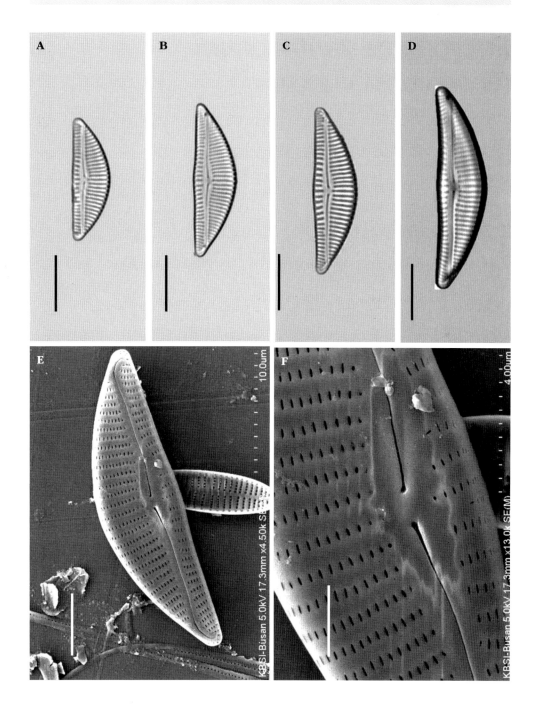

Encyonema silesiacum.

A–D. 뚜껑면의 형태. E, F. 뚜껑면의 미세구조(E), 중심부의 미세구조(F)(E, F 뚜껑의 바깥쪽면).

광학현미경; A–D. 주사전자현미경; E, F. 척도= 10 ㎛(A–D), 5 ㎛(E), 2 ㎛(F).

Encyonema ventricosum
(C. Agardh) Grunow

기본명   *Frustulia ventricosa* C. Agardh.

이명   *Cymbella ventricosa* (C. Agardh) C. Agardh.

참고문헌 Krammer 1997a, p. 98, pl. 6, figs 8-13, pl. 7, figs 3-5, pl. 23, figs 3-5, pl. 26, figs 30, 31, pl. 6, figs 14-18, pl. 26, fig. 29; Hofmann *et al.* 2013, p. 192, pl. 87, figs 18-22.

뚜껑면은 기본적으로 타원형이나, 등쪽 가장자리는 강한 아치형이고, 배쪽 가장자리는 선형이나 가운데가 약간 부풀어 올라 반달 모양이다. 뚜껑면 양쪽 말단부는 약간 돌출해 부리 모양이나 배쪽 방향으로 굽는다. 등줄은 중심부 끝은 등쪽으로 약간 굽었고, 말단부 끝은 배쪽으로 길게 휘어진다. 세로축역은 좁은 선형이며, 중심역은 없다. 등쪽면 점문열은 중심부에서는 평행배열하고, 말단부에서는 방사배열하며, 배쪽의 점문열은 중심부에서는 방사배열, 말단부에서는 역방사배열한다. 점문열은 10 μm에 (12)14-19열이고 점문은 10 μm에 33-39개이다. 등쪽면 중심 점문열 끝에 큰 점문이 1개 있으나 뚜렷하지 않으며 전자현미경으로 확인할 수 있다. 뚜껑면 길이는 9-29 μm이고, 폭은 4.5-6.9 μm이다.

Note *Encyonema silesiacum*, *E. minutum* (Hilse) D.G. Mann, *E. lange-bertalotii* Krammer의 형태는 본 종과 유사하나 *E. silesiacum*과 *E. minutum*은 뚜껑면 말단부가 뚜렷하게 돌출하지 않는 점, *E. lange-bertalotii*는 뚜껑면 폭이 보다 넓고(6.2-11 μm), 점문열 점문이 10 μm에 30개로 보다 성긴 점에서 본 종과 구별된다.

생태특성 *Encyonema* 속 중에서 가장 흔하게 관찰되는 종이다. 부영양화 또는 유기물 오염도가 높은 곳을 선호하며, 중영양 또는 중급 전도도 수역까지 분포한다. 저서 부착 조류이나 플랑크톤으로도 많이 관찰된다.

분포 전 세계 보편종이다. 국내에서는 하천과 호수에서 보고 사례가 굉장히 많을 것으로 추정되나 기록으로는 많지 않다. Patrick and Reimer (1975)가 본 종(Cymbella ventricosa)을 *Cymbella minuta* Hilse의 이명으로 처리해 *Cymbella minuta*로 기록되었을 것으로 보인다.

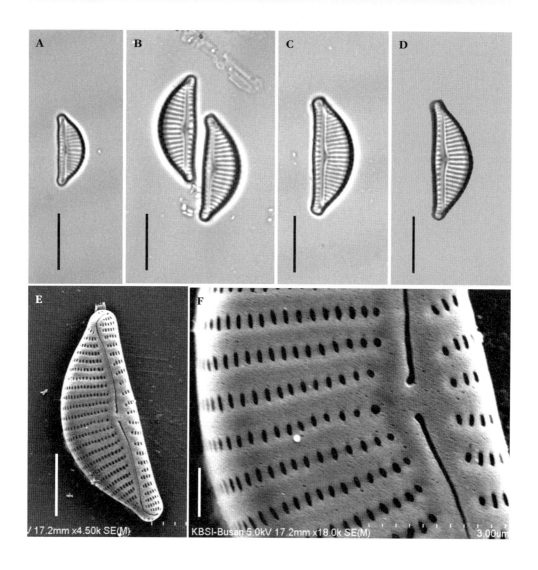

Encyonema ventricosum.

A–D. 뚜껑면의 형태. E, F. 뚜껑면의 미세구조(E), 말단부의 미세구조(F)(E, F 뚜껑의 바깥쪽면).

광학현미경; A–D. 주사전자현미경; E, F. 척도= 10 ㎛(A–D), 5 ㎛(E), 1 ㎛(F).

Gomphoneis quadripunctata
(Østrup) Dawson

기본명   *Gomphonema olivaceum* var. *quadripunctata* Østrup.
이명   *Gomphonema quadripunctatum* (Østrup) Wislouch.
참고문헌   Patrick & Reimer 1975, p. 145, pl. 18, fig. 19; Krammer & Lange-Bertalot 1991, p. 424, pl. 88,
fig. 1; 이 2011, p. 58, figs 14A-C.

세포는 둘레면으로 보면 쐐기형이다. 뚜껑면은 곤봉 모양이나 윤곽은 타원형이며, 뚜껑면 머리쪽 끝
은 넓은 둔원인 반면, 꼬리쪽은 폭이 좁아지고 끝은 둥글다. 등줄은 곧지 않고 약간 굽은 모양이고,
세로축역은 좁고, 중심역은 원형 또는 마름모형이며, 중심역에 독립된 점문(유리점)이 4개 있다. 점
문열은 중앙에서는 약하게 방사배열하고, 양쪽 말단으로 가면 평행배열하며, 10 μm에 13-14열이다.
뚜껑면 길이는 16-45 μm이고, 폭은 4-8 μm이다.

Note 뚜껑면 중심역에 유리점이 4개 있는 *Gomphonemma* 종이 여럿 있으며, 이들 종은 형태가 중
첩되거나 분류학적으로 명확하게 검증되지 않은 것이 있다.
생태특성 단독이며, 흔하게 관찰되는 돌말류이나 분산되며, 대량으로 발생하는 경우는 드물다. 특히
영양염이 풍부하고 알칼리도가 높은 호수, 고산 또는 저지대 지역 유수에서도 많이 출현한다.
분포 국내에서는 소하천을 중심으로 많이 보고되었으며, 안동호, 영천호 등 호수에도 출현했다.

Gomphonema quadripunctatum.
A. 점액질에 연결된 세포 기부. B-D. 뚜껑면의 형태. E-H. 뚜껑면의 미세구조(E), 중심부(G)와 양쪽 말단부의 미세구조(F, H).
광학현미경; A-D. 주사전자현미경; E-H. 척도=10 μm(A-D), 5 μm(E, F, H).

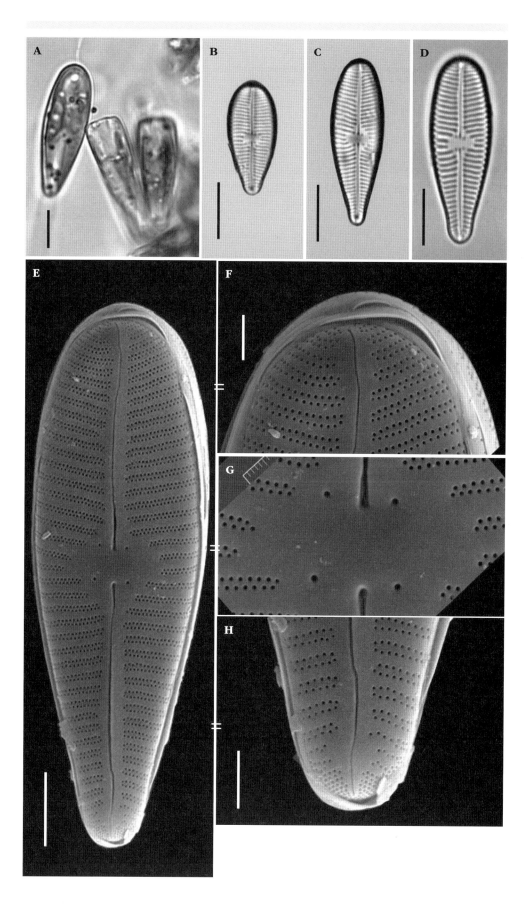

Gomphonema augur
Ehrenberg

이명   *Gomphonema apiculatum* Ehrenberg
참고문헌   Patrick & Reimer 1975, p. 111, pl. 19, fig. 9; Jahn 1984, p. 193, figs 1-42; Hofmann *et al.* 2013.
            p. 297, pl. 98, figs 16-20.

뚜껑면은 곤봉 모양으로 머리쪽은 폭이 일정하나 기부 쪽으로는 말단을 향해 폭이 좁아지고, 머리 쪽 말단부의 끝은 짧고 뾰쪽하며, 기부 말단부는 둥글다. 등줄은 거의 곧고, 세로축역은 좁은 선형이 며, 중심부에서 점문열 간격이 성기고, 가운데 점문열이 약간 짧아지며 그 끝에 유리점이 있다. 다른 쪽 가운데 점문열이 조금 짧아지면서 좁은 무문 중심역이 생긴다. 점문열은 중심부에서는 10 μm에 7-13열이고, 중심부에서 평행배열 또는 미약한 방사배열이며 말단부로 가면 역방사배열이다. 뚜껑 면 길이는 17-130 μm, 폭 8-13 μm이다.

Note *Gomphonema* 속 돌말류 중에서 뚜껑면 말단부 가까운 부위에서 폭이 가장 넓다.
생태특성 다양한 환경의 수역에 분포하고, 중부수성 또는 중영양성 수역에서 주로 생육하는 호알칼리 성 돌말류이다.
분포 전 세계적으로 다양한 담수역에 생육하는 보편종이다. 국내에서는 1929년 수원 서호에서 보 고된 이래 하천, 강, 계곡, 댐 등에서 널리 분포한다. 최근에는 금강과 무주 일원의 계류에서도 출현 했다.

Gomphonema augur.
A–C. 뚜껑면의 형태, D, E. 뚜껑면의 미세구조(D 뚜껑면의 머리쪽 말단부, E 중심부).
광학현미경; A–C, 주사전자현미경; D, E. 척도 = 10 μm(A–C), 5 μm(D), 2 μm(E).

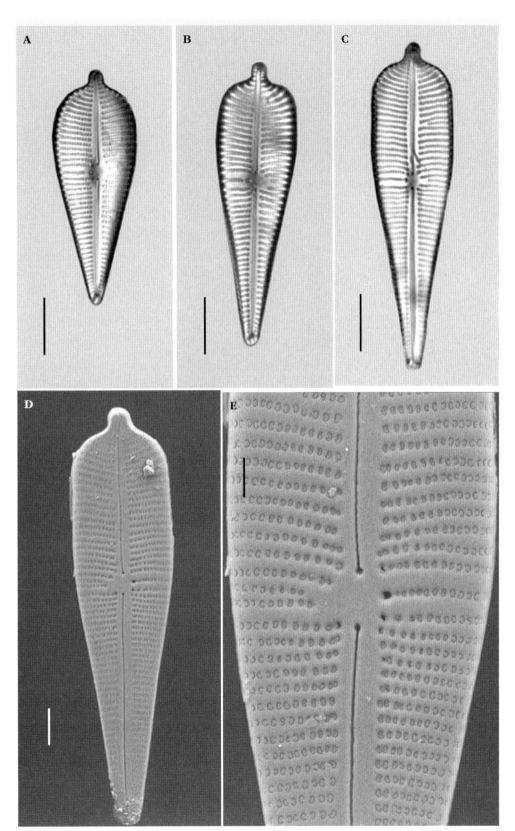

Gomphonema parvulum
(Kützing) Kützing

기본명 *Sphenella parvula* Kützing.

비 이명 *Gomphonema lagenula* Kützing.

Gomphonema micropus Kützing.

참고문헌 Krammer & Lange-Bertalot 1986, p. 358, pl. 154, figs 1-25; Hofmann *et al.* 2013, p. 312, pl. 99, figs 1-10; Abarca *et al.* 2014, p. 10, pl. 2, figs 1–22, 24–25, pl. 3, figs 2–3, 6–8, pl. 4, figs 1–2, 5, 7, pl. 5, fig. 5.

세포는 둘레면으로 보면 쐐기형이다. 뚜껑면은 곤봉 모양이나 윤곽은 피침형이거나 타원형이며, 뚜껑면 두부 끝은 돌출해 둥글거나 부리 모양이다. 등줄은 곧지 않고, 세로축역은 좁은 직선이고, 중심역은 한쪽 면 점문열이 짧아져 좌우 비대칭이다. 무문 중심역의 반대쪽 가운데 점문열 끝에 유리점이 1개 있으나, 광학현미경으로 보면 유리점이 뚜렷하지 않는 경우도 있다. 점문열은 약간 방사배열하거나 평행하며, 10 μm에 12-20열이다. 뚜껑면 길이는 15-40 μm이고, 폭은 4-7 μm이다.

Note 형태 변이가 매우 큰 분류군으로 본 종에서 변종으로 새로이 정의되거나 종으로 분리된 것이 많다. 현재까지도 본 종을 중심으로 하는 개체군 집단 내에서 형태가 유사해 종의 경계를 명확하게 정의하는 게 쉽지 않다.

생태특성 점액질이 가지처럼 분지하는 형태로 기질에 붙는 부착종이나 플랑크톤으로도 흔하게 출현한다. 전 세계 담수에서 대표적인 보편종으로 생태 분포가 매우 넓다.

분포 전 세계의 보편 담수 돌말류이다. 국내에서도 하천을 중심으로 다양한 수역에서 많이 보고되었으며 관찰 빈도가 매우 높다.

Gomphonema parvulum.
A. 살아있는 세포.
B–D. 뚜껑면의 형태.
E, F. 뚜껑면의 미세구조(E, F 뚜껑의 바깥쪽면).
광학현미경; A–D. 주사전자현미경; E, F. 척도=10 μm(A–D), 2 μm(E, F).

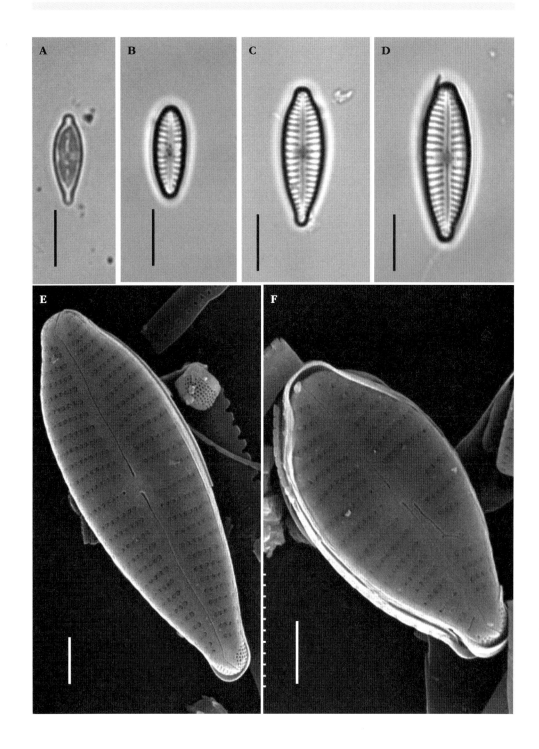

Gomphonema pseudosphaerophorum
H. Kobayasi

참고문헌 Ueyama & Kobayasi 1986, p. 452, pl. 1, figs 10-12; Watanabe 2006, p. 502, pl. II B3-98, figs 1-6; 이 2011, p. 57, figs 14D, E; Tyree & Vaccarino 2016 in Diatoms of North America.

뚜껑면은 곤봉 모양으로 중앙부 폭이 가장 넓고 기부보다 머리쪽으로 갈수록 더 가늘어지며 좌우 대칭이며, 머리쪽 끝은 폭 넓은 부리형 또는 머리형이다. 등줄은 약간 굴곡이 있고 중심선을 벗어나 있으며, 세로축역은 좁은 선형이며, 중심부에서 점문열의 간격이 성기고, 가운데 점문열이 짧아지고 다른 쪽 중심 점문열 끝에 유리점이 있어 좁은 무문 중심역이 있다. 점문열은 중심부에서는 10 μm에 9-14열이고, 전체적으로 약한 방사상 배열한다. 뚜껑면의 길이 35-50 μm, 폭 8-14 μm이다.

Note *Gomphonema sphaerophorumt*과 형태가 유사하지만 뚜껑면의 양쪽 말단 끝의 폭이 더 넓고, 점문열이 더 굵고 성기고, 무문 중심역이 있는 점에서 구별된다. *G. sphaerophoroides* Hustedt도 형태가 유사하나 점문열이 2열인 점에서 1열인 본종과는 다르다.

생태특성 현재까지 분포지를 보면 호수, 강과 하천에서 관찰되었으며, 국내에서 금호강과 팔당호에서의 분포로 볼 때 부영양 수역에서도 생육하는 것으로 보인다.

분포 일본의 Kawaguchi 호에서 처음 기재되었으며 일본, 중국과 한국에서 분포가 확인되었고, 인도와 하와이에서도 각각 보고되었다. 국내에서는 금호강, 영천댐, 팔당호, 주암호에서 관찰되었다.

Gomphonema pseudosphaerophorum.
A-D. 뚜껑면의 형태, E-G. 뚜껑면의 미세구조(F 뚜껑면의 말단부, G 중심부).
광학현미경: A-D, 주사전자현미경: E-G. 척도 = 10 μm(A-D), 2 μm(E), 1 μm(F, G).

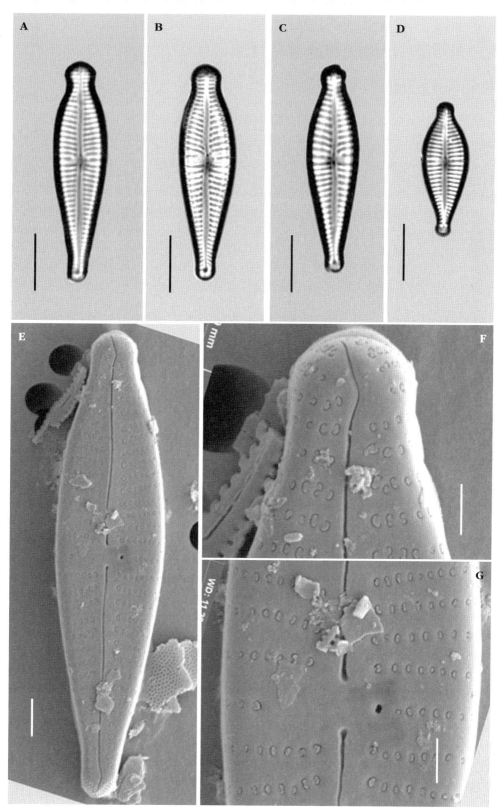

Gomphonema turris
Ehrenberg

이명   *Gomphonema acuminatum* var. *turris* (Ehrenberg) Wolle
          Gomphonema augur var. *turris* (Ehrenberg) Lange-Bertalot

참고문헌   Patrick & Reimer 1975, p. 114, pl. 16, fig. 6; 이 2011, 62. figs 12C-D.

뚜껑면은 곤봉 모양으로 중앙부의 폭이 가장 넓고 머리쪽보다 기부로 갈수록 더 가늘어지며 좌우 대칭이다. 머리쪽 말단부는 갑자기 좁아지면서 끝은 뾰쪽하다. 등줄은 곧지 않고 굴곡이 있으며 세로축역은 좁은 피침형이나 중심부에서 점문열 간격이 성기고, 한쪽 면 가운데 점문열이 없고, 다른 쪽 가운데 점문열이 짧아 좌우 비대칭 중심역이 있다. 짧아진 점문열 끝에 유리점이 있다. 점문열은 중심부에서는 10 μm에 8-10열, 말단부에서는 10 μm에 12열이며, 전체적으로 약하게 방사상 배열한다. 뚜껑면 길이는 40-60 μm, 폭은 13 μm이다.

생태특성 중성 수역에서 분포하는 전형적인 담수 돌말류이다.

분포 일본, 중국, 한국과 대만의 담수역에서 분포가 확인되었으며, 그 외에 브라질 등에서 보고되었으나 세계적으로 볼 때 보고 사례가 많지 않다. 국내에서는 *G. acuminatum* var. *turris* 이름으로 1929년 수원의 서호에서 처음 보고되었으며, 함안 늪지, 철원 토교저수지, 낙동강, 섬진강과 제주도에서 각각 관찰되었다.

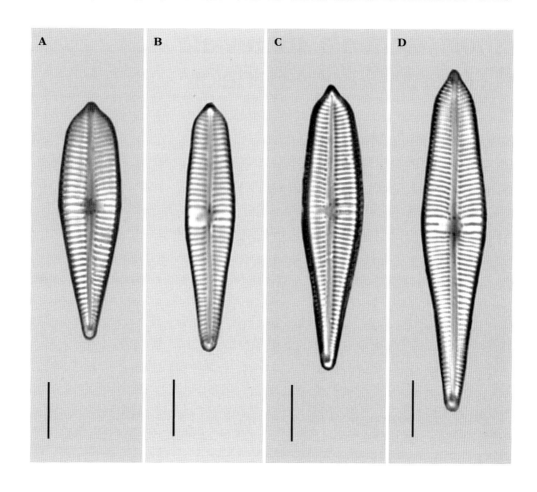

Gomphonema turris. A–D. 뚜껑면의 형태. 광학현미경; A–D. 척도 = 10 ㎛(A–D).

Rhoicosphenia abbreviata
(C. Agardh) Lange-Bertalot

기본명   *Gomphonema abbreviatum* C. Agardh.

이명   *Gomphonema rotundatum* Ehrenberg.

Gomphonema curvatum Kützing.

Rhoicosphenia curvata (Kützing) Grunow.

Rhoicosphenia curvata var. *major* Cleve.

Rhoicosphenia curvata var. *subacuta* M. Schmidt.

Rhoicosphenia curvata var. *genuina* Cleve-Euler.

참고문헌   Krammer & Lange-Bertalot 1986, p. 381, pl. 91, figs 20-28; Kobayasi. 2006, 95. pl. 115-117; Hofmann *et al.* 2013, p. 527, pl. 18, figs 42-48; Potapova 2009 in Diatoms of North America.

몇 개 세포의 뚜껑면이 서로 연결된 부채꼴 군체를 이룬다. 뚜껑면은 약간 곤봉 모양으로 윤곽은 선형에 가까운 피침형이나 좌우 비대칭인 것도 있다. 둘레면으로 보면 두부는 넓고 기부가 좁은 부채꼴 형상이다. 등줄 뚜껑면은 뚜껑 바깥쪽면으로 가운데가 오목하고, 등줄은 곧고, 중심부 쪽 끝은 물방울 모양이고, 중심역이 좁고, 점문열은 약간 방사배열하며 말단으로 가면 평행배열하고, 중심부에서는 10 μm에 9-15열, 말단에서는 16-20열이다. 짧은 등줄이 있는 뚜껑면에서는 뚜껑 안쪽면으로 오목하고, 등줄이 뚜껑면 길이의 1/5 정도 양쪽 말단에 위치하며, 점문열은 중앙부에서는 평행배열이고 말단에서는 약간 방사배열이며, 중심부에서는 10 μm에 11-13열이나 말단에서는 16-18열로 조밀하다. 헛격벽(pseudoseptum)이 뚜껑면 말단부 양쪽에 있다. 뚜껑면은 길이 12-75 μm, 폭 4-8 μm이다.

Note 규산질 골격이 매우 강하고, 현미경으로 관찰할 때 뚜껑면보다는 둘레면으로 훨씬 더 많이 보인다.

생태특성 부착성으로 전도도와 알칼리도가 높은 수역을 선호하나 빈영양 수역에도 분포한다. 기수뿐 아니라 해안에서도 해조류의 부착 조류로 드물지 않게 나타나는 분포 범위가 매우 넓은 돌말류이다.

분포 전 세계의 담수, 기수, 해안에서 보편적으로 출현하는 광분포 돌말류이다. 국내에서는 다양한 담수역에서 *R. curvata* 이름으로 보고되었다.

Rhoicosphenia abbreviata.

A. 살아있는 세포. B, D. 등줄 뚜껑면의 형태. C, D. 불완전 등줄 뚜껑면의 형태. F. 둘레면의 형태. G-I. 불완전 뚜껑면의 미세구조.
광학현미경; A-F, 주사전자현미경; G-I. 척도 = 10 μm(A-F), 2 μm(G), 1 μm(H, I).

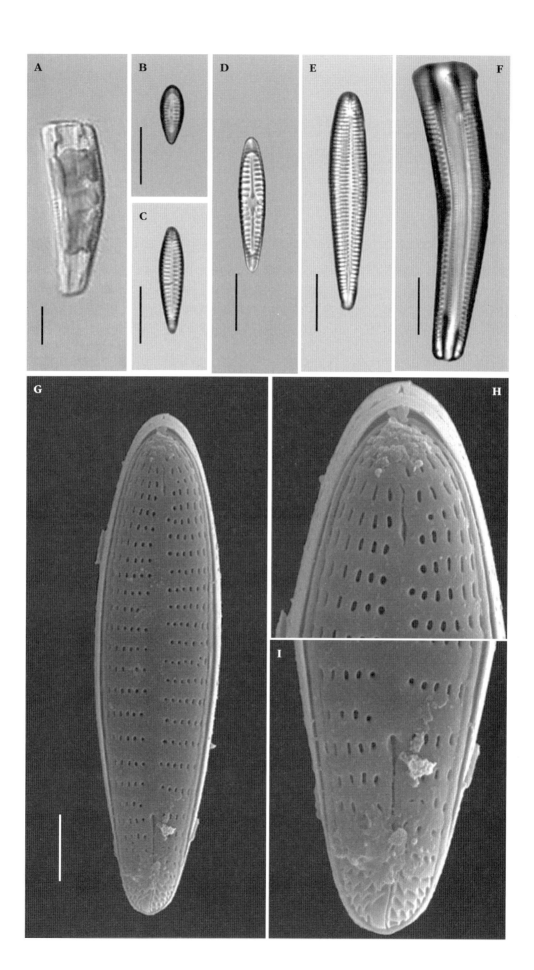

Gyrosigma acuminatum
(Kützing) Rabenhorst

기본명   *Frustulia acuminata* Kützing.

이명   *Navicula acuminata* (Kützing) Kützing.

        Pleurosigma acuminatum (Kützing) W. Smith.

        Pleurosigma acuminatum (Kützing) Grunow.

        Gyrosigma spenceri (Bailey) Griffith & Henfrey (Patrick and Reimer 1966, p. 315, pl. 23, fig. 4)

참고문헌 Patrick & Reimer 1966, p. 314, pl. 23, figs 1-3; Krammer & Lange-Bertalot 1986, p. 296, pl. 114, figs 4, 8; Hofmann *et al.* 2013, p. 323, pl. 62 figs 1-4; Chaput 2014 in Diatoms of North America.

뚜껑면의 윤곽은 선형-피침형이나 시그모이드형으로 휘어지고, 말단부로 가면서 뚜껑면 폭이 좁아지며 끝은 둥그나 뾰쪽한 편이다. 등줄과 세로축역은 뚜껑면을 따라 완만하게 구부러져 중앙선에 위치하고, 등줄 양쪽 중심부 끝은 중심역을 침투해 반대 방향으로 휘어지고, 양쪽 말단부 끝은 서로 반대 방향으로 휘어지며, 세로축역은 좁고, 중앙역은 작은 타원형이다. 점문열은 장축 방향의 세로열과 단축 방향의 가로열의 굵기와 간격이 같고, 전체적으로 거의 평행배열하나 중심부의 세로열은 미약하게 방사배열하고, 단축 방향의 세로열은 10 μm에 18-20열, 장축 방향의 가로열은 10 μm에 18-22열이다. 뚜껑면 길이는 77-153 μm, 폭은 11-18 μm이다.

Note *Gyrosigma acuminatum*과 *G. spenceri*의 기준표본 형태가 같은 동일종이다.

생태특성 저서성 돌말류로서 호알칼리성, 부영양 수역에 선호하고, 기수 지역에도 분포한다.

분포 전 세계 담수역에서 부유성 및 저서성으로 서식하는 보편종으로, 기수역에서도 생육하며, 심한 유기 오염에 내성이 있다. 1965년 팔당호에서 1968년 춘천호에서 발견된 이후 다양한 수역에서 *G. acuminatum* 또는 *G. spenceri*라는 이름으로 기록되어 왔으며 *Gyrosigma* 속 중에서는 가장 많이 보고되었다.

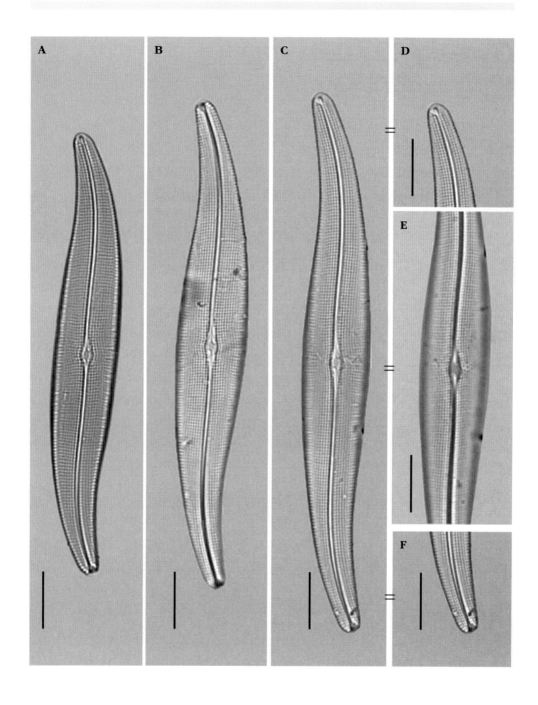

Gyrosigma acuminatum. A–F. 뚜껑면의 형태. 광학현미경; A–F. 척도 = 10 μm(A–F).

Gyrosigma kuetzingii (Grunow) Cleve

기본명 *Pleurosigma kuetzingii* Grunow

참고문헌 Sterrenburg 1997, p. 158, fig. 1; Hofmann *et al*. 2013, p. 324, pl. 63, figs 1-3.

뚜껑면은 좁은 피침형이나 S자형으로 휘어지고, 폭이 말단부로 갈수록 좁아지고 끝은 뾰쪽한 편이다. 등줄은 중앙부에서는 가운데를 달리나 말단부로 가면 뚜껑면 가장자리가 볼록한 쪽으로 다소 휘어져 약한 S자형이 되고, 한쪽 등줄은 두 가닥이나 반대쪽 등줄은 한 가닥으로 비대칭이며, 등줄의 외부 중심부 끝은 서로 반대 방향으로 굽고, 내부 중심부 끝은 곧다. 세로축역은 좁고 중심역은 작은 난형이나 다소 불규칙하다. 점문열은 중심부에서는 미약하게 방사상으로 배열하나 중심부 외에서는 평행하게 배열하고, 뚜껑면의 장축 방향의 열도 평행배열하며, 가로열은 10 ㎛에 21-23열이나 세로열은 10 ㎛마다 24-27열로 더 미세하다. 뚜껑면은 길이 90-150 ㎛, 폭 12-15 ㎛이다.

Note *Gyrosigma spencerii* (Quekett) Griffith & Henfrey와 형태 차이가 없는 것으로 보고 오랫동안 이명으로 간주되었다(Patrick & Reimer 1966, Krammer & Lange-Bertalot 1986). 그러나 *G. spencerii*는 *G. acuminatum*와 동일 종이고, *G. kuetzingii*는 *G. acuminatum*보다 종축 방향의 점문열이 훨씬 더 조밀하고(10 ㎛에 24-27 : 18-21), 뚜껑면이 가늘고, 말단부로 갈수록 폭이 갑자기 좁아지며, 양쪽 등줄이 비대칭인 점에서 차이가 있다(Sterrenburg 1997). 뚜껑면 형태와 등줄 중심부 끝의 모양에서도 차이가 발견된다. 분포 환경도 *G. kuetzingii*는 주로 담수, *G. spencerii*는 기수인 점에서 차이가 있다.

생태특성 단세포, 비부착이나 저서성이고, 플랑크톤으로도 나타난다. 국내에서는 1972년 양평과 여주의 남한강에서 처음 보고되었으며, 호수, 저수지, 늪 등 담수에서 *Gyrosigma* 속 중에서 가장 흔하게 관찰되는 종이다.

분포 전 세계에서 흔한 보편종이다. 국내에서는 최근 보고는 있으나 과거 보고 사례가 거의 없는 것으로 보아 *G. spencerii* 또는 유사종 *G. acuminatum*으로 기록되었을 것으로 보인다.

Gyrosigma kuetzingii.

A-C. 뚜껑 안쪽면의 미세구조. D, E. 뚜껑면의 형태. 광학현미경; D, E. 전자현미경; A-C. 척도=20 ㎛(A), 10 ㎛(D, E). 5 ㎛(B), 2 ㎛(C).

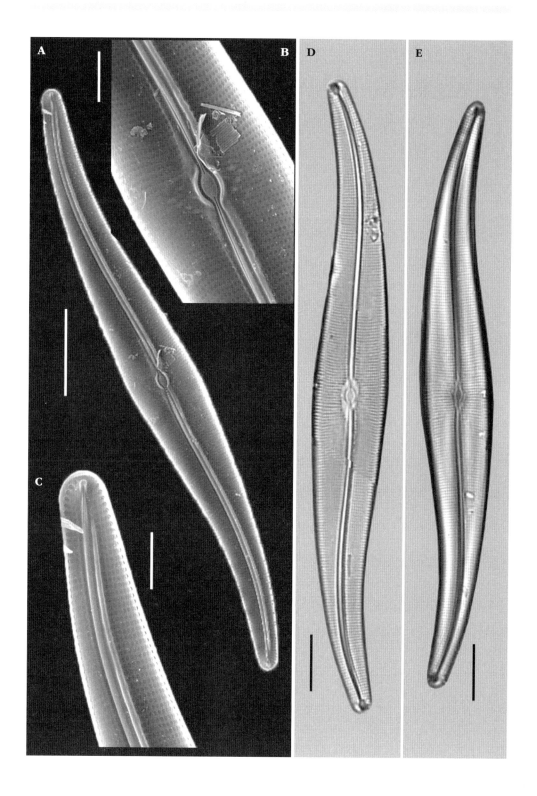

Hippodonta pseudacceptata
(H. Kobayasi) Lange-Bertalot,
Metzeltin & Witkowski

기본명 *Navicula pseudacceptata* Kobayasi.
이명 *Hippodonta pumila* Lange-Bertalot, Hofmann & Metzeltin.
참고문헌 Kobayasi & Mayama 1986, p. 96, pl. 1, figs 1-4, 7-12; Hofmann *et al.* 2013, p. 338, pl. 51, figs 21-23; Bishop 2015 in Diatoms of North America.

뚜껑면은 선형-타원형으로 가장자리는 다소 볼록하고, 뚜껑면 말단은 넓은 둥원이다. 등줄은 곧고, 중심역은 사각형으로 가장자리까지 확대되고, 세로축역은 좁은 직선이며, 말단부 끝에는 *Hippodonta* 속 돌말류 특유의 무문대가 있다. 점문열은 단열이고, 뚜껑면 중앙에서 방사상으로 배열하다가 말단으로 가면 평행하며, 중심부에서는 10 μm에 16열이고 말단부에서는 18열이다. 뚜껑면은 길이 6-15 μm, 폭 4-5 μm이다.

Note *Hippodonta dulcis* Potapova와 형태가 유사하나 *H. dulcis*가 뚜껑면 중심부에서 점문열이 더 강하게 방사배열하고 말단부에서는 더 강하게 역방사배열하며, 뚜껑면의 윤곽도 *H. pseudacceptata*와 다르다.

생태특성 알칼리도가 높은 중영양 수역에 주로 분포하며 기수에도 많이 출현한다.

분포 영천댐과 낙동강 하구호와 하구 지역의 조간대에서 관찰되었으며 영덕 유금천 하구에서도 많이 나타났다.

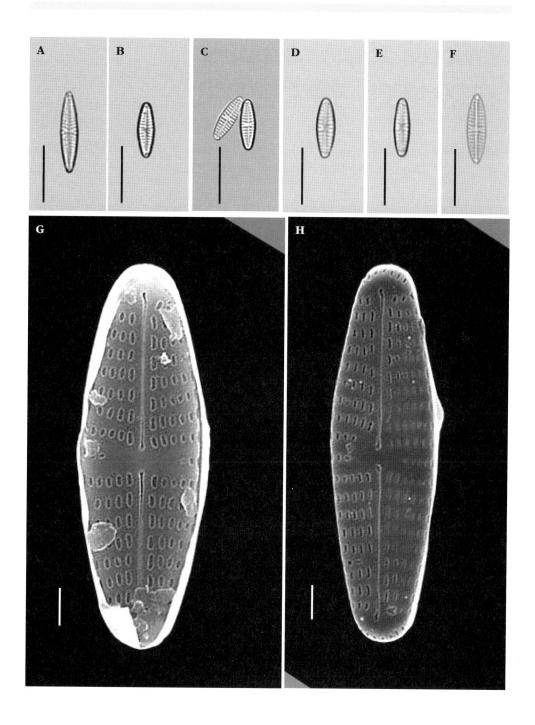

Hippodonta pseudoacceptata.
A-F. 뚜껑면의 형태, G, H. 뚜껑면의 미세구조. 광학현미경; A-F, 주사전자현미경; G, H. 척도 = 10 ㎛(A-F), 1 ㎛(G, H).

Navicula amphiceropsis
Lange-Bertalot & Rumrich

참고문헌 Rumrich *et al.* 2000, p. 153, pl. 42, figs 1-12; Lange-Bertalot 2001, p. 83, pl. 34, figs 8-15, pl. 71, fig. 2; Lange-Bertalot *et al.* 2017, p. 382, pl. 38, figs 15-19.

뚜껑면은 선형에서 선형-피침형으로 양쪽 가장자리는 평행에 가까우며, 양쪽 말단은 폭이 갑자기 좁아지고, 끝은 돌출해 약한 부리 모양을 이룬다. 등줄은 직선이나 중심부 끝이 한쪽으로 굽는다. 세로축역은 좁고 뚜렷한데, 등줄을 경계로 한쪽이 다른 쪽보다 더 넓어지며, 이로 인해 중심역 한쪽 면은 원형이 아닌 타원형이 된다. 중심역은 사각형이지만 다소 불규칙하고, 좌우 비대칭인 경우가 많다. 점문열은 뚜껑면 중심부에서는 방사상으로 배열하나, 양쪽 말단부로 가면 갑자기 평행배열하고, 말단에서는 역방사상이 된다. 점문열은 10 *μm*에 10-12열이고, 점문은 10 *μm*에 27개이다. 뚜껑면 길이는 28-45 *μm*, 폭은 7.5-10 *μm*이다.

Note *Navicula rostellata*에서 분리된 것으로 기본종과 형태가 유사하나 뚜껑면이 선형에 더 가깝고, 점문열 배열이 더 강한 방사상을 띠며, 점문열의 점문이 더성긴 점(10 *μm*에 27:30)에서 구별된다.
생태특성 단세포, 비부착 돌말류이나 저서성이며 플랑크톤으로도 관찰된다.
분포 국내에서 보고 사례는 많지 않다. 남한강 중하류의 본류와 청미천에서 드물게 관찰되었으며, *N. rostellata*와 동시에 관찰되는 경우가 많다.

Navicula amphiceropsis.
A, B. 살아있는 세포. C–E. 뚜껑면의 형태. F, G. 뚜껑면의 미세구조(F), 뚜껑면 중심부의 미세구조.
광학현미경; A–E. 주사전자현미경; F, G. 척도=10 ㎛(A–E), 5 ㎛(F), 1 ㎛(G).

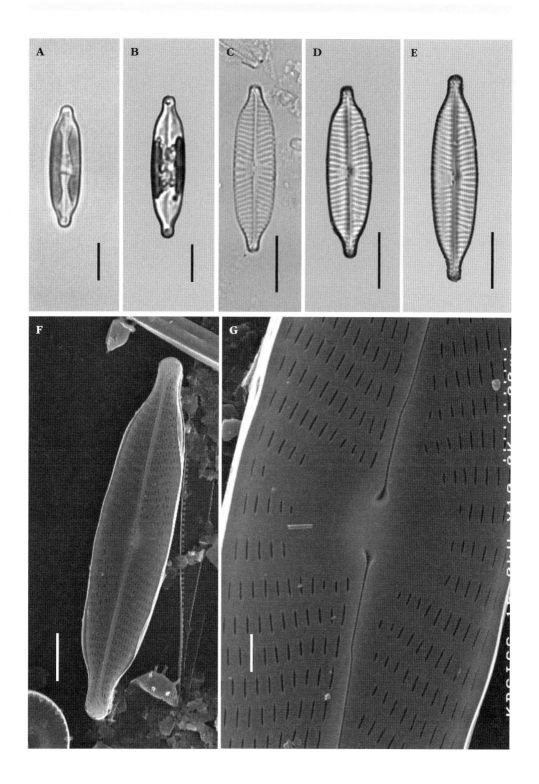

Navicula capitatoradiata
Germain

이명   *Navicula cryptocephala* var. *intermedia* Grunow

Navicula salinarμm var. *intermedia* (Grunow) Cleve

참고문헌   Lange-Bertalot 2001, p. 22. pl. 29, figs 15-20, pl. 73, fig. 6; Rushforth & Spaulding 2010 in Diatoms of North America; Lange-Bertalot *et al.* 2017, p. 383, pl. 37, figs 28-34.

뚜껑면은 피침형 또는 타원-피침형이며, 양쪽 말단으로 가면 좁아지고, 끝은 늘어난 부리 모양이다. 등줄은 직선이며, 세로축역은 매우 좁다. 중심역은 작은 원형이거나 불규칙하다. 점문열은 중심부에서는 방사상으로 배열하나 직선이 아니고 휘어지거나 꺾이며, 양쪽 말단으로 가면 역방사상이며, 중심역 주위에는 길고 짧은 점문열이 교대로 배열한다. 점문열은 10 μm에 14-15열이며, 점문열의 점문은 10 μm에 35개 정도로 광학현미경에서는 관찰되지 않는다. 뚜껑면 길이는 30-37 μm, 폭은 7-7.7 μm이다. 전자현미경으로 관찰하면 등줄 중심부 끝이 갈고리 모양이다.

생태특성 비부착 저서 돌말류이나 플랑크톤으로 흔히 나타난다. 담수 또는 약한 기수에서 생육하며 전도도가 높고 부영양화 수역에 주로 분포한다.

분포 전 세계 보편 담수종이다. 국내에서는 영랑호, 형산강, 영천댐 등에서 보고되었다. 남한강에서 관찰한 결과로 보면 본 종은 *Navicula tripunctata*와 동시에 관찰되는 경우가 많았다.

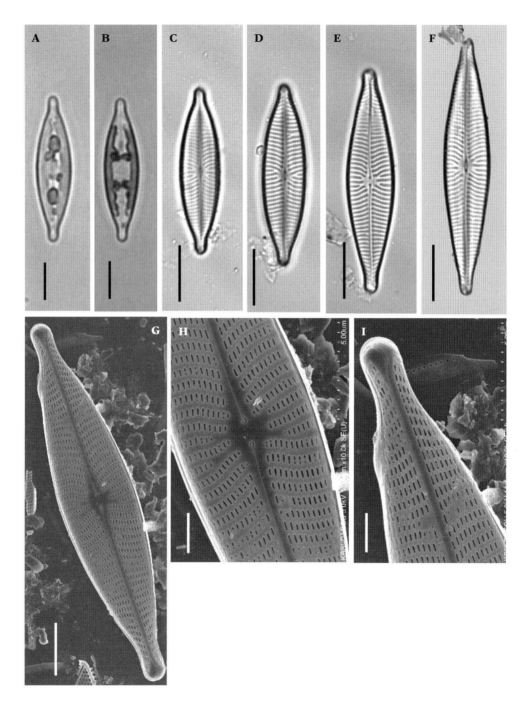

Navicula capitatoradiata.

A, B. 살아있는 세포. C–F. 뚜껑면의 형태. G–I. 뚜껑면의 미세구조(G), 갈고리 형태의 등줄 중심부(G), 등줄의 말단부(I).

광학현미경; A–F. 주사전자현미경; G–I. 척도=10 ㎛(A–F), 5 ㎛(G). 2 ㎛(H, I).

Navicula cryptocephala
Kützing

이명   *Navicula cryptocefalsa* Lange-Bertalot.

참고문헌   Patrick & Reimer 1966, p. 503, pl. 48, fig. 3; Lange-Bertalot 2001, p. 27, pl. 17, figs 1-10, pl. 18, figs 9-20; Potapova 2011 in Diatoms of North America.

뚜껑면은 피침형 또는 좁은 피침형으로, 양쪽 말단으로 가면 점차 좁아지며, 끝은 늘어져 약한 부리 모양이거나, 반두상형 혹은 무딘 원형이다. 등줄은 직선이며 중심부 끝은 작은 물방울 모양으로 두껍고, 세로축역은 매우 좁다. 중심역은 작은 원형이나 둥근 형태에서 가로로 넓은 타원형에 이르기까지 다양하고, 좌우 비대칭인 것도 있다. 점문열은 강하게 방사상으로 배열하나, 양쪽 선단부에서는 역방사상으로 배열하며, 10 μm에 15-17열이고, 점문은 10 μm에 35개이다. 뚜껑면 길이는 21-34 μm이고, 폭은 5.2-6.5 μm이다.

Note 과거 정의되었던 *Navicula cryptocephala*에서 분리된 종이 많으며(예: *N. lundii* Reichardt, *N. hofmanniae* Lange-Bertalot, *N. notha* Wallace 등) 이들 분류군끼리는 형태가 중첩되기도 해 *N. cryptocephala* sensu stricto의 경계가 불분명하다.

생태특성 단세포, 비부착 저서 돌말류이나 플랑크톤으로 흔하게 나타나는 전 세계 보편종이다. 알칼리도가 높은 부영양 수역에 폭넓게 분포하며 오염 내성도 매우 강하다. 그러나 전도도가 낮은 곳에는 매우 드물게 나타난다.

분포 전 세계에서 가장 흔하게 관찰되는 저서성 돌말류이다. 국내에서도 하천과 호수를 중심으로 많이 보고되었으며 그 빈도로 보면 *Navicula* 속 중에서 가장 많이 기록된 분류군이다.

Navicula cryptocephala.
A, B. 살아있는 세포. C-E. 뚜껑면의 형태. F, G. 뚜껑면의 미세구조(F), 뚜껑면의 중심부(G).
광학현미경; A-E. 주사전자현미경; F, G. 척도=10 μm(A-E). 2 μm(F). 1 μm(G).

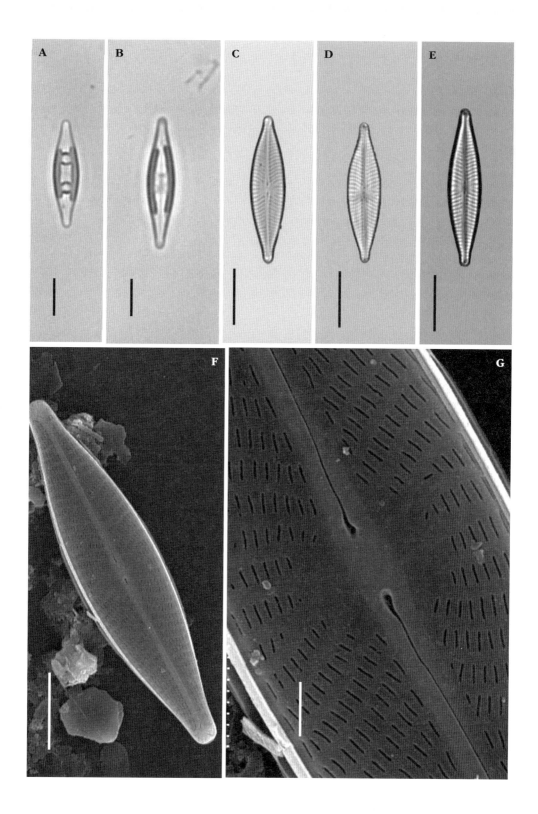

Navicula gregaria
Donkin

이명　　*Navicula cryptocephala* Kützing 1844, pro parte (excl. lectotype).
　　　　 Navicula gregalis Cholnoky

참고문헌　Patrick & Reimer 1966, p. 467, pl. 44, fig. 6; Lange-Bertalot 2001, p. 85, pl. 38, figs 8-18, pl.
　　　　 64, fig. 4, pl. 71, fig. 4; Potapova 2011b in Diatoms of North America.

뚜껑면은 피침형에서 타원상-피침형까지 매우 다양한 형태이며, 양쪽 말단은 폭이 좁아지고, 끝은 부리 모양이나 때때로 다소 약한 머리 모양을 띤다. 등줄은 직선이고, 등줄 중심부 끝은 한쪽으로 굽고, 세로축역은 좁은 선형이며, 중심역은 크기가 매우 다양하지만 대개 가로로 다소 넓으며, 비대칭 구조인 경우가 많다. 점문열은 중심부에서 약한 방사상으로 배열하고, 양쪽 말단부에서는 강하게 방사배열하며, 10 μm에 14-18열이다. 뚜껑면 길이는 16-35 μm이고, 폭은 4-7 μm이다.

Note 담수에서 기수, 기수에서 연안까지 분포하며, 분포 영역만큼이나 형태 변이가 크다. 종, 아종 및 생태종의 집합체이며 형태적으로 유사종도 많다(예: *Navicula wetzelii* Hustedt, *N. gratissima* Hustedt 등). *N. gregaria* 개체군 중에서 대형을 중심으로 *N. supergregaria* Lange-Betalot & Rumrich가 분리되었다.

생태특성 단세포, 비부착 저서 돌말류이나 소형 플랑크톤으로 흔하게 관찰되는 전 세계 보편종이다. 연안, 기수의 하구에서 우점종으로 나타나는 경우가 많고, 염도가 높은 담수에서 대량으로 발생하는 등 생태 영역이 매우 넓다. 부영양 또는 과영양 담수에서도 번무하는 돌말류로서 부영양 지표종으로 분류되기도 한다. 낙동강 하구 기수 지역의 저서 조류 중에서 최대 우점종으로 기록되기도 했다.

분포 전 세계에서 가장 보편적인 저서 돌말류이다. 국내에서도 기록, 보고된 횟수가 매우 많다. 담수 지역뿐 아니라 염분 농도가 상당히 높은 기수 또는 해안까지 우점종으로 분포하기도 하는 등 영역이 넓다.

Navicula gregaria.

A–C. 살아있는 세포. D–G. 뚜껑면의 형태. H, I. 뚜껑면의 미세구조.

광학현미경: A–G. 주사전자현미경; H, I. 척도=10 ㎛(A–G), 5 ㎛(H), 2 ㎛(I).

Navicula peregrina
(Ehrenberg) Kützing

기본명   *Pinnularia peregrina* Ehrenberg.
참고문헌   Patrick & Reimer 1966, p. 533, pl. 51, fig. 5; Krammer & Lange-Bertalot 1988, p. 100, pl. 30, fig. 1; Lange-Bertlaot 2001, p. 54, pl. 48, figs 1-4, pl. 73. figs 1, 2; Bahls 2011 in Diatoms of North America;

뚜껑면은 피침형이고 말단부으로 가면서 뚜껑면 폭이 점차 좁아지며 끝은 넓은 둔원이다. 등줄은 곧고 중심부 끝은 물방울 모양이고, 세로축역은 좁은 직선이며 중심역은 원형으로 뚜렷하다. 점문열은 중심부에서 방사배열하나 말단부에서는 역방사배열하고, 중심부에서는 10 μm에 5-6열, 말단부에서는 10 μm에 8열이고 점문열에서 점문은 10 μm에 18-20개이다. 뚜껑면은 길이 36-150 μm, 폭 10-30 μm이다.

Note 본 종은 *Navicula vulpina* Kützing과 뚜껑면 형태가 비슷하나 중심역 점문열이 다른 곳보다 간격이 넓고, 성기게 배열하는 점에서 구별된다. 점문열의 점문이 매우 성긴 점이 특징이다.

생태특성 알칼리도와 전도도가 높은 수역을 선호하고, 하구 기수 지역에도 적지 않게 분포한다.

분포 전 세계 보편종이다. 국내에서는 한강, 남한강, 북한강, 낙동강, 만경강 등 주로 강에서 기록되었으나 보고 사례가 많지는 않다.

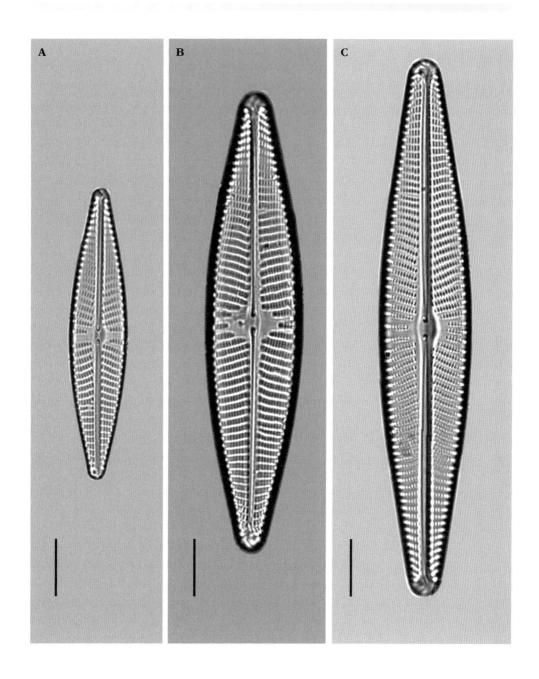

Navicula peregrina. A–C. 뚜껑면의 형태. 광학현미경; A–C. 척도=10 ㎛(A–C).

Navicula rostellata
Kützing

이명 *Navicula rhynchocephala* var. *rostellata* (Kützing) Cleve & Grunow
Navicula viridula var. *rostellata* (Kützing) Cleve
참고문헌 Lange-Bertalot 2001, p. 91, pl. 35, fig. 1-6, pl. 65, fig. 5, pl. 71, fig. 1. Potapova & Kociolek
2011 in Diatoms of North America; Lange-Bertalot *et al.* 2017, p. 404, pl. 38, figs 10-14.

뚜껑면은 선형–피침형으로, 양쪽 말단은 폭이 좁아지고, 끝은 약한 부리 모양이다. 등줄은 곧으나 중
심부 끝이 한쪽으로 굽는다. 세로축역은 좁고 뚜렷한데, 등줄을 경계로 한쪽이 다른 쪽보다 더 넓어,
이로 인해 중심역 한쪽 면은 원형이 아닌 타원형이 된다. 중심역은 원형이지만 다소 불규칙하고, 좌
우 비대칭이다. 점문열은 뚜껑면 중심부에서는 방사상으로 배열하나 직선이 아니고 휘어지며, 양쪽
말단부로 가면 약한 역방사상이 된다. 점문열은 10 μm에 12-14열이다. 뚜껑면 길이는 32-41 μm, 폭
은 8-9 μm이다.

생태특성 알칼리도가 높은 부영양 수역에 주로 분포하며 유수 지역을 선호한다. 단세포, 비부착 저서
돌말류이며 플랑크톤으로 흔하게 나타난다.
분포 전 세계에 흔하게 분포하는 보편종이다. 국내에서도 보고 사례가 많은 종이고, 관찰 빈도가 높은
분류군이다. 한강 같은 대하천에서 지류와 소하천뿐 아니라 본류 구간, 호수와 저수지에서도 많이
나타난다.

Navicula rostellata.
A, B. 살아있는 세포와 엽록체. C, D. 뚜껑면의 형태. E. 뚜껑면의 미세구조. 광학현미경; A–D. 주사전자현미경; E. 척도=10 μm(A–D), 5 μm(E).

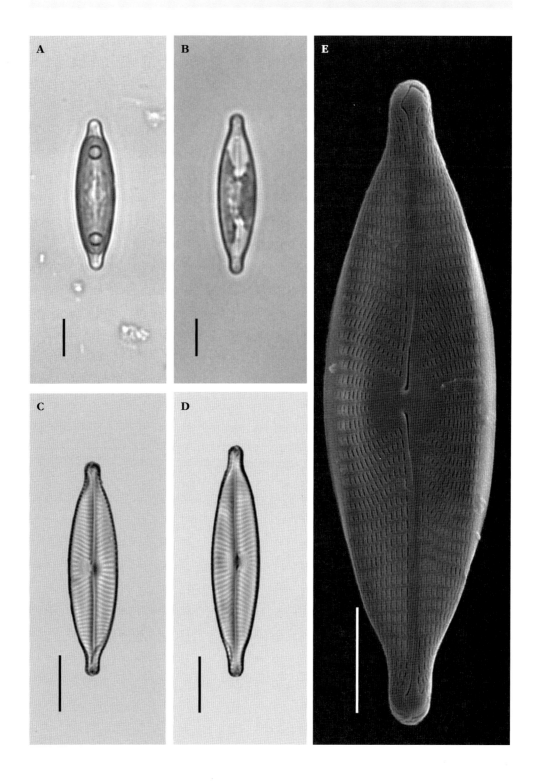

Navicula tripunctata
(O.F. Müller) Bory

기본명   *Vibrio tripunctatus* O.F. Müller.
이명   *Navicula transversa* Bory.
　　　　Navicula gracilis Ehrenberg.
참고문헌   Patrick & Reimer 1966, p. 513. pl. 49. f. 3; Lange-Bertalot 2001, p. 73. pl. 1, figs 1-8, pl. 67, fig. 3, 4; Hofmann *et al.* 2013, p. 403, pl. 35, figs 11-6.

뚜껑면은 선형-피침형 또는 선형으로, 뚜껑면 중심부 가장자리는 서로 평행하고, 양쪽 선단은 다소 쐐기형이며 끝은 둥글다. 세포의 옆면, 둘레면이 특히 두껍다. 세로축역은 좁고 뚜렷하며, 중심역은 2-3개 점문열이 짧아진 사각형 또는 타원형으로 좌우 비대칭인 경우도 있다. 점문열은 뚜껑면 전체에서 거의 평행배열하나 중앙에서는 미약한 방사상, 선단에서는 약간 역방사상으로 배열한다. 점문열은 10 μm에 9-12열이고, 점문은 10 μm에 32개이다. 뚜껑면 길이는 32-60 μm, 폭은 6-10 μm이다.

Note *Navicula* 속의 기본종으로 *Navicula* 속 돌말류의 전형을 띠며, 종내 형태 변이가 매우 적은 종으로 알려졌다.

생태특성 단독 유영하나 점액질체를 만들기도 한다. 전도도가 중급 또는 높은 곳과 부영양 수역에 많이 나타나며, 빈영양 수역이나 산성화된 곳에서는관찰하기 어렵다.

분포 전 세계 보편종이다. 국내에서는 1984년 형산강에서 기록되었지만 보고 사례는 많지 않다. 우점도는 높지 않으나 하천에서 드물지 않게 관찰된다. 남한강, 영산강, 섬진강, 낙동강 수계의 본류와 지류, 소하천에서 관찰되었다.

Navicula tripunctata.
A–C. 살아있는 세포(A 세포의 옆면(둘레면), B, C 세포의 앞면(뚜껑면)). D–F. 뚜껑면의 형태. G–I. 뚜껑면(G, H 바깥쪽면, I 안쪽면) 중심부와 말단부 미세구조. 광학현미경; A–F. 주사전자현미경; G–I. 척도=10 μm(A–F), 5 μm(G), 2 μm(H, I)

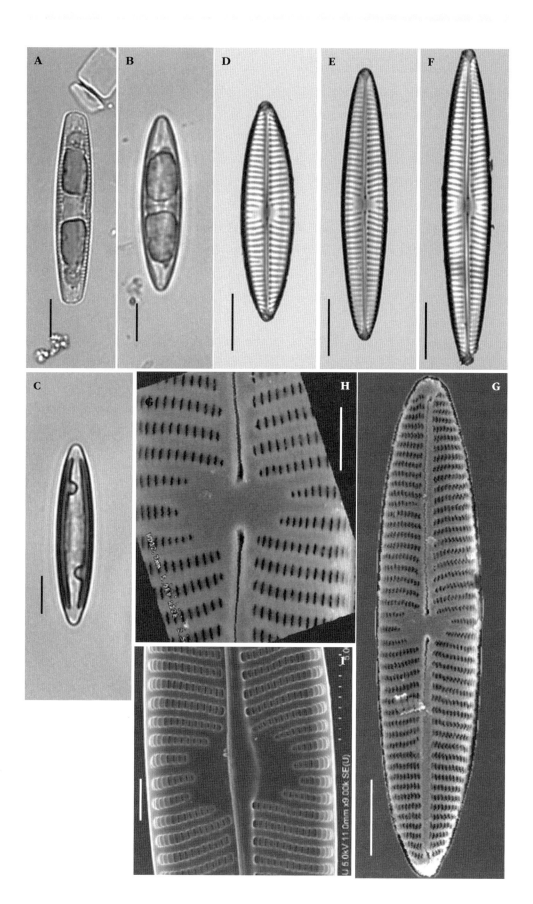

Navicula trivialis
Lange-Bertalot

이명   *Navicula lanceolata* sensu Kützing, sensu Grunow, non sensu Hustedt.

          Navicula gothlandica sensu Germain.

          Navicula phyllepta Kützing sensu Lange-Bertalot.

참고문헌   Lange-Bertalot 1980, p. 31, pl. 1, figs 5-9; Lange-Bertalot 2001, p. 73, pl. 29, figs 1-6, pl. 64, fig. 1, pl. 68, figs 1, 2, Rushforth & Spaulding 2010 in Diatoms of North America; Lange-Bertalot *et al.* 2017, p. 410, pl. 34, figs 11-15.

뚜껑면은 폭이 넓은 피침형으로, 양쪽 말단부는 가늘게 늘어지나 끝은 둥글거나 약간 부리 모양이다. 등줄은 실 모양으로 가늘고 뚜껑면 중심선을 약간 벗어나 있다. 세로축역은 좁고, 중심역은 상당히 크고 둥근 형태를 띤다. 점문열은 전체적으로 방사상으로 배열하나, 말단부에서는 평행 또는 역방사상으로 배열하며, 10 μm에 11-13개이다. 점문열의 점문은 10 μm에 30-32개이나 광학현미경에서는 관찰하기 어렵다. 뚜껑면 길이는 28-44 μm, 폭은 8-10 μm이다.

생태특성 단세포, 비부착 저서 돌말류이나 플랑크톤으로 흔하게 나타난다. 전도도가 높고, 부영양 수역을 선호하고, 오염 내성도가 강하다.

분포 전 세계에서 흔한 보편종이다. 국내에서는 1990년 이후 기록되기 시작했으며, 금호강, 낙동강, 임하호 등 낙동강수계에 집중되었으나 다른 곳에서도 많이 보고되었다.

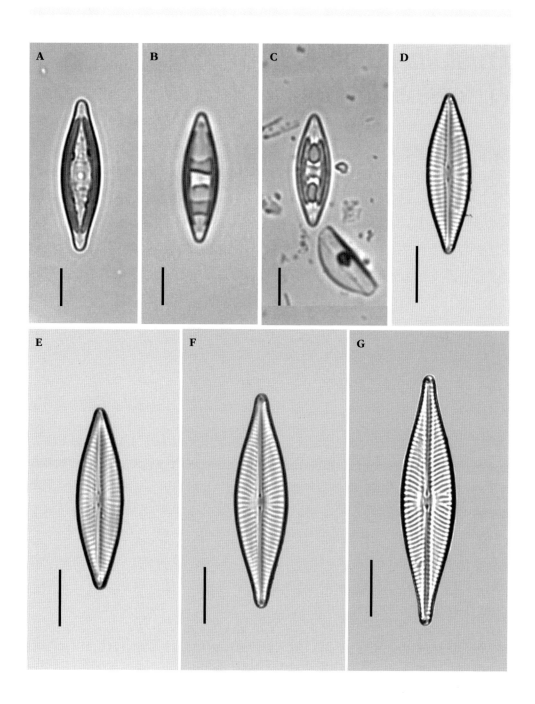

Navicula trivialis. A–C. 살아있는 세포. D–G. 뚜껑면의 형태. 광학현미경; A–G. 척도=10 ㎛(A–G).

Frustulia vulgaris (Thwaites) De Toni

기본명   *Schizonema vulgare* Thwaites.
이명   *Brebissonia vulgaris* (Thwaites) Kuntze.
참고문헌   Patrick & Reimer 1966, p. 309, pl. 22, fig. 3; Krammer & Lange-Bertalot 1986, p. 260, pl. 97, figs 1-6; Lange-Bertalot *et al.* 2017, p. 284, pl. 62, figs 3-7.

뚜껑면은 타원형에 가까운 피침형 또는 선형에 가까운 피침형이고, 뚜껑면 가장자리는 미약하게 굴곡이 지며, 말단부는 폭이 넓고 둥그나 다소 부리 모양이다. 등줄은 거의 곧은 직선으로 등줄-돌출맥 구조이며, 등줄 중앙부 끝이 서로 멀리 떨어져 있고, 돌출맥 말단부 끝은 안쪽으로 등줄끝말림조직과 연결된다. 세로축역은 매우 좁고 중심역은 좁으나 둥글고, 중앙볼록마디가 양쪽으로 볼록하다. 점문열은 10 μm에 27-32열로 중앙부에서는 약한 방사상 배열을 하나 정단부에서는 역방사상이다. 뚜껑면은 길이 40-60 μm, 폭 8-12 μm이다.

Note *Frustulia* 속 돌말류는 등줄과 등줄을 싸고 있는 돌출맥(늑골, rib)이 넓은 점이 특징이다. 등줄은 안쪽으로는 중심부에서 중앙볼록마디(central nodule)와 연결되고, 말단부에서는 말린 혀 모양인 등줄끝말림(helictoglossa) 조직과 연결된다.

생태특성 빈영양 수역, 늪과 같은 지역, 해안 기수 지역에 이르기까지 매우 넓게 분포한다. 이끼 또는 식물체 등에서 생육하는 기중조류(aerial diatoms)이기도 하다.

분포 전 세계에 걸쳐 분포하는 돌말류이다. 국내에서는 한강, 남한강, 낙동강 등 강과 하천, 팔당호, 영천댐 등 댐호수, 함안 늪과 소하천에서 보고되는 등 플랑크톤으로 출현 빈도가 매우 높다. 우리나라 산지 이탄습지에서도 드물지 않게 관찰되었다.

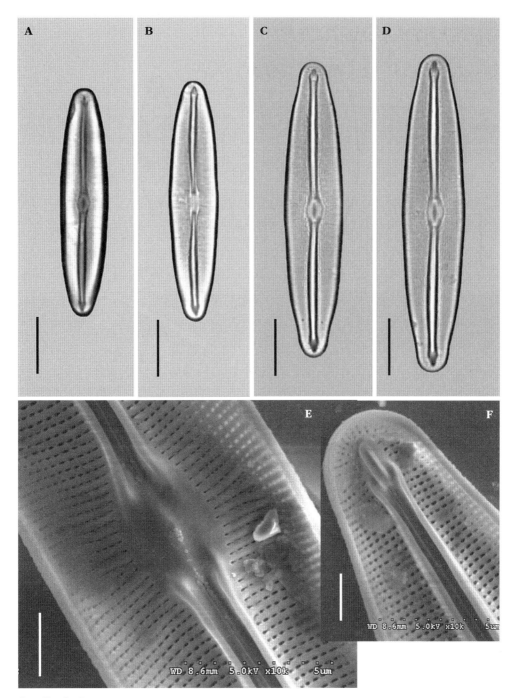

Frustulia vulgaris.

A-D. 뚜껑면의 형태. E, F. 뚜껑면(안쪽)의 미세구조, 중심부와 말단부에서 등줄을 싸고 있는 돌출맥(rib), 말단부의 특징적인 형태.
광학현미경; A-D. 주사전자현미경; E, F. 척도=10 ㎛(A-D), 2 ㎛(E, F).

Sellaphora pupula
(Kützing) Mereschkovsky

기본명　*Navicula pupula* Kützing.
참고문헌　Patrick & Reimer 1966, p. 495, pl. 47, fig. 7; Krammer & Lange-Bertalot 1986, p. 190, pl. 68, figs 1-12, 15; Lange-bertalot *et al.* 2017, p. 548, pl. 42, figs 6-14.

뚜껑면은 폭이 넓은 선형에 가까우나 양쪽 가장자리가 볼록하고, 양쪽 말단은 돌출하나 끝은 폭이 넓은 둔원이다. 등줄은 곧고 중심부 끝은 굵게 비후화되고, 말단부 끝은 한쪽 방향으로 길게 휘어진다. 세로축역은 좁고 뚜렷하나 양쪽 말단부의 무문 비후조직과 연결된다. 중심역은 3-4개 점문열이 짧아져 사각형을 이룬다. 점문열은 뚜껑면 전체에서 방사배열하나 양쪽 말단에서 1-2개 점문열이 평행배열하며, 10 μm에 13-17열이고, 점문은 10 μm에 26개이다. 뚜껑면 길이는 20-40 μm, 폭은 7-11 μm이다.

생태특성 전형적인 저서성 돌말류로서 알칼리도와 전도도가 높은 수역을 선호하며, 유수와 정수를 가리지 않고, 부영양 또는 과영양 수질에서도 흔하게 관찰된다.
분포 전 세계에 분포하는 돌말류이나 특히 열대 지역에 많이 나타나며 우점종인 경우가 많다. 국내에서도 강과 하천, 댐호수와 저수지, 늪을 중심으로 보고 횟수가 매우 많은 분류군 중 하나이다.

Sellaphora pupula.
A, B. 살아있는 세포. C-E. 뚜껑면의 형태. F-H. 뚜껑면의 미세구조(F, G)와 점문열(H).
광학현미경; A-E. 주사전자현미경; F-H. 척도=10 μm(A-E), 5 μm(F). 2 μm(H), 1 μm(I).

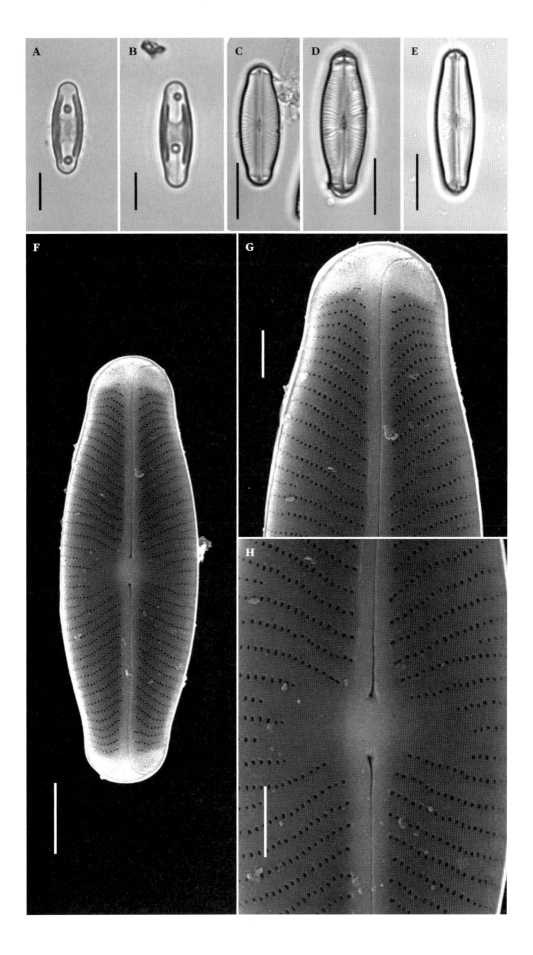

Pinnularia transversa
(A. Schmidt) Mayer

기본명   *Navicula transversa* A. Schmidt.
이명   *Pinnularia major* (*maior*) var. *transversa* (A. Schmidt) Cleve.
참고문헌   Patrick & Reimer 1966, p. 630, pl. 61, fig. 6. 1; Krammer 2000, p. 171, pl. 177, figs 1-7.

뚜껑면은 매우 긴 선형이나 중심부와 말단부가 같은 크기로 팽창 융기하고, 말단부는 부풀은 반원 모양이다. 등줄은 안쪽과 바깥쪽의 두 개 홈이 반대 방향으로 크게 휘어 등줄이 매우 넓고 중심을 벗어난 측면에 위치한다. 중심부 끝이 비후되어 같은 방향으로 굽어 있고, 중심구멍이 큰 편이며, 말단부 끝은 큰 갈고리 모양이다. 세로축역은 선형으로 뚜껑면 폭의 1/3-1/2을 차지하나 말단부로 가면 다소 좁아지고, 중심역은 세로축역보다 좀 더 넓어진 모양이나 대부분 좌우 비대칭이다. 점문열은 뚜껑면 중심부에서는 방사배열하고, 말단부에서 약한 역방사상으로 배열하며, 10 μm에 8-9열이다. 등줄과 뚜껑면 가장자리 사이에서 점문열에 직각 방향으로 띠가 달린다. 뚜껑면은 길이 160-246(317) μm이고, 폭 17-23 μm이다.

Note 본 종은 뚜껑면 길이와 폭의 비율이 10-12 범위로서 이에 못 미치는 *Pinnularia neomajor* Krammer와 구별된다.

생태특성 *P. transversa*는 *P. neomajor*와 같이 흔히 나타나는 저서종으로 전도도와 수온이 낮은 수역을 선호한다.

분포 전 세계 보편종이다. 그러나 국내에서는 함안 늪 등에서 보고되었으나 보고 사례가 매우 드문 편이다. 최근에는 부산 서낙동강, 보성 주암호에서 플랑크톤으로 관찰되었다.

Pinnularia transversa. A-E. 뚜껑면의 형태, 중심을 벗어난 등줄과 갈고리 모양의 등줄의 말단부 끝. 광학현미경: A-E. 척도=10 μm(A-E).

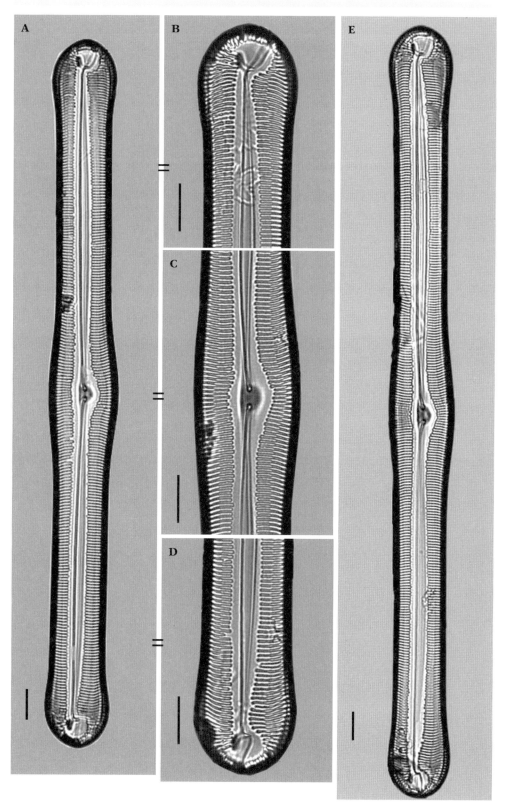

Craticula ambigua
(Ehrenberg) D.G. Mann

기본명   *Navicula ambigua* Ehrenberg.

이명   *Navicula cuspidata* var. *ambigua* (Ehrenberg) Kirchner.

참고문헌   Krammer & Lange-Bertalot 2001, p. 109, pl. 82, figs 4-8, pl. 83, figs 3, 4, pl. 84, figs 1-10, pl. 86, figs 3, 4; Lange-Bertalot *et al.* 2017, p. 145, pl. 45, figs 3-5.

뚜껑면은 피침형 타원체이고, 양쪽 말단은 폭이 좁아지고 돌출해 부리 모양이다. 등줄은 곧고, 중심부 끝은 약간 비후화되고 미약하게 한쪽 방향으로 굽었다. 세로축역은 좁고 뚜렷하며, 양쪽 말단부의 작은 무문 비후조직과 연결되고, 중심역은 세로축역이 약간 넓어진 모양이다. 점문열은 뚜껑면 중앙에서 미약하게 방사배열, 양쪽 말단에서 역방사형으로 배열하나 전체적으로는 평행배열에 가깝고, 중심부에서는 10 μm에 13-21열, 말단부에서는 17-21열이다. 뚜껑면 길이는 38-75 μm, 폭은 12-19 μm이다.

생태특성 중급 또는 높은 전도도 수역에 주로 분포하며 부영양 지역에서도 많이 관찰된다. 특히 저지대 늪 같은 곳에 폭넓게 분포한다. 저서돌말류이나 플랑크톤으로 출현하다.

분포 전 세계에서 보이는 보편 담수종이다. 국내에서는 과거 *Navicula cuspidata* var. *ambigua*라는 이름으로 기록되었으며 남한강, 북한강, 파라호, 팔당호 등 한강수계에서 많이 보고되었다.

Craticula ambigua.

A, B. 뚜껑면의 형태. C-E. 뚜껑면의 미세구조(C), 말단부의 미세구조(D), 중심부의 미세구조(E).

광학현미경; A, B. 주사전자현미경; C-E. 척도=10 μm(A, B), 5 μm(C-E).

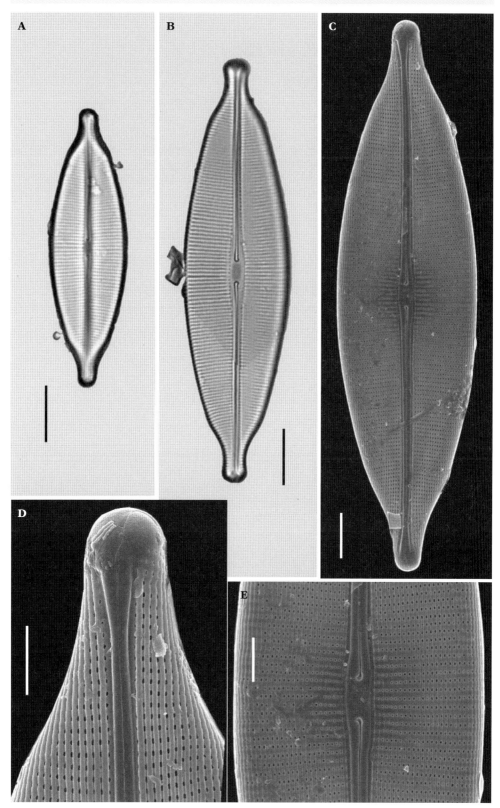

Amphora pediculus
(Kützing) Grunow

기본명 *Cymbella pediculus* Kützing.
이명 *Amphora ovalis* var. *pediculus* (Kützing) Van Heurck.
참고문헌 Krammer & Lange-Bertalot 1986, p. 346, pl. 150, figs 8-13; Stepanek & Kociolek 2011 in Diatoms of North America; Hofmann *et al.* 2013, p. 98, pl. 91, figs 29-33.

뚜껑면은 등쪽 가장자리가 볼록하고 배쪽은 약간 오목하거나 직선으로 반달형 또는 반 타원형이고, 뚜껑면 말단부는 단순히 둥근 편이며, 세포를 둘레면으로 보면 타원형이다. 등줄은 곧고, 등줄 중심부 끝도 곧고, 말단부는 등쪽으로 휘어진다. 세로축역은 좁고 곧으나 중심역은 사각형 무문대로서 양쪽 가장자리까지 이어진다. 등쪽 점문열은 2-3개 점문의 열로서 등쪽 중심부에서는 평행배열하나 말단부에서는 약간 방사상으로 배열한다. 배쪽에서는 1열의 점문열로서 중심부에서는 방사상 배열하고, 말단부로 갈수록 강한 방사상으로 배열하며, 점문열은 10 μm에 18-24열이다. 뚜껑면은 길이 7-15 μm, 폭 2.5-4 μm이다.

생태특성 단독 세포이며, 기질에 강하게 부착하는 돌말류이나 플랑크톤으로 나타난다. 빈영양에서부터 중영양 수역까지 흔하게 출현하고, 열대 지역에서도 생육하는 광분포종이나 전도도가 낮은 곳에서는 드물다.

분포 전 세계에서 흔한 보편종이다. 국내에서도 *Amphora* 속 가운데 주로 하천에서 기록 또는 보고 사례가 매우 많았다.

Amphora pediculus.
A. 뚜껑면의 형태. B, C. 뚜껑면의 배쪽, 각투면에서 본 세포. D. 뚜껑면의 등쪽, 각투면에서 본 세포. E. 배쪽 뚜껑면(E)과 등쪽 뚜껑면(F)에서 본 미세구조. 광학현미경; A–D. 주사전자현미경; E, F. 척도=10 μm(A–D), 2 μm(E).

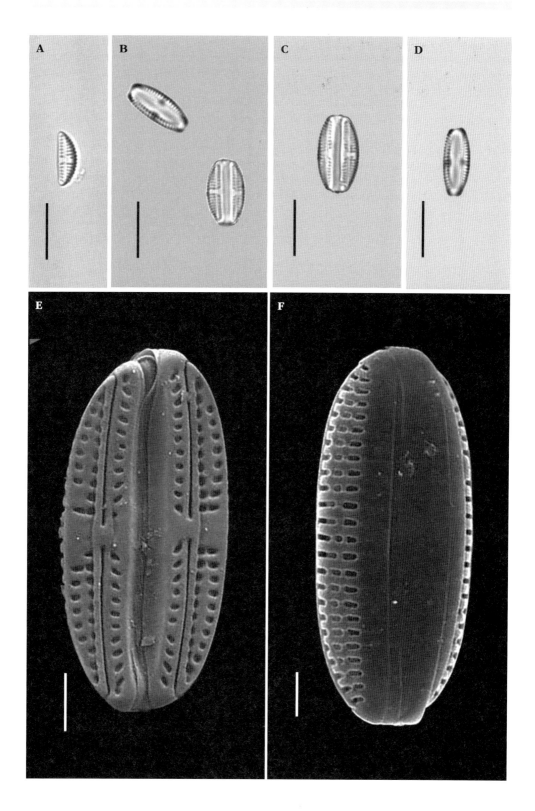

Bacillaria paxillifera
(O.F. Müller) Hendey

기본종   *Vibrio paxillifer* O.F. Müller.

이명   *Bacillaria paradoxa* Gmelin.

Nitzschia paxillifera (O.F. Müller) Heiberg.

Bacillaria paxillifer (O.F. Müller) Marsson.

참고문헌   Krammer & Lange-Bertalot 1988, p. 8, pl. 87, figs 4-7; Jahn & Schmid 2007, p. 297, figs 1-4, 12-17, 18-21; Lange-Bertalot *et al.* 2017, p. 109, pl. 120, figs 1-5; Spaulding 2018 in Diatoms of North America.

뚜껑면은 완전한 좁은 선형으로 양쪽 가장자리는 평행하고, 뚜껑면 정단부는 가늘어져 쐐기형이고 끝은 둥글다. 등줄은 뚜껑면 중앙을 달리는 용골에 있으며, 용골점은 등간격이 아니고 다소 불규칙하고, 10 μm에 6-10개이다. 점문열은 뚜렷하고, 모두 평행배열하며, 10 μm에 19-24열이다. 뚜껑면은 길이 68-102 μm, 폭 5.5-6.5 μm이다. 용골을 따라 배열하는 갈고리로 연결되어 뗏목이 연결된 것과 같은 독특한 모양의 군체를 이룬다.

Note 군체 내 세포의 동시 다발적 움직임과 세포 간 소통이 활발한 것으로 알려졌다. 하나의 종이 전 세계적으로 분포하는 점, 해양에서 담수에 이르기까지 염도 적응 폭이 매우 넓은 점 등에서 특이한 돌말류로 간주된다.

생태특성 나무 뗏목과 같은 독특한 형태의 군체를 이루며, 군체는 운동성이 클 뿐 아니라 매우 격렬한 속도로 움직이며, 군체 내 모든 세포가 동시에 좌우 운동하는 점이 특이하다. 바다에서 파래와 같은 해조류에서 생장하거나 기수 지역에도 분포하나 전도도가 매우 높은 담수에서도 발견된다. 기수 또는 담수에 걸쳐 있으며, 상당한 부영양 수역에 나타나지만 빈영양인 곳에서도 관찰되는 등 분포 영역이 매우 넓다. 저서 돌말류인 동시에 플랑크톤이기도 하다.

분포 전 세계에서 흔하게 나타나는 담수 및 기수 종이다. 국내에서도 한강 하류, 낙동강, 영산강, 금강 같은 하구호, 섬진강 기수 지역, 대하천 본류 구간, 댐호수, 저수지 등에 분포하고, 소형 농업용 저수지에서도 관찰되었다. 본 종은 해안에서도 관찰되는 것으로 볼 때 염분 농도에 대한 내성이 매우 강한 것으로 보인다.

Bacillaria paxillifera.
A-E. 뗏목 모양의 군체와 군체의 움직임. F-H. 뚜껑면의 형태. 광학현미경; A-H. 척도=20 μm(A, B, D, E), 10 μm(C, F-H).

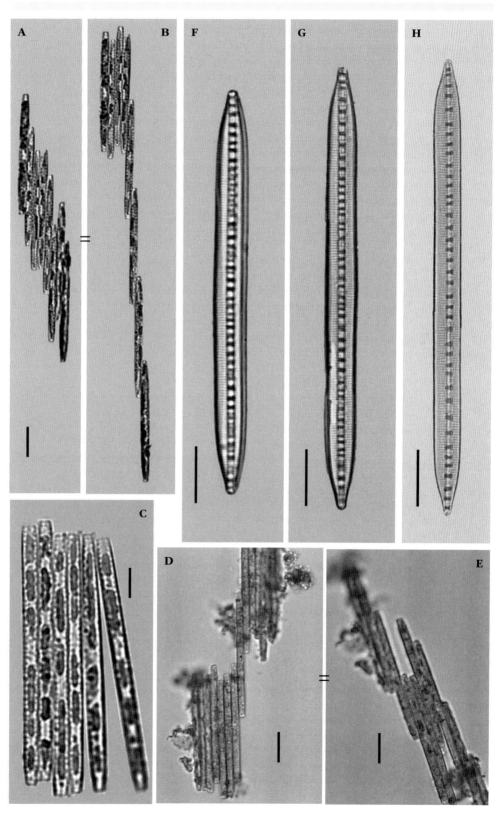

Denticula tenuis
Kützing

이명   *Rhabdium tenue* (Kützing) Trevisan
            Odontidium tenue (Kützing) Pfitzer
            Odontidium tenue (Kützing) O'Meara

참고문헌 Patrick & reimer 1975, p. 172, pl. 22, figs 12, 13; Hofmann *et al.* 2013, p. 169, pl. 117, figs 32-37; Krammer & Lange-Bertalot 1988, p. 139, pl. 95, figs 4-25;

뚜껑면은 선형-피침형으로 양쪽 가장자리는 약간 볼록하고, 말단부는 넓은 폭으로 약간 돌출하지만 소형 종에서는 돌출하지 않고 뭉툭하다. 등줄은 뚜껑면 가운데 중심을 벗어나 위치하며, 운하(canal) 내에 있고(운하등줄), 등줄 양쪽 끝은 같은 방향으로 구부러진다. 뚜껑 안쪽면에는 단축 가로 방향으로 돌출맥이 있고 돌출맥은 10 μm에 5-7개이다. 뚜껑면에는 점문열이 평행배열하며 10 μm에 22-30열이다. 뚜껑면 길이는 6-42(60) μm이고, 폭은 3-7 μm이다.

Note 소형 *Denticula* 종이 여럿 되나 *D. tenuis*는 다른 종보다 점문열이 매우 조밀하고 돌출맥 폭이 좁은 게 특징이다.

생태특성 중급 전도도 수역에 분포하고, 호수 연안대에서 주로 출현하며, 유수 지역에서는 관찰하기 어렵다.

분포 전 세계 보편종이며 *Denticula* 속 중에서 가장 흔하게 관찰된다. 국내에서는 영천댐과 임하호에서 각각 보고되었다.

Denticula tenuis.
A, B. 뚜껑면의 형태, C, D. 둘레면의 형태. E. 뚜껑면의 미세구조. F. 둘레면의 미세구조.
광학현미경; A-D, 주사전자현미경; E, F. 척도 = 10 μm(A-D), 1 μm(E, F).

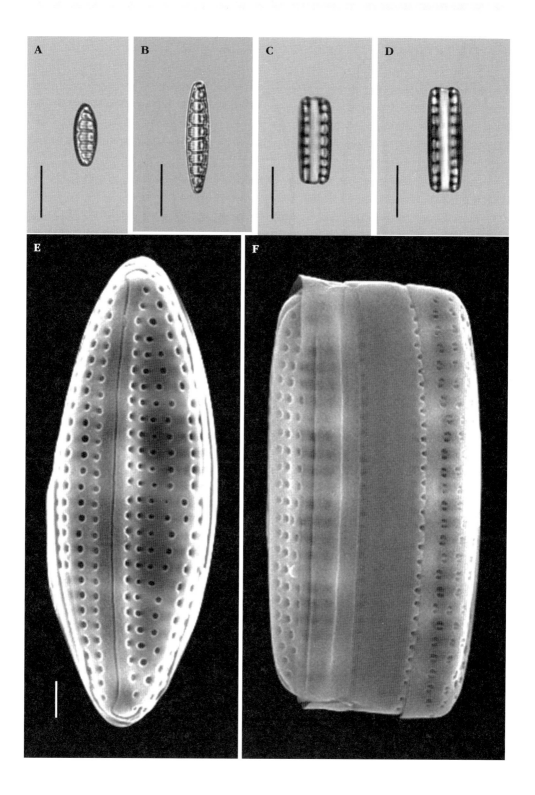

Grunowia tabellaria
(Grunow) Rabenhorst

기본명 *Denticula tabellaria* Grunow.
이명 *Nitzschia tabellaria* (Grunow) Grunow.
  Nitzschia sinuata var. *tabellaria* (Grunow) Grunow.
참고문헌 Krammer & Lange-Bertalot 1988, p. 53, pl. 39, figs 10-13; Kociolek 2011 in Diatoms of North
  America; Lange-Bertalot *et al.* 2017, p. 462, pl. 119, figs 1-5.

뚜껑면은 타원형이나 중앙 가장자리가 볼록 나온 형태이고, 정단부는 가늘어지나 끝은 머리 모양이
다. 등줄은 뚜껑면 가장자리 용골 아래에 있으며 용골은 매우 굵고 길며, 10 μm에 5-8개이나 중앙으
로 갈수록 성기다. 점문열은 매우 굵은 점으로 된 열로 18-23열이다. 뚜껑면 길이는 약 9-21 μm이
며 폭은 4.5-8 μm이다.

Note *Nitzschia* 계열 돌말류이나 특이한 형태로 쉽게 눈에 띈다.
생태특성 전도도가 높거나 중간 정도 담수에 분포하는 돌말류이며, 전 세계적으로 분포한다.
분포 국내에서 본 종은 과거에는 *Nitzschia sinuata* var. *tabellaria*라는 이름으로 보고되었으며 한강,
형산강, 금호강 등 대하천과 영천댐, 임하호 등 댐호수에서 보고되었다.

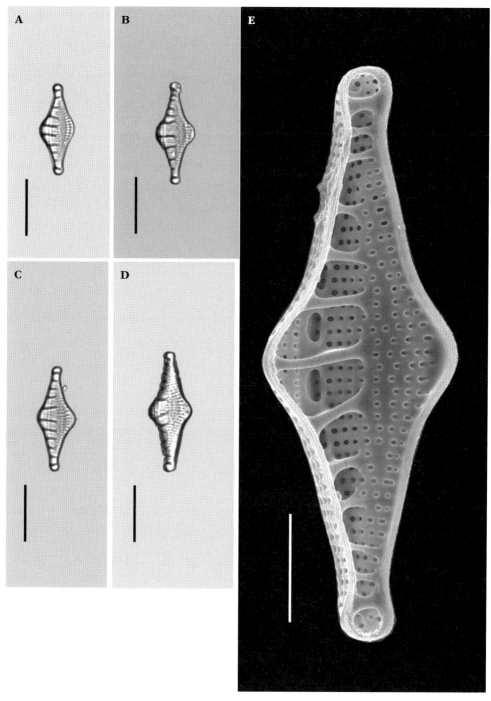

Grunowia tabellaria.

A-D. 뚜껑면의 형태. E. 뚜껑면(안쪽면)의 미세구조. 광학현미경; A-D. 주사전자현미경; E. 척도=10 μm(A-D), 척도=5 μm(E).

Hantzschia amphioxys
(Ehrenberg) Grunow

원명   *Eunotia amphioxys* Ehrenberg.

이명   *Nitzschia amphioxys* (Ehrenberg) W. Smith.

        Homoeocladia amphioxys (Ehrenberg) Kuntze.

        Hantzschia amphioxys var. genuina Grunow.

참고문헌 Krammer & Lange-Bertalot 2001, p. 128, pl. 88, figs. 1-7; Hofmann *et al.* 2013, p. 333, pl. 102, figs 1-5;

세포는 둘레면으로 보면 직사각형으로 중심부가 다소 오목하거나 조여 있고, 등줄을 싸고 있는 양쪽 뚜껑면의 가장자리에 있는 등줄안다리를 모두 볼 수 있다. 뚜껑면 윤곽은 선형이나 등쪽 가장자리는 약한 아치형이고 배쪽 가장자리도 구부러진 약한 등배형이고, 뚜껑면 말단에서 폭이 좁아지고 끝은 유두 모양이다. 뚜껑면은 세로축으로 비대칭이다. 등줄은 뚜껑면 배쪽 가장자리 용골(keel)에 있으며 양쪽 뚜껑면의 등줄 위치는 같고, 운하 안에 있는 등줄(canal raphe)을 지지하는 등줄안다리는 10 *μm*에 4-11개이고, 중심부에 있는 2개 등줄안다리는 다른 것에 비해 더 떨어져 있다. 점문열은 1열로 대개 평행배열하고 10 *μm*에 20-29열이다. 뚜껑면은 길이 15-50 *μm*, 폭 5-7 *μm*이다.

Note 수역, 이끼와 토양 등 서식 환경이 다양하고, 지역적으로는 열대에서 북극 지역까지 분포하는 관계로 하나의 종이라기보다는 하나의 그룹으로 간주되어야 한다. 본 종으로 동정되는 개체군 중에서 신종으로 분리 독립되는 경우가 많다.

생태특성 저서성으로 다양한 수체의 담수 지역에 분포하고, 기수역에도 출현하며, 산지 이끼류와 토양 같은 건조 환경에서도 관찰되는 등 생태 범위가 매우 넓은 돌말류이다.

분포 전 세계의 다양한 환경에서 폭넓게 출현하며 북극에서도 기록되었다. 국내에서는 1967년 화천 소양호에서 처음 기록된 이후, 강(한강, 북한강, 남한강, 형산강, 금강, 낙동강, 금호강 등), 하천(남대천, 동화천, 양산천, 신천 등), 산지 하천(주왕산 등), 댐호수(의암호, 파로호, 팔당호, 영천댐, 주암호 등), 저수지, 제주도에서 보고되었다. 산지 이끼류에서도 관찰된다.

Hantzschia amphioxys.
A–C. 뚜껑면의 형태, D. 둘레면의 형태. E, F. 뚜껑면의 미세구조. 광학현미경; A–D, 주사전자현미경; E, F. 척도 = 10 *μm*(A–D), 5 *μm*(E), 1 *μm*(F).

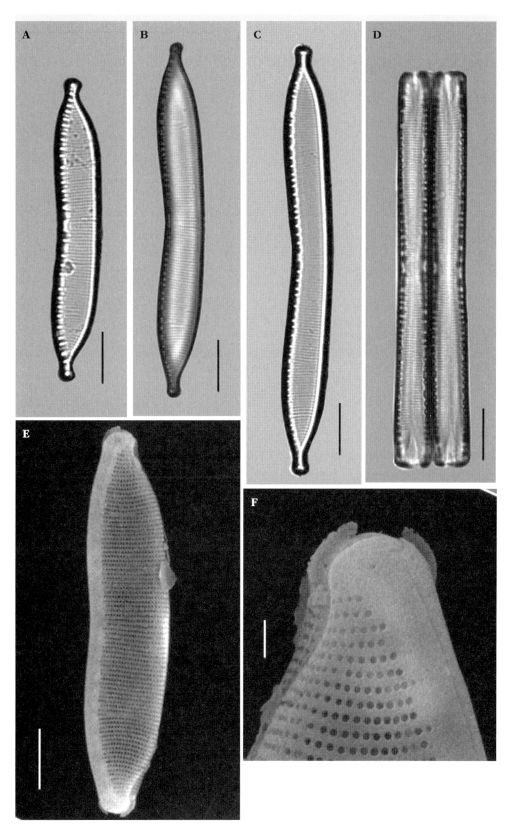

Nitzschia acicularis
(Kützing) W. Smith

기본명   *Synedra acicularis* Kützing.
참고문헌   Hustedt 1930, p. 423, fig. 821; Krammer & Lange-Bertalot 1988, p. 123, pl. 85, figs 1-4; Kociolek 2011 in Diatoms of North America; Hofmann *et al.* 2013, p. 463, pl. 106, figs 14, 15.

뚜껑면은 좁은 피침형 또는 선형에 가까운 피침형으로 양쪽 가장자리가 거의 평행하고, 뚜껑면 말단부는 좁아져 긴 피침처럼 뻗는다. 규산질 골격이 매우 얇고 약하다. 가장자리 용골점은 미세하나 균등 분포해 10 μm에 16-21개이고, 뚜껑면 가장자리에 위치하며, 중앙볼록마디는 없다. 점문열은 뚜껑면 전체에서 평행배열하나 광학현미경에서는 관찰하기 어렵고, 전자현미경에서 보면 10 μm에 60-72열로 매우 조밀하다. 뚜껑면은 길이 30-100 μm, 폭은 3-4 μm이다.

Note *Nitzschia subacicularis* Hustedt와 *N. draveillensis* Coste & Ricard와 형태가 유사하나 *N. subacicularis*는 점문열이 10 μm에 27-33열로 성기고, *N. draveillensis*는 중앙 용골점이 서로 떨어져 있으며 중앙볼록마디가 있는 점에서 각각 구별된다.

생태특성 부유성 플랑크톤이나 저서 조류로도 나타나며, 담수에서 전도도가 높은 부영양 수역에 많이 발생하고, 기수역에서도 흔하게 나타난다. 생태 범위가 매우 넓다.

분포 전 세계에서 매우 흔한 플랑크톤이다. 국내에서도 한강, 낙동강을 비롯한 대하천과 소하천, 댐 호수와 저수지 등 여러 가지 수역에서 순수 플랑크톤으로 분포한다. 일부 수역에서는 번무하기도 한다.

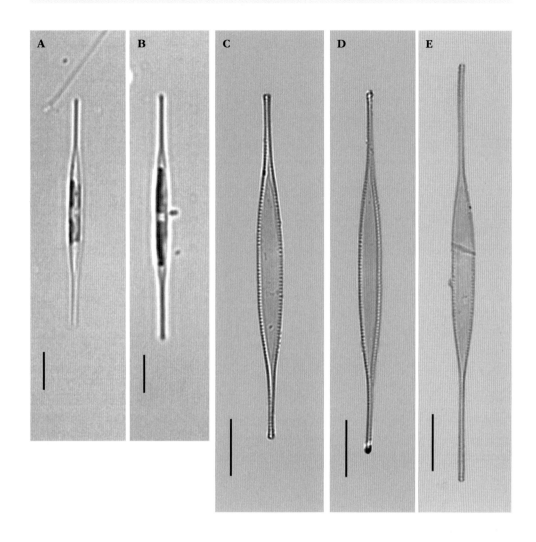

Nitzschia acicularis. A, B 살아있는 세포. C−E. 뚜껑면의 형태. 광학현미경; A−E. 척도=10 ㎛(A−E).

Nitzschia capitellata
Hustedt

참고문헌 Simonsen 1987, p. 78, pl. 103, figs 6-13; Krammer & Lange-Bertalot 1988, p. 88, pl. 62, figs 1-12A, pl. 63, figs 1-3, 14; Lange-Bertalot *et al.* 2017, p. 438, pl. 118, figs 15-18.

뚜껑면은 선형에서 선형에 가까운 피침형이나 뚜껑면 양쪽 가장자리는 약간 오목하고, 뚜껑면 말단은 쐐기형이며, 끝은 부리 모양이거나 유두 모양이다. 용골은 뚜껑면 한쪽 가장자리에 위치하며 등줄을 덮고 있다. 등줄은 사닥다리 모양인 용골점 아래에 있으며, 용골점은 거의 같은 간격으로 10 μm에 10-18개이며, 중앙의 두 용골점은 다른 것과 달리 간격이 넓다. 점문열은 광학현미경에서 관찰하기 어려우며, 10 μm에 35-40열이고, 평행하게 배열한다. 뚜껑면 길이는 20-70 μm이며, 폭은 3.5-6.5 μm이다.

Note 본 종은 용골점이 같은 등간격인 점에서 *Nitzschia adamata* Hustedt, *N. tubicola* Grunow와 구별되고, 뚜껑면이 거의 직선형인 점과 중심부의 두 용골점 간격이 넓은 점에서 *N. paleaeformis* Hustedt와 차이가 있다.

생태특성 해안에서부터 담수까지 분포하는 것으로 알려져 있으며, 중급 전도도 수역에서부터 폐수가 유입되는 수역까지 출현한다.

분포 전 세계에 걸쳐 분포하는 보편종이다. 국내에서는 남한강, 낙동강 등에서 보고되었으며, 최근에는 함안 질날늪의 수면 스컴에서 많이 발견되었다.

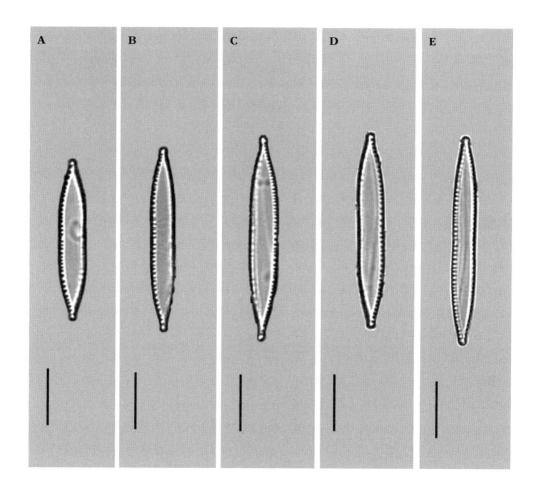

Nitzschia capitellata. A-E. 뚜껑면의 형태. 광학현미경; A-E. 척도=10 ㎛(A-E).

Nitzschia clasusii
Hantzsch

원명   *Nitzschia clausii* Hantzsch.

이명   *Nitzschia sigma* var. *clausii* (Hantzsch) Grunow.

　　　　Nitzschia curvula var. *subcapitata* Rabenhorst.

참고문헌: Krammer & Lange-Bertalot 1988, p. 31, pl. 19, figs 1-6A; Hofmann *et al.* 2013, p. 438, pl. 116, figs 15-18.

세포는 둘레면으로 봐도 시그모이드형이다. 뚜껑면은 좁은 선형이고 중심부 가장자리가 약간 오목하며 뚜껑면 말단 끝은 부리 모양이거나 약간 돌출한 형태이다. 양쪽 말단부 끝이 서로 반대쪽으로 약간 휘어져 뚜껑면은 겉으로 보면 약한 S자형이다. 등줄은 뚜껑면 한쪽 가장자리를 따라 직선으로 뻗고, 중앙에서 등줄 끝은 뚜껑 안쪽면으로 거의 직각으로 구부러지며, 말단 등줄 끝은 서로 반대 방향으로 휘어진다. 등줄이 있는 공간을 덮고 있는 등줄안다리는 등줄 홈을 따라 규칙적으로 분포하지만, 중앙의 2개는 다른 것보다 더 떨어져 있으며, 대개 10 μm에 10-13개이다. 뚜껑면 점문열은 세로축에 대해 직각 방향으로 평행하게 배열하고, 미세해 10 μm에 30-40개이다. 뚜껑면은 길이 25-60 μm, 폭 3-5 μm이다.

Note 형태가 유사한 종이 많은데, *Nitzschia brevissima* Grunow보다 뚜껑면 폭이 좁고 점문열이 조밀한 점, *N. filiformis* (W. Smith) Van Heurck보다는 뚜껑면이 더 시그모이드형이고 뚜껑면 끝이 더 돌출한 점, *N. scalpelliformis* Grunow보다 뚜껑면 폭과 말단부 끝이 더 좁은 점, *N. nana* Grunow보다는 뚜껑면 말단부 끝이 더 돌출한 점에서 구별된다. 본 종은 전자현미경으로 관찰했을 때 등줄 중심부 양쪽 끝이 등쪽으로 길게 직각 방향으로 휘어지는 것이 특징이다.

생태특성 저서성이나 플랑크톤으로 나타나며, 전도도와 알칼리도가 높은 담수 또는 기수에 주로 분포한다.

분포 발트해, 유럽 각국을 비롯한 전 세계에 널리 분포하고, 캐나다 북극 지역에서도 출현한다. 국내에서는 1929년 수원 서호에서 처음 기록된 이후 남한강, 북한강 등 전국에서 많이 보고되었다.

Nitzschia clasusii. A-E. 뚜껑면의 형태. F, G. 뚜껑면의 미세구조. 광학현미경; A-E, 주사전자현미경; F, G. 척도 = 10 ㎛(A-E), 2 ㎛(F), 1 ㎛(G).

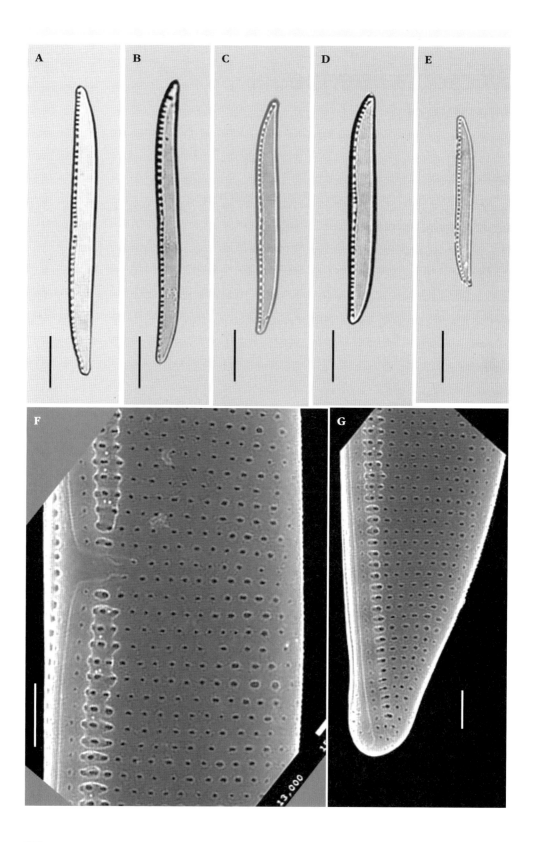

Nitzschia intermedia
Hantzsch

기본명 *Nitzschia intermedia* Hantzsch.

이명 *Nitzschia subtilis* var. *intermedia* (Hantzsch) Schonfeldt.

참고문헌 Krammer & Lange-Bertalot 1988, p. 87, pl. 61, figs 1-10; Lange-Bertalot *et al.* 2017, p. 448, pl. 109, figs 1-6.

뚜껑면은 선형에서 선형에 가까운 피침형이다. 뚜껑면 양쪽 가장자리는 평행하고, 뚜껑면 말단으로 가면 뚜껑면 폭이 좁아지고 끝은 다서 뾰쪽하거나 부리형이다. 용골은 뚜껑면 한쪽 가장자리에 위치하며 등줄을 덮고 있으며 등줄은 사닥다리 모양 용골점 아래에 있다. 용골점은 거의 간격이 같으며, 10 μm에 7-13개이고, 중앙의 두 용골점은 다른 것과 달리 간격이 넓다. 점문열은 광학현미경에서 식별할 수 있으며, 10 μm에 20-33열이고, 평행하게 배열한다. 뚜껑면 길이는 40-200 μm이며, 폭은 4-7 μm이다.

Note 본 종은 뚜껑면의 점문열을 광학현미경에서 식별할 수 있는 점에서 다른 유사 종(*Nitzschia gracilis* Hantzsch, *N. palea*, *N. pura* Hustedt 등)들과 구별할 수 있다.

생태특성 중급 전도도 부영양 수역에 주로 분포하고, 저서 돌말류이나 플랑크톤으로 많이 나타난다.

분포 전 세계 보편종이다. 국내에서는 낙동강, 금호강, 양산천, 임하호, 함안 늪 등 주로 낙동강 수계에서 많이 보고되었으며, 최근에는 함안 질날늪과 울진 남대천에서 높은 빈도로 관찰되었다.

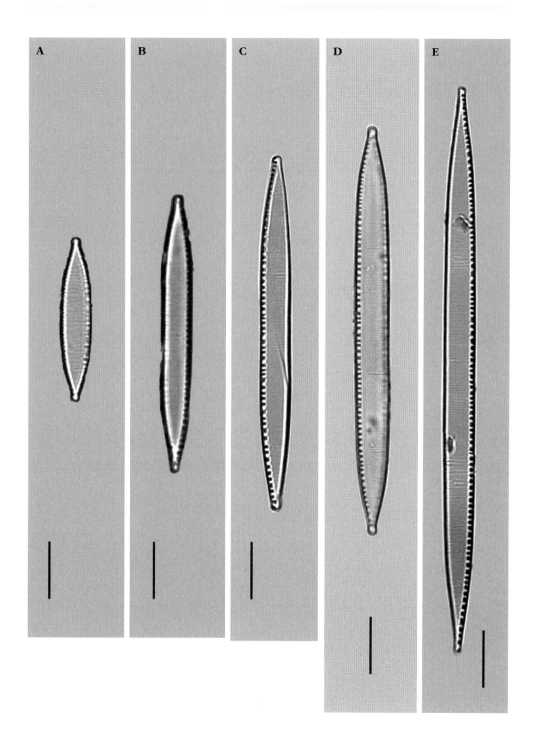

Nitzschia intermedia. A–E. 뚜껑면의 형태. 광학현미경; A–E. 척도=10 ㎛(A–E).

Nitzschia palea
(Kützing) W. Smith

기본명   *Synedra palea* Kützing.

참고문헌   Krammer & Lange-Bertalot 1988, p. 85, pl. 59, figs 1-24, pl. 60, figs 1-7; Kociolek 2016 in Diatoms of North America; Lange-Bertalot 2017, p. 451, pl. 113, figs 1-9.

뚜껑면은 양쪽 가장자리가 평행한 선형이거나 선형에 가까운 피침형으로 뚜껑면 정단부는 폭이 좁아져 끝은 쐐기형이나 다소 뾰족한 경우도 있고, 드물지만 작은 머리 모양인 것도 있다. 가장자리 용골점은 10 μm에 11-13개이며, 중앙에 있는 두 용골점은 간격이 다른 것보다 더 떨어져 있지는 않으나 간격은 불규칙하다. 점문열은 뚜껑면 전체에서 평행배열하나 광학현미경에서는 관찰하기 어렵고, 전자현미경에서 보면 10 μm에 36-38열이다. 뚜껑면은 길이 12-42 μm, 폭 3-4 μm이다.

생태특성   담수와 기수 지역에 널리 분포하는 저서성으로, 하천 바닥에서 생육하나 플랑크톤으로도 흔하게 관찰된다. 특히 본 종은 오염 수역에서 많이 기록되는 대표적인 호오탁성 돌말류로 잘 알려졌다.

분포   전 세계 보편종이며, 국내에서 하천과 호수, 유수와 정수를 가리지 않고 분포하며, 보고된 사례는 *Nitzschia* 속 중에서는 가장 많다. 때로는 많은 양이 발생하기도 한다. 2018년 8월 여주 남한강에서 세포는 2.2×10^5cells/L였다.

Nitzschia palea.

A, B. 살아있는 세포. C–F. 뚜껑면의 형태. G, H. 뚜껑면의 미세구조(H), 말단부의 미세구조(G).
광학현미경; A–F. 주사전자현미경; G, H. 척도=10 ㎛(A–F, H), 2 ㎛(G).

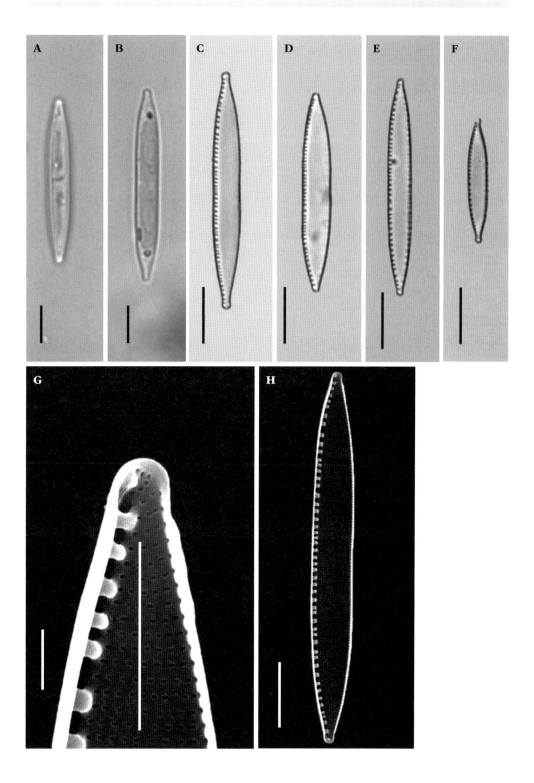

Nitzschia paleacea
(Grunow) Grunow

기본명 *Nitzschia subtilis* var. *paleacea* Grunow.
이명 *Nitzschia subtilis* var. *paleacea* Grunow.
  Nitzschia holsatica Hustedt in A. Schmidt *et al.*
  Nitzschia kuetzingiana Hustedt non Hilse.
  Nitzschia admissa Hustedt.
참고문헌 Krammer & Lange-Bertalot 1988, p. 114, pl. 81, figs 1-7; Kociolek 2011 in Diatoms of North
  America; Lange-Bertalot *et al.* 2017, p. 452, pl. 113, figs 21-29.

뚜껑면은 선형에 가까운 피침형으로 좁은 편이고 말단으로 갈수록 폭이 점차 줄어 끝은 뾰쪽하다.
용골은 뚜껑면 한쪽 가장자리에 위치하며 등줄을 덮고 등줄은 사닥다리 모양 용골점 아래에 있다.
용골점은 거의 같은 간격이며, 10 μm에 14-19개이며, 중앙의 두 용골점은 다른 것과 달리 간격이
조금 더 넓다. 서로 떨어져 있다. 점문열은 광학현미경에서 관찰하기 어려우며, 10 μm에 44-55열이
고, 평행하게 배열한다. 뚜껑면 길이는 8-55 μm이며, 폭은 1.5-4 μm이다.

Note 본 종은 *Nitzschia palea*와 그 변종들과 뚜껑면 형태가 유사하나 가운데 2개 용골점 사이(중앙
결절)가 떨어져 있는 점, 뚜껑면이 전형적인 피침형으로 가장자리가 평행한 구간 없이 말단 쪽으로
가면 폭이 연속적으로 좁아지는 점에서 구별된다. *N. archibaldii* Lange-Bertalot와도 유사하나 중
앙결절이 있고, 뚜껑면 길이가 짧은 점에서 다르다.

생태특성 여러 개 세포가 모여 엉성한 별 모양 또는 뗏목 모양 군체를 만들기도 하는 저서돌말류이나
플랑크톤으로 많이 나타난다. 중급 또는 높은 전도도 수역을 선호하고 중영양 수질에 주로 분포하며
대량으로 발생하는 경우도 있다.

분포 전 세계에 보편적으로 분포하는 돌말류이다. 국내에서는 한강, 낙동강, 영산강 등 주로 강과 하
천을 중심으로 많이 보고되었다.

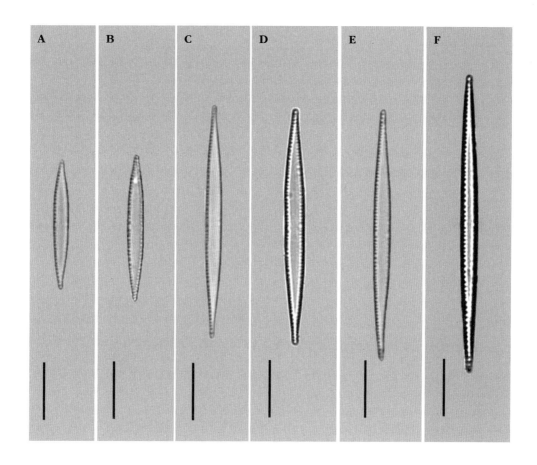

Nitzschia paleacea. A–F. 뚜껑면의 형태. 광학현미경: A–F. 척도=10 ㎛(A–F).

Nitzschia sigmoidea
(Nitzsch) W. Smith

기본명   *Bacillaria sigmoidea* Nitzsch

참고문헌   Hustedt 1930, p. 419, fig. 810a, b; Germain 1981, p. 352, pl. 133, figs 6-12. Krammer & Lange-Bertalot 1988, p. 12, pl. 4, figs 1, 2, pl. 5, figs 1-5; Hofmann *et al.* 2013, p. 460, pl. 114, figs 5-8.

세포의 옆면, 둘레면으로 보면 긴 막대형 사각형이고, S자형으로 휘었다. 뚜껑면은 긴 피침형으로 가장자리가 거의 평행하고, 뚜껑면 선단은 약간 돌출형이고, 쐐기형 또는 뾰족한 편이다. 용골은 뚜껑면 한쪽 가장자리에 위치하며 등줄을 덮고 등줄은 사다리 모양의 용골점 아래에 있다. 용골점은 불규칙하고, 10 μm에 4-6개이며, 중앙의 두 용골점은 서로 떨어져 있지 않고 간격이 다른 것과 같다. 점문열은 광학현미경에서 관찰이 가능하며, 10 μm에 24-26열이고, 평행하게 배열한다. 뚜껑면 길이는 255-375 μm로 대형이며, 폭은 9-14.5 μm이다.

생태특성 단세포 저서성으로 수중 물체에 부착하지 않아 하천의 심수층이 교란될 때에는 수중에서 플랑크톤으로 흔하게 관찰된다. 대형 돌말류로 플랑크톤에서 우점도는 높지 않고, 담수뿐 아니라 기수에도 생육해 염도와 수질 오염에 대한 내성 범위도 넓다.

분포 전 세계 보편종이며, 국내에서는 남한강, 팔당호, 남대천 등에서 보고되었으며, 우점도는 높지 않으나 관찰 빈도는 매우 높다.

Nitzschia sigmoidea.
A-C. 뚜껑면 중심부(B)와 말단부(A, C)의 미세구조. D. 뚜껑면의 형태. E. 세포의 옆면, 둘레면의 형태. G. 살아있는 세포(둘레면).
광학현미경; D-F. 주사전자현미경; A-C. 척도=20 μm(E), 10 μm(F), 2 μm(A-C).

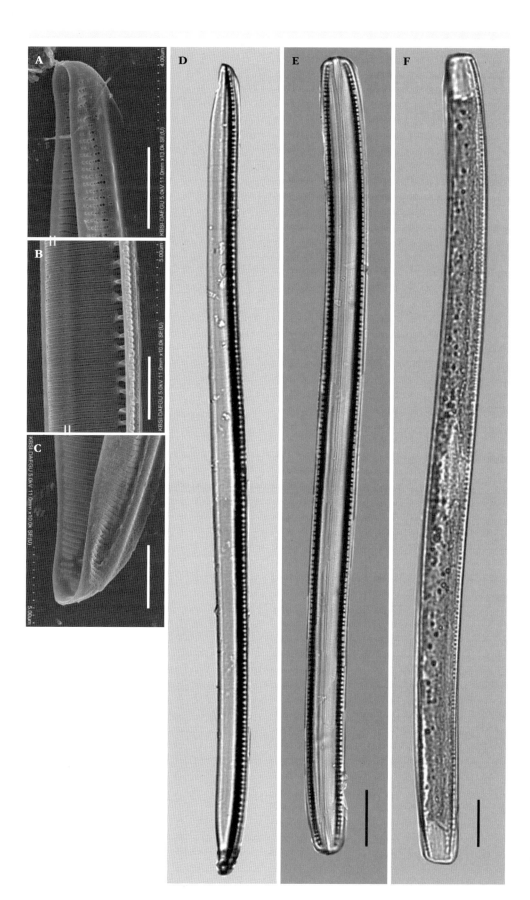

Tryblionella levidensis
W. Smith

이명 *Nitzschia levidensis* (W. Smith) Grunow.
   Tryblionella tryblionella var. *levidensis* (W. Smith) Grunow.
   Nitzschia levidensis var. *victoriae* (Grunow) Cholnoky.

참고문헌 Krammer & Lange-Bertalot 1988, p. 38, pl. 28, figs 1-4; Lange-Bertalot *et al.* 2017, p. 599, pl.
   105, figs 1-4.

뚜껑면은 폭이 넓은 사각형으로 양쪽 가장자리가 평행하거나 미약하게 오목하고, 뚜껑면 말단에서
폭이 좁아져 쐐기형이 되고 끝은 둥글다. 등줄은 뚜껑면 배쪽 가장자리에 용골에 있으며, 양쪽 뚜껑
면의 용골 위치는 Nitzschia 속과 같이 서로 반대쪽에 있고, 용골점은 10 μm에 6-12개이다. 뚜껑면
은 세로 장축 방향으로 1회 굴곡이 있고, 돌출맥은 10 μm에 7-10개이다. 점문열은 광학현미경에서
는 관찰할 수 없으나 10 μm에 35-36열이다. 뚜껑면은 길이 18-65 μm, 폭 8-23 μm이다.

Note 본 종은 *Tryblionella salianrum* (Grunow) Pantocsek과 뚜껑면 형태가 유사하나 돌출맥이
보다 성긴 점(10 μm에 7-10 : 10-15)에서 차이가 있고, *T. calida* (Grunow) D.G. Mann과는 뚜껑
면 끝이 부리형이 아닌 점에서 구별된다.

생태특성 해안 기수 또는 강의 하구 기수 지역에 주로 분포하며, 염분 농도가 높거나 염분으로 오염된
내륙에서도 나타난다. 중부수성 또는 부수성 돌말류로서 오염에 대한 내성이 높은 편이다.

분포 전 세계 보편종이다. 국내에서는 *Tryblionella tryblionella* var. *levidensis* 이름으로 소하천과
소형 저수지 등에서 보고되었으나 분포지가 많지 않다. 최근에는 부안 소재 소하천의 기수 지역에서
플랑크톤으로 많이 발생했다.

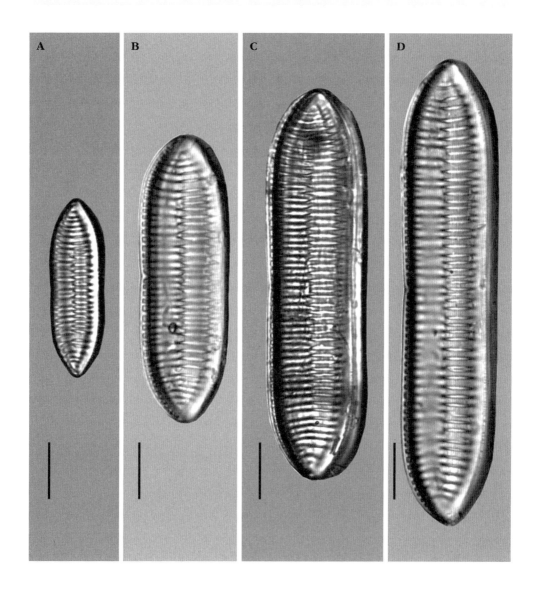

Tryblionella levidensis. A-D. 뚜껑면의 형태와 특징적인 돌출맥. 광학현미경; A-D. 척도=10 μm(A-D).

Iconella capronii
(Brébisson & Kitton) Ruck & Nakov

이명   *Surirella capronii* Brébisson & Kitton.
참고문헌   Hustedt 1930, p. 440, fig. 857; Krammer & Lange-Bertalot 1988, p. 205, pl. 166, figs 1-4, pl. 167, figs 1-4; Ruck *et al.* 2016, p. 2.

뚜껑면은 난형 또는 넓은 타원형으로 양쪽 가장자리는 볼록하다. 뚜껑면 머리 말단은 넓은 둔원이고 꼬리 쪽으로 가면 뚜껑면 폭이 조금씩 좁아지며, 말단은 다소 쐐기형이다. 뚜껑면은 단축 방향으로는 비대칭이다. 뚜껑면 양쪽 가장자리에는 날개형 돌출부가 있고, 등줄은 가장자리 돌출부 끝에 용골과 함께 달린다. 뚜껑면 가장자리 돌출맥은 100 *μm*에 7-15열이며, 점문열은 미약하고 10 *μm*에 약 30열이다. 뚜껑면 가운데에는 장축 방향으로 규칙적인 굴곡이 있으며 뚜껑면 중앙에 세로축이 달린다. 뚜껑면 머리 말단부 중앙에는 매우 굵고 큰 돌기가 있으며 꼬리 쪽 가운데에도 보다 적은 돌기가 있다. 뚜껑면 길이는 120-350 *μm*이고, 폭은 60-125 *μm*이다.

Note *Surirella* 속에서 새롭게 정의된 *Iconella* 속으로 이동했다. *Surirella* 속 돌말류는 등줄이 있는 용골이 각투면과 연결되어 있으나 *Iconella* 속 돌말류는 용골이 뚜껑면과 각투면에서 융기해 직접 연결되지 않는 점에서 차이가 있다.
생태특성 비부착성 단세포로, 바닥 저서 돌말류이나 플랑크톤으로도 출현한다.
분포 전 세계 보편종이며, 국내에서는 북한강, 남한강, 팔당호, 파로호 등 한강수계에서 많이 보고되었다.

Iconella capronii.
A-C. 뚜껑면의 미세구조, 두부(B)와 기부(C)의 구조. D. 뚜껑면의 형태. 광학현미경; D. 주사전자현미경; A-C. 척도=10 *μm*(A-D).

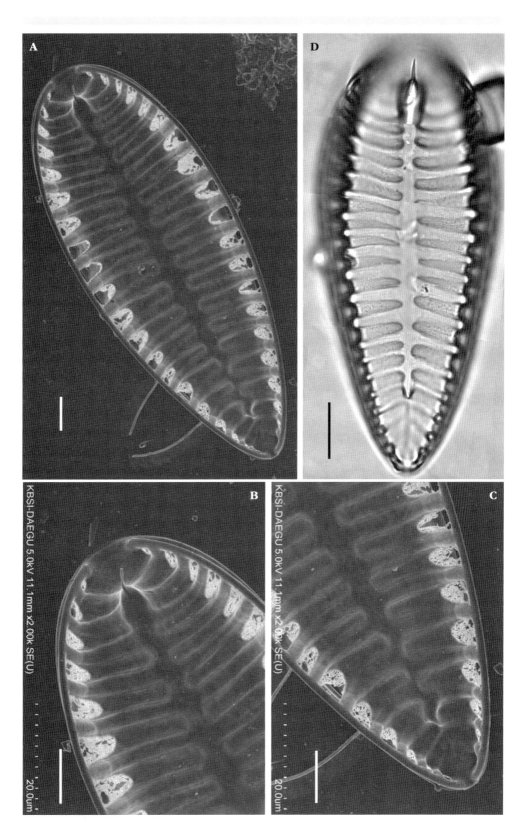

Iconella tenera
(W. Gregory) Ruck & Nakov

참고문헌　Krammer & Lange-Bertalot 1988, p. 203, pl. 164, figs 1-4, pl. 165, figs 1-3; Rouzbahani 2016 in Diatoms in North America.

세포를 옆면, 둘레면으로 보면 모서리가 둥근 사다리꼴 사각형이다. 뚜껑면은 기본적으로 기다랗고 좁은 난형으로 두부는 넓은 둔원이나 약간 뾰쪽하고, 기부는 쐐기형이나 둥글다. 뚜껑면 장축 방향으로 가운데에 늑골이 있고, 좌우로 돌출맥(ridge)이 평행배열하며 말단에는 방사배열한다. 돌출맥 사이에는 넓은 오목 띠(porca)가 있고, 여기에 점문열이 있다. 장축 방향을 따라 요철 모양 물결을 이룬다. 뚜껑면 가장자리에는 오목띠 위치에 별도의 날개창(fenestra)이 있으며, 날개창 사이 돌출맥이 등줄이 있는 운하(canal)와 연결된다. 날개창 사이 돌출맥은 10 μm에 1.8-2.6개이다. 뚜껑면 길이는 40-185 μm이고, 중앙부 폭은 13-45 μm이다.

Note 뚜껑면 형태로는 *Surirella splendida* (Ehrenberg) Kützing과 유사하나 뚜껑의 폭이 넓고(13-45 μm : 40-70 μm), 뚜껑면이 대칭에 가까운 점에서 차이가 난다.

생태특성 중급 전도도의 빈영양 수역을 선호하고, 염도가 낮은 기수 지역에서도 나타난다.

분포 아시아, 남미, 북미 등 전 세계 보편종이나, 브라질을 비롯한 남미와 태국을 비롯한 열대 지역에서 출현 빈도가 높고, 알래스카에서도 보고되었다. 국내에서는 한강수계에서 많이 보고되었으며, 주암호, 소하천(동화천, 제주도 소하천)과 함안 늪지에서 관찰되었다. 강화도 연안과 금강 하구호에서도 관찰되었다.

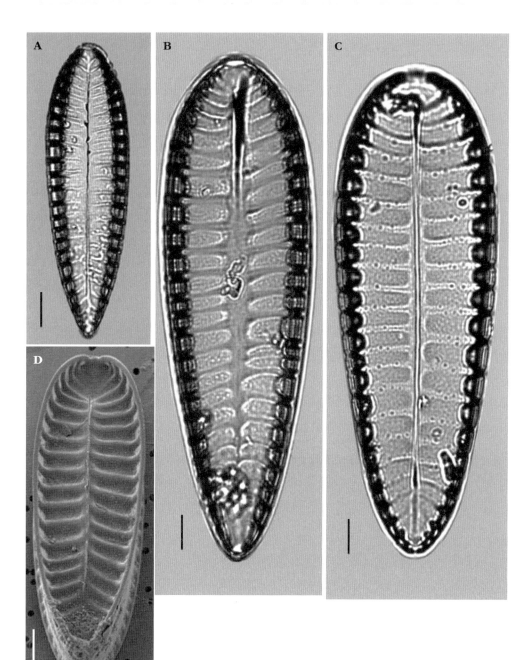

Iconella tenera. A–C. 뚜껑면의 형태, D. 뚜껑면의 전경. 광학현미경; A–C, 주사전자현미경; D. 척도 = 10 μm(A–D).

Surirella angusta
Kützing

이명   *Surirella ovalis* var. *angusta* (Kützing) Van Heurck.
참고문헌   Hustedt 1959, 889. figs 844-845; Helmcke & Krieger 1953. pls. 1-102; Krammer & Lange-Bertalot 1988, 187. figs 133-134; Potapova & English 2010 in Diatoms of North America; Lange-Bertalot *et al.* 2017, p. 582, pl. 130, figs 4, 5.

세포는 옆면, 둘레면으로 보면 직사각형이다. 뚜껑면은 양쪽 가장자리가 평행한 긴 선형이고 때로는 가운데가 미약하게 오목한 것도 있고, 말단 끝은 쐐기형이다. 세포와 뚜껑면은 좌우 대칭이다. 뚜껑면 장축 방향으로 중심은 좁은 직선으로 뚜껑 안쪽면에는 미약한 돌출맥이 있다. 전자현미경으로 관찰하면 뚜껑 안쪽면에서 등줄운하로 열린 작은문(portula)이 뚜렷하고, 등줄안다리는 10 μm에 5.5-8개이다. 등줄안다리 사이에는 돌출맥이 2-3열 있고, 돌출맥 사이에 점문열이 있다. 점문열은 10 μm에 22-28열이다. 뚜껑면 길이 18-70 μm이고, 세로열 길이는 6-15 μm이다.

Note *S. lapponica* Cleve와 형태가 유사하나 뚜껑면 길이에 비해 폭이 매우 좁고, 점문열이 매우 뚜렷한 점에서 차이가 있고, *S. minuta*와 유사하나 비대칭인 세포와 뚜껑면 두부가 쐐기형이 아닌 점에서 구별된다.

생태특성 중급의 전도도를 선호하는 전 세계 보편종이나 심하게 부영양화된 수역에서도 관찰된다.
분포: 전 세계 보편종으로 흔하게 관찰되는 담수 돌말류이다. 국내에서는 1969년 의암호에서 처음 기록된 이래 강, 하천, 댐, 늪지 등에서 매우 출현 빈도가 높았고, 근래에는 금강수계 여러 곳에서 관찰되었다.

Surirella angusta. A–D. 뚜껑면의 형태, E–G. 뚜껑면의 미세구조. 광학현미경; A–D, 주사전자현미경; E–G. 척도 = 10 ㎛(A–D), 2 ㎛(E), 1 ㎛(F, G).

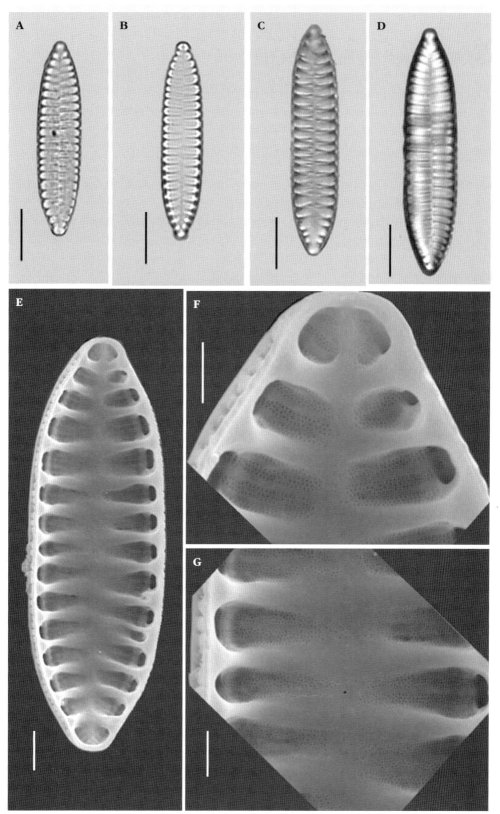

Surirella brebissonii
Krammer & Lange-Bertalot

이명 *Suriraya ovata* var. *marina* Brébisson.
  Surirella ovata sensu Hustedt.

참고문헌 Krammer & Lange-Bertalot 1987, p. 78, figs 1-8, 12-20; Krammer & Lange-Bertalot 1988, p. 179, pl. 123, figs 4, 5, pl. 126, figs 2-11, pl. 127, figs 1-13; Lange-Bertalot *et al.* 2017, p. 584, pl. 132, figs 11-16; Potapova & English 2011 in Diatoms of North America.

뚜껑면은 기본적으로 난형으로 머리쪽은 넓은 둔원이고 꼬리쪽은 다소 뾰쪽하나 작은 것은 양쪽 말단이 둔원으로 타원형 또는 원형에 가깝다. 뚜껑면 중앙부는 오목하고, 뚜껑면은 동심원상으로 1, 2회 굴곡이 있다. 뚜껑면 중심부 돌출맥(pseudoinfundibulum, costae)은 10 μm에 16-20열이고, 가장자리 3, 4개 돌출맥마다 융기 돌출맥이 나타나고 이것은 안쪽 용골점(fibulae)과 일치하며, 용골점은 10 μm에 3.5-6개이다. 돌출맥 사이에는 점문열이 있다. 뚜껑면은 길이 18-70 μm, 폭은 12-30 μm이다.

Note: *Surirella brebissonii*는 *S. ovalis* Brébisson과 뚜껑면 형태가 유사하나 *S. brebissonii*는 뚜껑면이 난형이고 기본으로 머리쪽 말단이 넓은 둔원이나 *S. ovalis*는 좁은 타원형에 가깝고 꼬리쪽 끝은 폭이 넓긴 하나 뾰쪽하다. *S. brebissonii*는 뚜껑면 중앙부가 오목하나 장축 중심이 융기해 중심부와 주변부 사이 경계가 뚜렷하다. 앞쪽 종은 용골점 사이에 돌출맥이 3, 4개이나 뒤쪽 종은 1개인 점에서 구별되며, 광학현미경으로 관찰된다.

생태특성 *Surirella brebissonii*는 중급 또는 높은 전도도를 선호하고 기수 또는 담수에 분포하나 *S. ovalis*는 높은 전도도를 선호하고 주로 기수에 분포한다.

분포 본 종은 전 세계 보편종으로 흔하게 보고되나 국내에서는 보고된 적이 없다. 최근 부안 소하천의 기수 지역에서 많이 발생했으며, 처음 기록되는 미기록종이다.

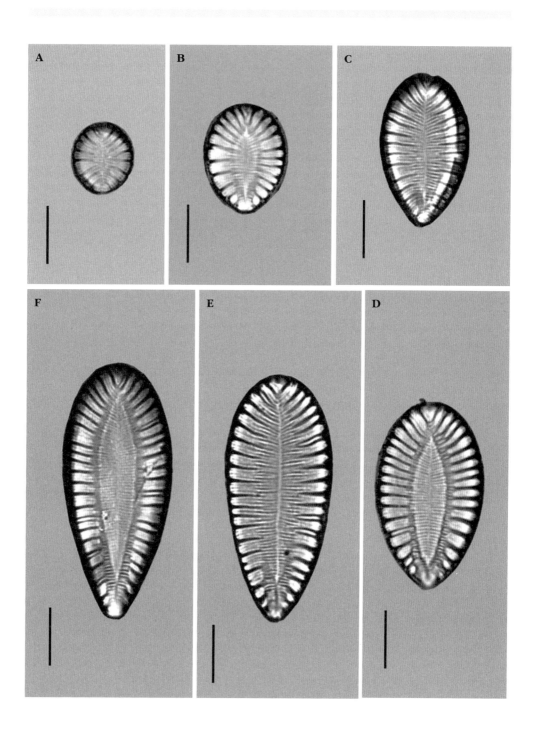

Surirella brebissonii. A-F. 뚜껑면의 형태. 광학현미경; A-F. 척도=10 *μ*m(A-F).

Surirella librile
(Ehrenberg) Ehrenberg

기본명 *Navicula librile* Ehrenberg.

이명 *Cymbella solea* Brébisson.
Surirella solea (Brébisson) Brébisson.
Cymatopleura solea (Brébisson) W. Smith.

참고문헌 Hustedt 1930, p. 425, fig. 823a, b; Krammer & Lange-Bertalot 1988, p. 168, pl. 116, figs 1-4, pl. 117, figs 1-5, pl. 118, figs 1, 3, pl. 122, fig. 4; Jahn *et al.* 2017, p. 78, pl. 3, figs A-F; Lange-Bertalot *et al.* 2017, p. 154, pl. 126, figs 1-4.

뚜껑면은 넓은 선형으로 뚜껑면 가장자리 가운데가 오목하고, 뚜껑면 말단은 폭이 급격히 좁아져 다소 쐐기형이나 끝은 약간 돌출하고 둥글다. 등줄은 뚜껑면 가장자리, 용골과 같이 달리고, 가장자리의 용골점과 돌출맥은 10 μm에 6-9열이며, 뚜껑면 장축 방향으로 심한 굴곡이 규칙적으로 있다. 뚜껑면 점문열은 미세해 광학현미경으로 관찰이 어렵고, 10 μm에 29-34열이다. 뚜껑면은 길이 56-280 μm이고, 폭은 13-24 μm이다.

Note Surirellales 목의 계통연구에서 *Iconella* (Jurilj 1949) 속을 재정립했고, 오랫동안 *Cymatopleura solea* (Brébisson) W. Smith로 사용해 왔던 본 종은 최초 명명자의 학명으로 변경되었다(Jahn *et al.* 2017).

생태특성 비부착성 단세포로 바닥에 생육하는 저서 돌말류이나 간혹 플랑크톤으로 관찰된다.

분포 국내에서는 한강과 낙동강 수계를 중심으로 하천, 호수, 저지대 등에서 폭넓게 분포했다.

Surirella librile.
A, B. 살아있는 세포(A 뚜껑면, B 둘레면). C, D. 뚜껑면의 형태. E. 뚜껑면 중심부의 미세구조. 광학현미경; A–C. 주사전자현미경; C, D. 척도=20 µm(D), 10 µm(A–D).

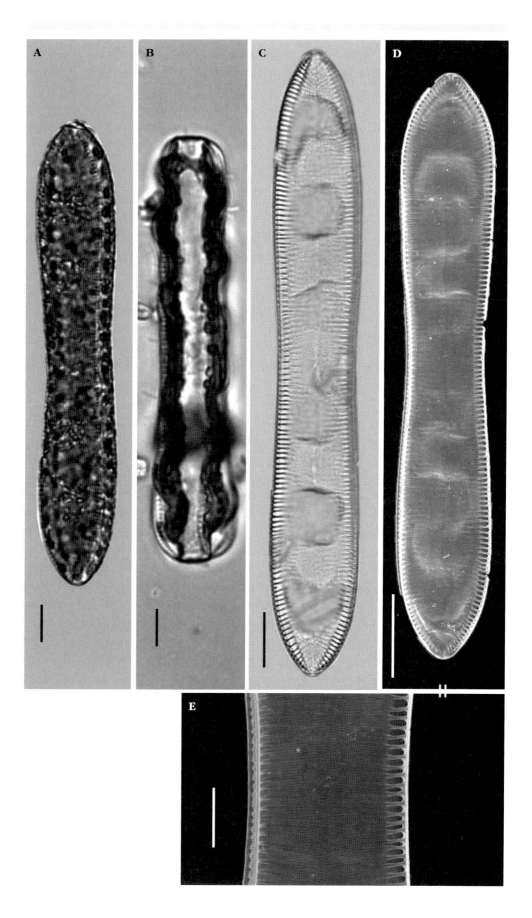

Surirella minuta
Brébisson

이명 *Surirya ovata* var. *minuta* (Brébisson) Tomosvary.
Surirella ovata Kützing pro parte.
Surirella pinnata W. Smith.
Surirella apiculata W. Smith.
참고문헌 Krammer & Lange-Bertalot 1987, p. 89, figs 69-87; Krammer & Lange-Bertalot 1988, p. 186, pl. 127, fig. 14, pl. 134, figs 2, 11, pl. 135, figs 1-14; Hofmann *et al.* 2013, p. 558, pl. 129, figs 8-10.

세포를 옆면, 둘레면으로 보면 모서리가 둥근 사다리꼴이다. 뚜껑면은 기본적으로 기다랗고 좁은 난형으로 두부는 넓은 둔원이나 약간 뾰쪽하고, 기부는 쐐기형이나 둥글다. 뚜껑면 장축 방향으로 가운데에 늑골이 있고, 좌우로 돌출맥(ridge)이 평행배열하며 말단에는 방사배열한다. 돌출맥 사이에는 넓은 오목 띠(porca)가 있고, 여기에 점문열이 있다. 장축 방향을 따라 요철 모양 물결을 이룬다. 뚜껑면 가장자리에는 오목띠 위치에 별도의 날개창(fenestra)이 있으며, 날개창 사이 돌출맥 (fenestral bar)이 등줄이 있는 운하(canal)와 연결된다. 날개창 사이 돌출맥은 10 μm에 1.8-2.6개이다. 뚜껑면 길이는 40-185 μm이고, 중앙부 폭은 13-45 μm이다.

생태특성 중급의 전도도 수역과 중영양에서 부영양 수역에 주로 분포하는 전 세계 보편종이다.
분포 전 세계 담수역에서 폭넓게 출현하며, 브라질 등 열대 지역에서 빈도가 높다. 국내에서는 낙동강에서 보고되었다. 최근에는 금강 하구언에서 관찰되었고, 출현 빈도가 낮은 돌말류이다.

Surirella minuta. A-D. 뚜껑면의 형태, E-G. 뚜껑면의 미세구조(E 뚜껑면, F 두부 말단부, G). 광학현미경; A-D, 주사전자현미경; E-G. 척도 = 10 μm(A-D), 2 μm(E), 1 μm(F, G).

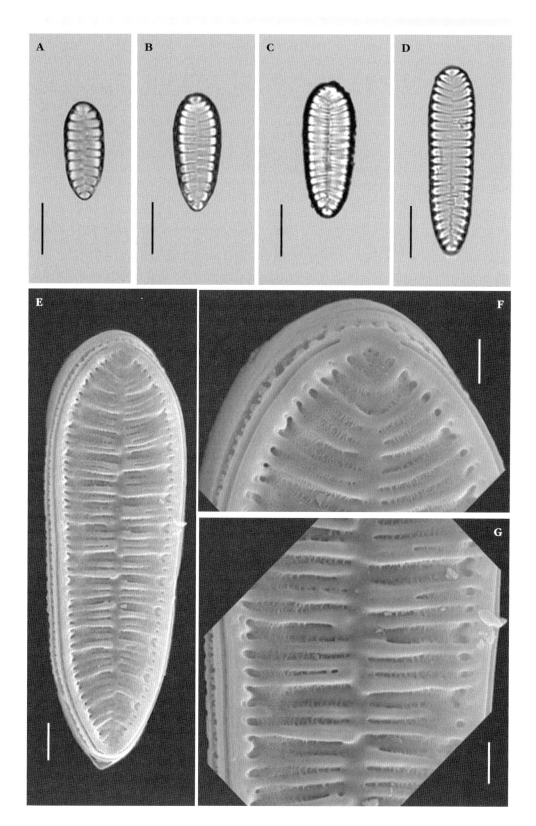

대롱편모조류

CHAPTER 2

OCHROPHYTA

BACILLARIOPHYTA

OCHROPHYTA

CHLOROPHYTA

CHAROPHYTA

CYANOPHYTA

DINOPHYTA

CRYPTOPHYTA

Tetraëdriella regularis
(Kützing) Fott

기본명 *Tetraëdron regulare* Kützing 1845
이명 *Polyedrium gigas* Wittrock 1872
  Tetraëdron gigas (Wittrock) Hansgirg
참고문헌 Prescott 1962. p. 60., figs. 24-26: John *et al*. 2011., p. 473, pl. 121, fig. E.Yamagishi & Akiyama
  1996, 16: 50; John *et al*. 2011, p. 401, pl. 100, fig. B.

세포는 약간 볼록하거나 직선상 또는 약간 오목한 피라미드형이다. 각 모서리는 비교적 좁고 둥글
며, 강한 가시가 하나 있다. 세포벽은 평활하다. 세포 직경은 15-18 ㎛이다.

생태특성 전 세계적으로 널리 분포하며, 다양한 서식처에서 부유성이거나 부착성으로 나타난다(John
et al. 2011).

분포 금강수계

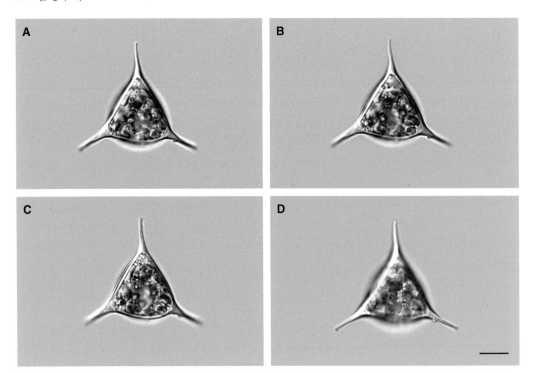

Tetraëdriella regularis. A-D. 척도=10 ㎛.

Centritractus belonophorus
(Schmidle) Lemmermann

이명   *Schroederia belonophora* Schmidle 1900.
       Tetraëdron gigas (Wittrock) Hansgirg
참고문헌 John *et al.* 2011, p. 321, pl. 86, fig. A.

세포는 타원형이고, 성장 초기에는 정단에 있는 가시가 세포보다 길다. 성숙한 세포에서는 가시 길이가 폭보다 8배 이상 길다. 세포 길이는 30-46 μm이고, 폭은 7-8 μm이다.

생태특성 전 세계적으로 널리 분포하며, 보통 pH가 낮은 습지에서 출현한다(John *et al.* 2011).
분포 한강수계, 낙동강수계, 금강수계, 영산강·섬진강수계

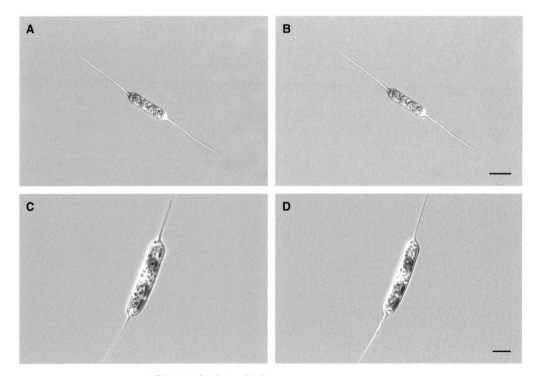

Centritractus belonophorus. A-D. 척도= 20 μm(A-B), 10 μm(C-D).

녹조류

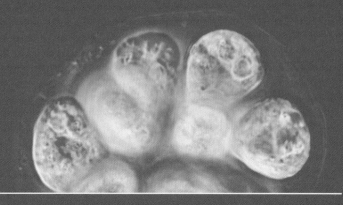

돌말류

대롱편모조류

녹조류

윤조류

남조류

와편모조류

은편모조류

CHLOROPHYTA

BACILLARIOPHYTA

OCHROPHYTA

CHLOROPHYTA

CHAROPHYTA

CYANOPHYTA

DINOPHYTA

CRYPTOPHYTA

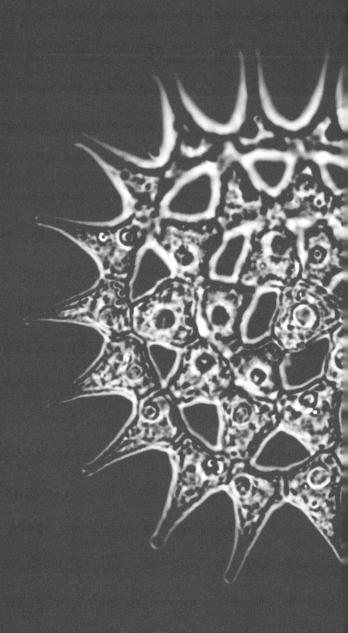

Gonium pectorale Müller

참고문헌 Yamagishi & Akiyama 1984, 2: 43; Hirose *et al.* 1977, p. 283, pl. 90, fig. 1; John *et al.* 2011, p. 399, pl. 101, fig. G.

조체는 유영성 정수군체로 보통 세포 16개로 이루어지고, 점액질로 둘러싸여 있다. 군체 가장자리에는 세포가 12개 있고, 이 세포들에는 방사 방향으로 배열된 편모가 2개씩 있으며, 나머지 세포 4개는 중앙부에 위치한다. 세포는 원형이거나 또는 먹는 배 모양이다. 엽록체는 컵 모양이고, 피레노이드가 1개 있으며, 세포 앞쪽에 안점이 있다. 세포 직경은 15-20 μm이고, 군체 직경은 50-100 μm이다.

생태특성 전 세계적으로 널리 분포하며, 특히 영양염이 풍부한 호소, 수로 및 유속이 느린 하천에서 흔하게 출현한다. 주로 봄철에 출현하며, pH 4.6-8.4 수역에 분포한다(John *et al.* 2011).

분포 한강수계, 낙동강수계, 금강수계, 영산강·섬진강수계

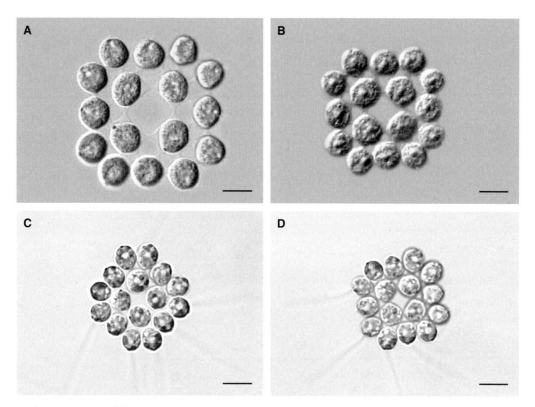

Gonium pectorale. A-D. 척도=10 μm.

Pteromonas aculeata Lemmermann

이명   *Pteromonas danubialis* Hortobágyi.
참고문헌   Yamagishi & Akiyama 1984, 2: 65; John *et al.* 2011, p. 403, pl. 100, fig. J.

조체는 부유성 단세포이고, 세포 본체는 편평하며, 정면관(正面觀)은 폭이 넓은 난형이고, 측면관은 가늘고 긴 장방형으로 상단에서 길이가 같은 편모 2개가 신장한다. 세포 본체는 판상의 투명한 점질 초로 싸였고, 정면관(正面觀)은 모서리가 가늘게 신장된 4변형이며, 폭보다 길이가 약간 길다. 엽록 체는 1개이고, 얇은 판상이며, 피레노이드가 4-6개 있다. 점질초를 제외한 세포 직경은 10-15 *μm*이 고, 길이는 19-33 *μm*이며, 점질초 직경은 20-25 *μm*이고, 길이는 25-35 *μm*이다.

생태특성 평지의 영양염이 풍부한 호수, 저수지, 자연 늪, 유속이 느린 강 등에서 가끔 출현한다(John *et al.* 2011).

분포 낙동강수계, 금강수계

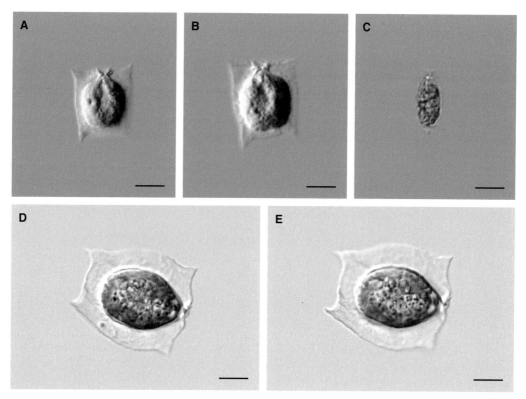

Pteromonas aculeata. A-E. 척도=10 μm.

Pectodictyon pyramidale
Akiyama & Hirose

참고문헌   Hirose *et al.* 1977, p. 361, pl. 121, fig. 9; Komárek & Fott 1983, p. 436, pl. 132, fig. 1; 이 등 2013, p. 131.

세포는 삼각형에 가까운 피라미드형으로 세포 4-8개가 점액질성 돌기에 의해 마름모형 군체를 이룬다. 삼각형 세포가 넓은 면을 안쪽으로 해 군체를 이룰 때는 세포 간극이 나타나지만 좁은 면을 안쪽으로 해 결합 면적이 넓어질 때는 세포 간극이 없다. 세포 크기는 8-15 μm이고 군체 크기는 20-25 μm이다.

생태특성 담수에서 출현하는 종으로 청평호(2017년 9월)에서 관찰되었다.
분포 한강수계, 영산강·섬진강수계

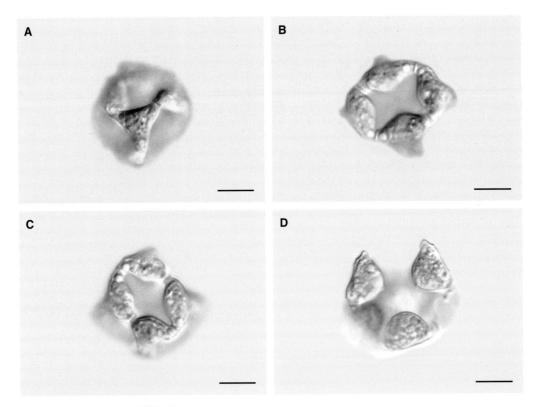

Pectodictyon pyramidale. A-D. 척도=10 µm.

Eudorina elegans Ehrenberg

이명　*Pandorina elegans* (Ehrenberg) Dujardin 1841.
　　　Eudorina stagnale Wolle 1887.
참고문헌　Hirose *et al*. 1977, p. 283, pl. 90, fig. 5; John *et al*. 2011, p. 398, pl. 102, fig. G.

군체는 구형이나 타원형으로, 두꺼운 점액질 초로 둘러싸여 있으며, 가장자리는 매끈하다. 군체는 세포 32-64개가 밀집되지 않게 분포한다. 세포는 구형이거나 먹는 배 모양이고, 가장자리에 규칙적으로 배열하며, 보통은 층을 형성한다. 가장자리에 위치한 세포의 안점은 바깥쪽을 향한다. 엽록체는 컵 모양이고, 5개 이상의 피레노이드가 있다. 안점은 세포 앞쪽에 위치한다. 세포 직경은 11-25 *μm*이고, 군체 크기는 50-200 *μm*이다.

생태특성 전 세계적으로 분포하며, 봄 또는 가을철에 수화현상을 보이기도 한다. 전국의 다양한 수체에서 흔하게 관찰되고(정 1993), 영양염이 풍부한 호수, 저수지, 웅덩이, 논, 유속이 느린 하천이나 강 등 다양한 수체에서 주로 봄과 가을에 출현하며, 종종 수화를 형성한다(John *et al*. 2011).
분포 한강수계, 낙동강수계, 금강수계, 영산강·섬진강수계

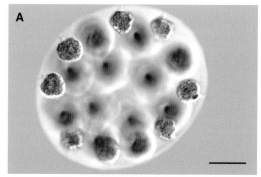
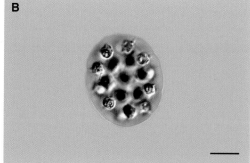
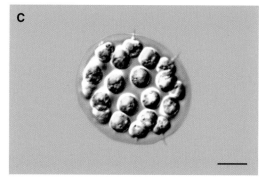

Eudorina elegans. A–C. 척도=10 *μm*(A–C), A–B: 세포 형태 및 간격, C: 윤곽

Eudorina unicocca Smith

참고문헌   Hirose *et al.* 1977, p. 283, pl. 90, fig. 4; John *et al.* 2011, p. 398, pl. 98, fig. X.

조체는 길이가 같은 편모 2개가 있는 세포 16개 또는 32개가 점액질 기질 표층에 상호 느슨하게 배열한 속이 빈 구형 또는 타원형 군체를 이룬다. 세포는 타원형 내지 구형을 이루고, 편모 기부에 수축포가 2개 있다. 안점은 1개이고, 전방 세포일수록 더 크다. 엽록체는 큰 컵 모양이고, 기부에 피레노이드가 1개 있다.

본 종은 후단부에 유두상돌기가 3-5개 있는 점에서 *E. elegans*와 구별된다. 세포 직경은 10-18 ㎛이고, 군체 직경은 60-130 ㎛이다.

생태특성   전 세계적으로 분포하며, 봄 또는 가을철에 수화 현상을 일으키고, 부영양화된 석회질 토양 또는 진흙에 분포하며, 연못, 수로 및 유속이 느린 하천에서 출현한다(John *et al.* 2011). *E. elegans*와 서식지가 유사하나 *E. elegans*에 비해 드물게 관찰되는 종이다(John *et al.* 2011).

분포   한강수계, 낙동강수계, 금강수계, 영산강·섬진강수계

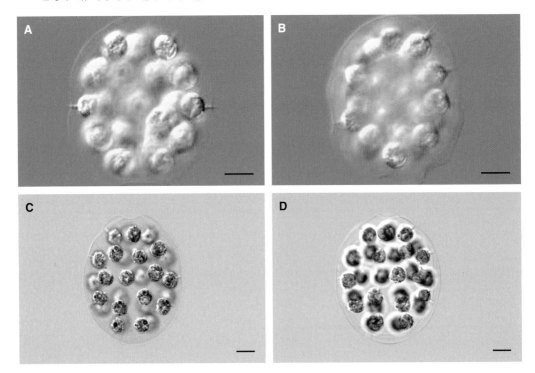

Eudorina unicocca. A-D. 척도=10 ㎛.

Pandorina morum
(Müller) Bory

기본명   *Volvox morum* Müller 1786.
참고문헌   Hirose *et al.* 1977, p. 283, pl. 90, fig. 3; John *et al.* 2011, p. 402, pl. 102, fig. E.

조체는 유영성의 타원형 또는 구형 군체를 이루고, 길이가 같은 편모 2개가 있는 세포 8개 또는 16개가 점액질 기질에 싸였고, 4개씩 밀착해 엇갈리게 배열한다. 세포는 쐐기형에서 난형이며, 편모 기부에 수축포가 2개 있다. 안점은 1개이고, 전방 세포에서 더 크다. 엽록체는 큰 컵 모양이고, 기부에 피레노이드가 1개 있다. 군체 직경은 20-60 μm이고, 세포 직경은 10-20 μm이다.

생태특성 담수에서 흔히 출현하는 종으로, 전 세계적으로 분포하며, 전국의 다양한 수체에서 흔하게 관찰되고(정 1993), 중영양에서 부영양의 호수, 저수지, 웅덩이, 논, 유속이 느린 하천이나 강 등 다양한 수체에서 연중 출현하며, 종종 수화를 형성한다(John *et al.* 2011).
분포 한강수계, 낙동강수계, 금강수계, 영산강·섬진강수계

Pandorina morum. A-B. 척도=10 μm.

Hydrodictyon reticulatum
(Linnaeus) Bory

기본명	*Conferva reticulata* Linnaeus.
이명	*Byssus cancellata* Linnaeus 1767.
	Byssus reticulata (Linnaeus) Wiggers 1780.
	Hydrodictyon utriculatum Roth 1800.
	Hydrodictyon pentagonum Vaucher 1803.
참고문헌	Hirose *et al.* 1977, p. 359, pl. 120, fig. 1; Komárek & Fott 1983, p. 317, pl. 95, fig. 2, pl. 96, fig. 1; John *et al.* 2011, p. 451, pl. 106 fig. S.

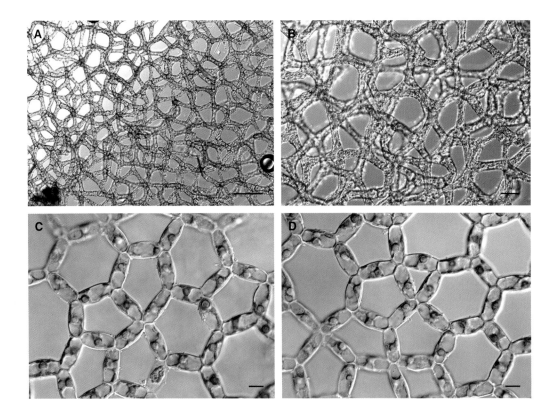

정수군체이거나 불규칙하며, 그물 모양이고, 5-6각형이다. 군체는 닫힌 기낭 형태의 망상조직으로 50 cm까지 자란다. 각 그물의 직경은 10-15 mm이다. 세포는 길이가 매우 다양해 때로 큰 군체에서는 길이가 10-15 mm에 이른다. 군체 내 세포는 정단부 3-4개가 인접해 있으며, 길고, 때로는 만곡되며, 정단면은 둥글거나 짧은 원추형으로 돌출된다. 노화된 군체는 불규칙하게 변하고 엽록체는 황록색으로 변한다. 세포 길이가 매우 다양해, 같은 배율에서 보더라도 다르게 보일 수 있다.

생태특성 전 세계적으로 분포하며, 호소에 7월에서 9월 사이에 수표면에 매트를 형성하기도 하며, 유속이 느린 하천에서 출현한다(John *et al*. 2011).

분포 한강수계, 금강수계

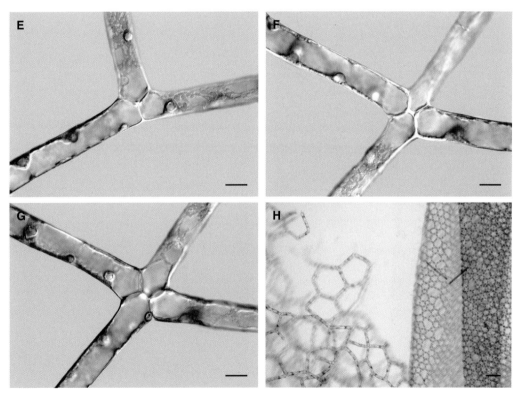

Hydrodictyon reticulatum. A-H. 척도=100 ㎛(A, H), 50 ㎛(B), 10 ㎛(C-G).
C-D: 군체의 형태, E-G: 인접 세포 정단부 형태, H: 크기가 다른 두 군체의 비교.

Lacunastrum gracillimum
(West & West) McManus

기본명   *Pediastrum duplex* var. *gracillimum* West & West 1895.
이명   *Pediastrum gracillimum* (West & West) Thunmark 1945.
참고문헌   Hirose *et al.* 1977, p. 355, pl. 118, fig. 4; Komárek & Fott 1983, p. 300, pl. 89, fig. 3.

주로 세포 4개, 32개, 64개가 원형 또는 타원형 군체를 이루며, 간혹 세포 128개가 군체를 형성하기도 한다. 세포 간 간극이 크고 넓으며, 16개 이상 세로로 구성된 군체는 중앙부 간극이 원형을 이룬다. 모든 세포는 폭이 좁고, 외측 세포의 외측 돌기 2개는 길고 평행하며, 돌기 사이의 중앙부가 오목하고, 강모가 있거나 없다. 내측 세포는 외측 세포보다 짧은 돌기로 인접 세포와 연결된다. 세포벽은 평활하거나 미세한 과립이 분포한다. 외측 세포 길이는 7-22 μm이고, 폭은 6-22 μm이다. 내측 세포 길이는 5-24 μm이고, 폭은 5-22 μm이다.

*Pediastrum duplex*와 유사한 형태로 동정에 혼선이 있을 수 있지만, 간극이 매우 넓고, 세포 폭이 좁은 특징으로 *P. duplex*와 구별할 수 있다.

생태특성 중영양에서 부영양의 웅덩이, 저수지, 호수, 유속이 느린 하천이나 강 등 다양한 수체에서 출현하고, 우리나라에서는 전국 각지에서 연중 출현한다.
분포 한강수계, 낙동강수계, 금강수계, 영산강·섬진강수계

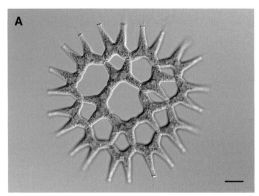 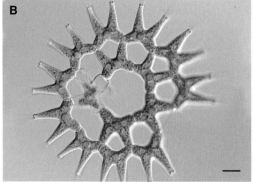

Lacunastrum gracillimum. A-B. 척도=10 μm. A: 군체 형태 및 외측 세포 돌기 형태, B: 군체 중앙부 원형의 간극.

Monactinus simplex
(Meyen) Corda

기본명   *Pediastrum simplex* Meyen.
이명   *Pediastrum clathratum* (Schröder) Lemmermann.
          Pediastrum simplex var. *granulatum* Lemmermann.
          Pediastrum simplex var. *radians* Lemmermann.
참고문헌 Komárek & Fott 1983, p. 288, pl. 84, fig. 1; Yamagishi & Akiyama 1993, 11: 70; John *et al.*
          2011, p. 465, pl. 119, fig. M.

군체는 주로 세포 4개, 16개, 32개로 이루어졌으나 간혹 64개나 128개로 이루어진 군체도 있다. 세포 내측에는 간극이 있다. 외측 세포는 삼각형에 가까운 오각형이며, 두껍고 긴 돌기가 1개 있고, 내측 세포는 모서리가 오목한 다각형이다. 세포벽 전반에 작고 뾰족한 과립이 산재한다. 외측 세포는 길이가 15-20 μm이고, 폭은 10-12 μm이다. 내측 세포는 길이가 10-12 μm이고, 폭은 8-11 μm이다.

생태특성 중영양에서 부영양의 웅덩이, 저수지, 호수, 유속이 느린 하천이나 강 등 다양한 수체에서 흔하게 출현한다(John *et al.* 2011). 우리나라에서는 전국 각지에서 연중 출현한다.
분포 한강수계, 낙동강수계, 금강수계, 영산강·섬진강수계

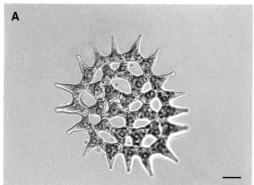
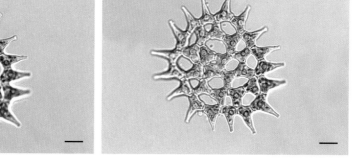

Monactinus simplex. A–B. 척도=10 μm.

Monactinus simplex var. *echinulatum*
(Wittrock) Pérez, Maidana & Comas

기본명   *Pediastrum simplex* var. *echinulatum* Wittrock 1883.
참고문헌   Komárek & Fott 1983, p. 288, pl. 85, fig. 1; 이 등 2017, p. 262, fig. 120.

세포 4개, 8개, 16개가 원형 군체를 이루고, 세포는 조밀하게 배열하며, 인접 세포 사이에 간극이 없다. 외측 세포는 오각형으로 기부는 직선이고, 바깥쪽에는 가늘고 긴 삼각형 돌기가 1개 있다. 군체의 내측 세포는 7변형으로 변은 직선이다. 세포벽에는 작은 자상돌기가 조밀하게 분포한다. 세포 직경은 6-15 *μm*이고, 길이는 15-30 *μm*이다.

생태특성 전 세계적으로 분포하며, 중영양에서 부영양의 웅덩이, 저수지, 호수, 유속이 느린 하천이나 강 등 다양한 수체에서 흔하게 출현한다(John *et al.* 2011). 우리나라에서는 전국 각지의 영양염류가 높은 담수에서 연중 출현한다(이 등 2017a).
분포 한강수계, 낙동강수계, 영산강·섬진강수계

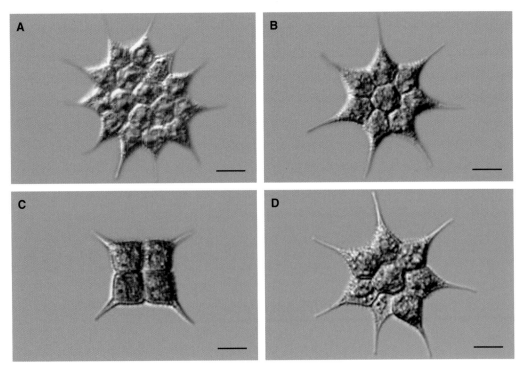

Monactinus simplex var. *echinulatum*. A-D. 척도=10 μm.

Parapediastrum biradiatum
(Meyen) Hegewald

기본명   *Pediastrum biradiatum* Meyen.
참고문헌   Komárek & Fott 1983, p. 304, pl. 92, fig. 2; John *et al.* 2011, p. 463, pl. 119, fig. B.

조체는 부유성이고, 대개 세포 4개, 8개 또는 16개가 편평한 원형 군체를 이루며, 세포 사이에 큰 간극이 있다. 외측 세포는 기부가 상호 접착해 있고, 외측은 중앙부가 깊게 함입되었으며, 돌기 2개로 나뉘고, 각 돌기는 V자형으로 함입되어 끝이 뾰족한 짧은 원추형 돌기 2개로 갈라진다. 세포 8개 또는 16개로 구성된 군체의 내부 세포는 거의 H자형이다. 세포벽은 평활하다. 외측 세포 직경은 8-12 μm이고, 길이는 10-25 μm이며, 내부 세포 직경은 6-10 μm이고, 길이는 8-20 μm이다.

생태특성 대개 중영양의 웅덩이, 저수지, 호수, 유속이 느린 하천이나 강 등 다양한 수체에서 출현하며 (John *et al.* 2011), 우리나라에서는 전국 각지에서 발견된다(Kim & Kim 2012).
분포 한강수계, 낙동강수계, 금강수계, 영산강·섬진강수계

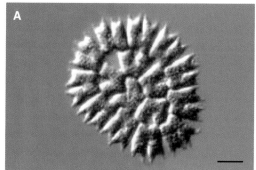 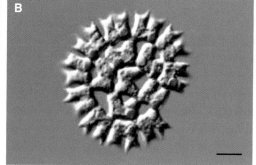

Parapediastrum biradiatum. A-B. 척도=10 μm.

Parapediastrum biradiatum var. *longecornutum* (Gutwinski) Tsarenko

기본명   *Pediastrum biradiatum* var. *longicornutum* Gutwinski.

이명   *Pediastrum longicornutum* (Gutwinski) Comas 1989.

   Parapediastrum longicornutum (Gutwinski) Hegewald 2005.

참고문헌   Hirose *et al.* 1977, p. 355, pl. 118, fig. 2; Komárek & Fott 1983, p. 304, pl. 92, fig. 3; 이 등 2017b, p. 266, pl. 122, figs. A-C.

조체는 부유성이고, 대개 세포 4개, 8개 또는 16개가 편평한 원형 군체를 이루고, 세포 사이에 큰 간극이 있다. 외측 세포의 기부는 만곡한 4변형이고, 그 기부가 상호 접착해 있으며, 외측은 중앙부가 깊고 넓게 함입되어 돌기 2개로 나뉜다. 각 돌기는 V자형으로 함입되어 끝이 뾰족한 매우 긴 원추형 돌기로 분지되고, 대개 안쪽 돌기가 외측 돌기에 비해 길다. 세포 8개 또는 16개로 구성된 군체의 내부 세포는 거의 H자형이고, 2측변은 얕게 함입되며, 다른 2변은 깊은 V자형으로 함입되었다. 세포벽은 평활하다. 외측 세포 직경은 8-15 μm이고, 길이는 14-25 μm이며, 내부 세포 직경은 6-12 μm이며, 길이는 10-20 μm이다. 이 변종은 기본종에 비해 외측 세포 돌기의 갈라진 열편 중 내측 열편이 더 길게 뻗은 것이 특징이다.

생태특성 열대 지역 담수에서 흔히 출현하는 부유성이다(Komárek & Fott 1983). 우리나라에서는 중영양의 웅덩이, 저수지, 호수, 유속이 느린 하천이나 강 등 다양한 수체에서 출현한다.

분포 한강수계, 낙동강수계, 금강수계, 영산강·섬진강수계

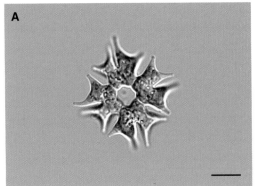 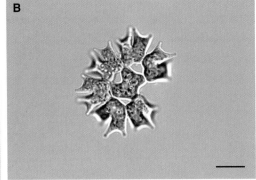

Parapediastrum biradiatum var. *longecornutum.* A-B. 척도=10 μm.

Pediastrum angulosum
Ehrenberg ex Meneghini

이명   *Pediastrum angulosum* var. *araneosum* Raciborski.
          Pediastrum araneosum (Raciborski) G.M. Smith.
참고문헌   Komárek & Fott 1983, p. 302, pl. 90, fig. 1; Yamagishi & Akiyama 1997, 18: 73; John *et al.*
          2011, p. 463, pl. 119, fig. Aa-c.

조체는 부유성이고, 세포 8개, 16개, 32개 또는 64개가 편평한 원형 군체를 이루며, 세포 사이 간극
은 없다. 내부 세포는 다각형으로 대개 5-6각형이다. 외측 세포의 기부는 대개 사각형 또는 오각형
이고, 외측은 V자 형이나 U자 형으로 함입하고, 짧은 원추형 또는 삼각형인 뿔과 같은 돌기가 2개
있다. 세포벽에는 불규칙적인 망목상 융기선이 있다. 세포 직경은 10-22 μm이고, 길이는 11-25 μm
이다.

생태특성 웅덩이, 저수지, 호수, 유속이 느린 하천이나 강 등 다양한 수체에서 드물게 출현하며(John
et al. 2011), 우리나라에서는 전국 각지에서 발견된다(Kim & Kim 2012).
분포 낙동강수계, 금강수계

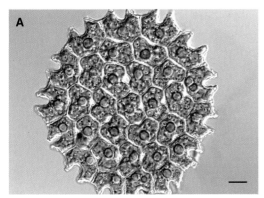

Pediastrum angulosum. A-B. 척도=10 μm.

Pediastrum duplex
Meyen

이명   *Pediastrum duplex* f. genuinum Arnold & Aleksenko.
      Pediastrum duplex var. *clathratum* (Braun) Lagerheim 1882.
      Pediastrum duplex var. *genuinum* (Braun) Lagerheim 1882.
      Pediastrum duplex var. *reticulatum* Lagerheim 1882.
      Pediastrum napoleonis Ralfs.
      Pediastrum pertusum Kützing.
      Pediastrum pertusum var. *genuinum* Braun 1855.
      Pediastrum selenaea Kützing 1845.
참고문헌   Komárek & Fott 1983, p. 298, pl. 88, fig. 2; John *et al.* 2011, p. 464, pl. 119 fig. I.

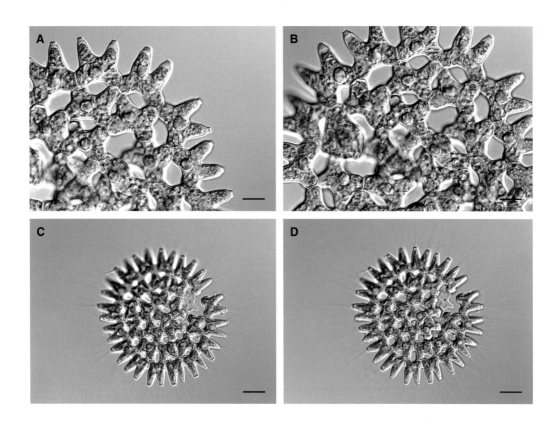

주로 세포 16개, 32개, 64개가 원형이나 타원형 군체를 이루며, 간혹 더 많은 세포가 군체를 이루기도 한다. 세포의 간극은 없거나 매우 미세하며, 세포들은 밀집되었다. 세포는 둥근 모서리가 있는 다각형으로, 외측 세포의 기부는 사다리 모양이거나 오각형이고, 내측 세포는 대부분 둥근 사각형이다. 외측 세포의 정변에는 짧고 뭉뚝한 입방형 돌기가 2개 있다. 세포벽에는 과립이 산재한다. 외측 세포 길이는 8-10 μm이고, 폭은 10-13 μm이다. 내측 세포 길이는 6-9 μm이고, 폭은 7-10 μm이다. 실내 배양 시 세포가 많이 부풀어 기존의 각진 세포 형태를 찾아보기 어렵다. *Pediastrum* 속의 경우 세포 형태, 세포벽 무늬, 내측 세포 모양 등에 따라 분류하는데, 실내 배양을 하면 이러한 형태적 특징에서 큰 변이가 나타난다.

생태특성 전 세계적으로 분포하며, 웅덩이, 저수지, 호수, 유속이 느린 하천이나 강 등 광범위한 수체에서 빈번히 출현한다(John *et al.* 2011). 우리나라에서는 전국 각지에서 연중 출현한다(Kim & Kim 2012).

분포 한강수계, 낙동강수계, 금강수계, 영산강·섬진강수계

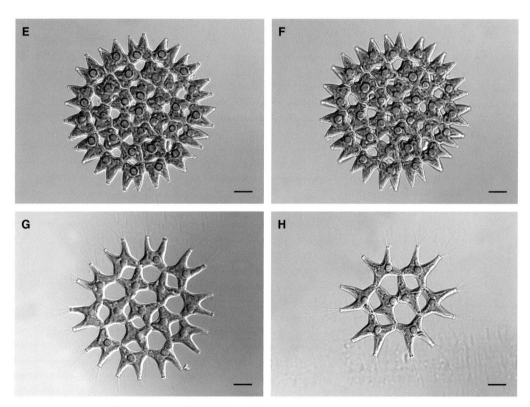

Pediastrum duplex. A-H. 척도=10 ㎛. A-B: 외측과 내측의 세포 형태.

Pediastrum duplex var. *subgranulatum*
Raciborski

참고문헌 Komárek & Fott 1983, p. 300, pl. 88, fig. 3; John *et al.* 2011, p. 464, pl. 119, fig. H.

군체는 세포 16-64개로 이루어지며, 세포 간극이 크다. 외측 세포는 세포 중앙이 오목하게 함입된 H자형이며, 돌기가 2개 있다. 내측 세포는 짧은 돌기가 있는 H자형이다. 세포벽에는 규칙적이고 미세한 과립이 조밀하게 배열한다. 외측 세포 길이는 10-14 μm이며, 폭은 8-12 μm이다. 내측 세포 길이는 8-10 μm이며, 폭은 8-12 μm이다. 군체 직경은 약 100 μm이다.

이 변종은 세포 표면에 미세한 과립이 있는 점으로 기본종과 구별된다.

생태특성 부유성으로 유속이 느린 중성 혹은 약산성 담수의 수표면에서 관찰된다(John *et al.* 2011).
분포 한강수계

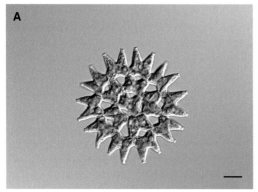
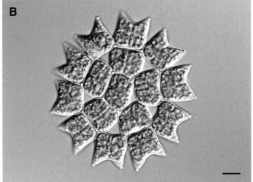

Pediastrum duplex var. *subgranulatum*. A-B. 척도=10 ㎛. A: 군체 형태, B: 무성생식으로 분열하는 군체.

Pediastrum simplex var. *biwaense*
Fukushima

참고문헌 Komárek & Fott 1983, p. 290, pl. 85, fig. 2; 김과 김 2012, p. 72, fig. 53; 이 등 2017a, p. 182, pl. 79, figs. A-D.

군체는 세포 16-32개로 이루어지며, 세포 간극이 크다. 외측 세포는 길고, 점차적으로 뾰족해지는 돌기가 하나 있으며, 기부는 약간 오목하다. 내측 세포 돌기는 외측 세포에 비해 짧으며, 원형으로 배열되어 중앙에 하나의 큰 세포 간극을 형성한다. 세포벽은 평활하거나 작은 구멍들이 있다. 외측 세포 길이는 24-30 μm이고, 폭은 13-19 μm이다. 내측 세포 길이는 16-20 μm이며, 폭은 13-17 μm이다.

이 변종은 기본종과 유사하나 기본종에 비해 세포가 폭이 좁고, 세포 간극이 더 크다.

생태특성 영양염류가 높은 담수에서 부유성종으로 출현한다(이 등 2017a).
분포 한강수계, 낙동강수계, 금강수계, 영산강·섬진강수계

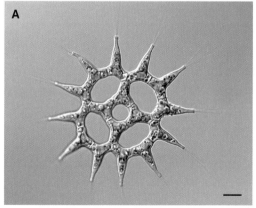
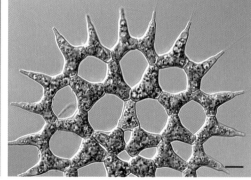

Pediastrum simplex var. *biwaense*. A-B. 척도=10 μm.

Pediastrum simplex var. *pseudoglabrum*
Parra Barrientos

참고문헌 Parra Barrientos 1979, p. 115, pl. 52, figs. a-g.

세포 4개, 16개, 32개가 판상 군체를 이루며, 드물게 세포 64개 또는 128개가 군체를 이루기도 한다. 외측 세포는 삼각형에 가까운 오각형이며, 두껍고 긴 돌기가 1개 있다. 내측 세포는 모서리가 오목한 다각형이며, 세포 간극의 형태와 크기가 다양하다. 세포벽 전체에 작고 뾰족한 과립이 산재한다. 외측 세포 길이는 12-57 μm이고, 폭은 6-38 μm이다. 내측 세포 길이는 6-40 μm이고, 폭은 6-36 μm이다. 군체 직경은 최대 246 μm까지 나타난다.
이 변종은 기본종에 비해 세포벽에 과립이 좀 더 조밀하게 배열한다.

생태특성 유속이 느린 하천에서 출현한다.
분포 한강수계, 낙동강수계, 금강수계, 영산강·섬진강수계

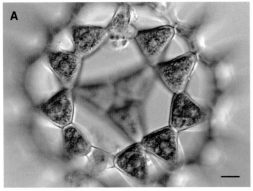
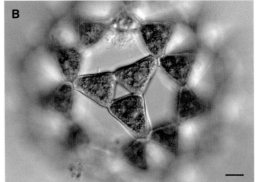

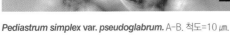
Pediastrum simplex var. *pseudoglabrum.* A-B. 척도=10 μm.

Pseudopediastrum brevicorn
(Braun) Jena & Bock

기본명 *Pediastrum boryanum* var. *brevicorn* A. Braun 1855.
참고문헌 Komárek & Fott 1983, p. 296, pl. 86, fig. 5; Yamagishi & Akiyama 1997, 18: 74.

조체는 세포 8개, 16개 또는 32개로 구성된 편평한 원형 군체를 이루고, 세포는 밀접하게 배열해 세포 간극이 없다. 외측 세포 기부는 다각형이고, 대개 오각형으로 외측은 함입되거나 거의 직선상이고, 짧고 뭉툭한 돌기가 2개 있다. 내측 세포는 보통 오각형 또는 육각형이고, 세포벽에는 과립이 있다. 세포 직경은 7-35 μm이고, 길이는 5-35 μm이다.

생태특성 중영양에서 부영양의 웅덩이, 저수지, 호수, 유속이 느린 하천이나 강 등 다양한 수체에서 출현하는 종으로, 우리나라에서는 전국 각지에서 연중 출현한다(Kim & Kim 2012).
분포 한강수계, 낙동강수계, 금강수계, 영산강·섬진강수계

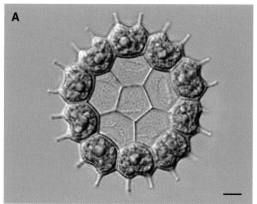
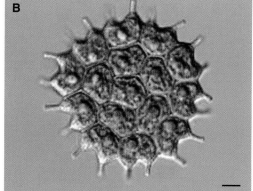

Pseudopediastrum brevicorn. A–B. 척도=10 μm.

Pseudopediastrum boryanum
(Turpin) Hegewald

기본명   *Helierella boryana* Turpin.
이명   *Pediastrum boryanum* (Turpin) Meneghini 1840.
참고문헌   Hirose *et al.* 1977, p. 357, pl. 119, fig. 4; Komárek & Fott 1983, p. 296, pl. 87, fig. 1; John *et al.*
        2011, p. 463, pl. 119, fig. C

세포 8개, 16개 또는 32개(드물게 64개 또는 128 세포)로 이루어진 원형 평판상 군체를 이루고, 세포는 밀접하게 배열하며, 대부분 세포 간극이 없다. 내부 세포는 4-6각형이고, 외측변 중앙부는 함입된 것이 많다. 외측 세포의 기부는 사다리꼴 또는 오각형으로 외측으로 가늘고 긴 뿔과 같은 돌기가 2개 있고, 양 돌기 사이의 함입은 V자형이며, 성숙한 세포에서는 U자형에 가깝다. 뿔과 같은 돌기 선단에는 가늘고 긴 털이 있는 것이 많다. 세포벽에는 과립상 세점이 있다. 외측 세포 직경은 5-31 *μm*이고, 길이는 6-35 *μm*이며, 내부 세포 직경은 4-27 *μm*이고, 길이는 5-26 *μm*이다.

생태특성 중영양에서 부영양의 웅덩이, 저수지, 호수, 유속이 느린 하천이나 강 등 다양한 수체에서 주로 봄철과 이른 여름철에 흔하게 출현하며(John *et al.* 2011), 우리나라에서는 전국 각지에서 연중 출현한다.
분포 한강수계, 낙동강수계, 금강수계, 영산강·섬진강수계

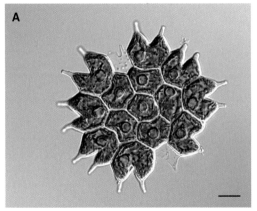 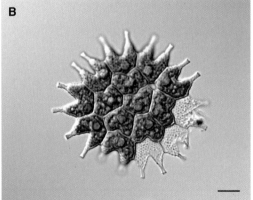

Pseudopediastrum boryanum. A-B. 척도=10 *μm*. A: 군체 형태, B: 세포벽 과립.

Pseudopediastrum boryanum var. *longicorne*
(Reinsch) Tsarenko

기본명　*Pediastrum boryanum* f. *longicorne* Reinsch.
이명　*Pediastrum boryanum* var. *longicorne* Reinsch 1867.
　　　Pediastrum duplex var. *longicorne* Reinsch 1867.
참고문헌　Komárek & Fott 1983, p. 296, pl. 87, fig. 3, pl. 88, fig. 1; John *et al.* 2011, p.464, pl. 119, fig. E.

조체는 8, 16개, 32개 또는 64개(드물게 128개) 세포로 구성된 편평한 원형 군체를 이루고, 세포는 밀접하게 배열해 대부분 세포 간극이 없다. 외측 세포의 기부는 마름모형 또는 오각형으로, 그 외측 변에는 가늘고 긴 뿔 모양 돌기가 있고, 양 돌기 사이의 함입은 깊다. 돌기 선단에는 가늘고 긴 털이 있는 것이 많다. 내부 세포는 5-6각형으로, 그 외측변은 대개 함입되었다. 세포벽에는 큰 과립상 세점이 있다. 외측 세포 직경은 6-31 *μm*이고, 길이는 11-37 *μm*이며, 내측 세포 직경은 6-32 *μm*이고, 길이는 5-20 *μm*이다.

이 변종은 군체 크기가 기본종에 비해 매우 크다.

생태특성 약산성 수계에서 출현하는 종으로, 작은 연못이나 호수 수변의 수생식물과 함께 출현한다 (John *et al.* 2011). 우리나라에서는 전국 각지에서 보고되었다(Kim & Kim 2012).
분포 한강수계, 낙동강수계, 금강수계, 영산강·섬진강수계

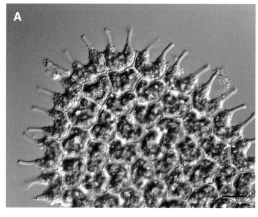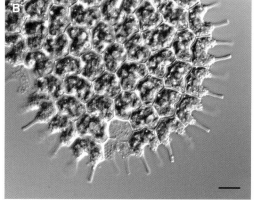

Pseudopediastrum boryanum var. *longicorne*. A-B. 척도=10 μm.

Stauridium tetras
(Ehrenberg) Hegewald

기본명   *Micrasterias tetras* Ehrenberg.

이명   *Helierella renicarpa* Turpin 1828.

        Stauridium bicuspidatum Corda 1835.

        Stauridium crux-melitensis Corda 1835.

        Euastrum hexagonum Corda 1835.

        Euastrum ehrenbergii Corda 1839.

        Stauridium obtusangulum Corda 1839.

        Pediastrum tetras (Ehrenberg) Ralfs 1845.

참고문헌   Komárek & Fott 1983, p. 303, pl. 91, fig. 5; John *et al.* 2011, p. 465, pl. 119, fig. N.

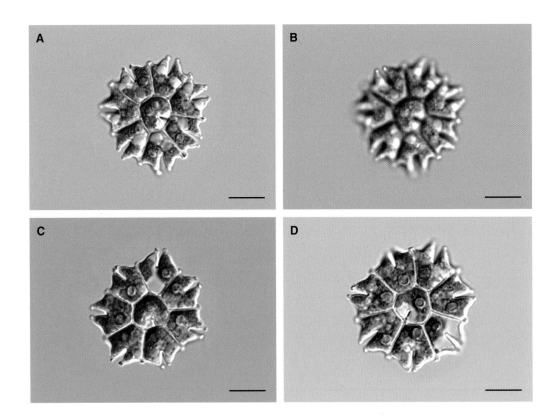

군체는 세포 4개 또는 8개가 방사형으로 배열하고, 때로는 세포 16-32개로 구성되기도 하며, 세포 간 간극은 없다. 세포는 사각형 또는 칠각형인 다각형이다. 외측 세포와 내측 세포가 연결되는 부분 은 뾰족하거나 편평하다. 외측 세포는 U자형이나 V자형으로 중앙부가 좁고 깊게 함입되어 열편 2 개로 되었고, 외측 열편이 내측보다 길고 뾰족하게 돌출된다. 세포벽은 평활하다. 외측 세포 길이는 10-15 ㎛이고, 폭은 9-11 ㎛이다. 내측 세포 길이는 8-10 ㎛이고, 폭은 11-15 ㎛이다. 군체 크기가 다양하고, 형태 변이가 심한 편이다. 실내 배양 시에는 군체 형태가 많이 변형되어 동정이 어렵다.

생태특성 전 세계적으로 분포하며, 중영양 수역의 지시종으로 유속이 느린 하천이나 강에 서식한다 (John *et al.* 2002).
분포 한강수계, 낙동강수계, 금강수계, 영산강·섬진강수계

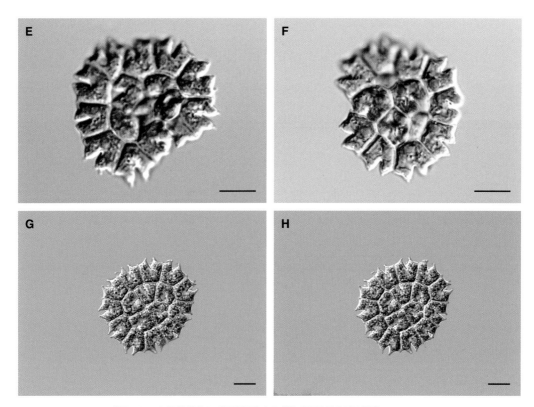

Stauridium tetras. A-H. 척도=10 ㎛. A: 군체 형태, B: 세포벽 특징, C-F: 외측 세포와 내측 세포 형태.

Tetraëdron gracile (Reinsch) Hansgirg

기본명   *Polyedrium gracile* Reinsch 1888.
이명   *Isthmochloron gracile* (Reinsch) Skuja 1949.
참고문헌 Prescott 1962, p. 265, pl. 60, fig. 1; Lee *et al.* 2017, p. 288, fig. 133.

세포는 판상의 십자형으로 측변은 깊고 둥글게 요입되었다. 각 모서리에는 가늘고 긴 돌기가 있고 돌기 선단에는 짧은 침상돌기가 2-3개 있다. 돌기 분지는 서로 직각 방향으로 세포의 요입된 측변과 평행하다. 세포벽은 평활하다. 돌기를 제외한 세포 직경은 15-30 μm이고, 돌기를 포함한 직경은 35-40 μm이다.

생태특성 중영양에서 부영양의 호수, 저수지 등 다양한 서식처에서 보편적으로 출현하는 종으로(이 등 2017), 우리나라에서는 전국 각지에서 출현한다.
분포 한강수계, 낙동강수계, 금강수계, 영산강·섬진강수계

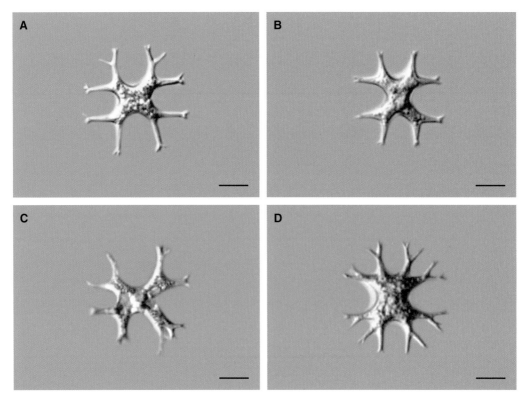

Tetraëdron gracile. A-D. 척도=10 μm.

Tetraëdron hastatum
(Reinsch) Hansgirg

기본명   *Polyedrium tetraëdricum* f. hastatum Reinsch.

이명   *Pseudostaurastrum hastatum* (Reinsch) Chodat.

            Polyedrium hastatum (Reinsch) Reinsch.

참고문헌   Prescott 1962, p. 265, pl. 59, fig. 26; Yamagishi & Akiyama 1984, 2: 88.

세포는 피라미드형이고, 측변은 함입되며, 모서리는 점차 가늘어지며 분지하지 않은 돌기로 신장되고, 그 선단에는 짧은 침상돌기가 2-3개 있다. 세포벽은 평활하다. 세포 직경은 28-36 μm이고, 돌기 길이는 10-15 μm이다.

생태특성 주로 중영양에서 부영양의 웅덩이, 저수지, 호수, 유속이 느린 강 등 다양한 서식처에서 드물게 출현하며, 우리나라에서는 전국 각지에서 출현한다.

분포 한강수계, 낙동강수계, 금강수계, 영산강·섬진강수계

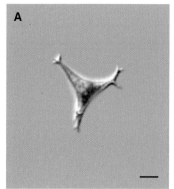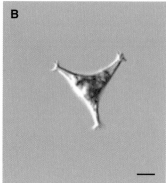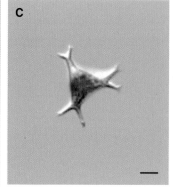

Tetraëdron hastatum. A–C. 척도=10 μm.

Tetraëdron limneticum
(Borge) Couté & Rousselin

이명   *Pseudostaurastrum limneticum* (Borge) Coute & Rousselin 1975.
참고문헌   Prescott 1962, p. 266, pl. 60, figs 2-4.

세포는 4면체이고, 측변은 함입되며, 모서리는 가늘고, 1-2회 분지된 돌기로 신장되고, 그 선단에는 짧은 침상돌기가 있다. 세포벽은 평활하다. 돌기를 포함한 세포 직경은 30-55 *μm*이다.

생태특성 주로 중영양에서 부영양의 웅덩이, 저수지, 호수, 유속이 느린 강 등 다양한 서식처에서 보편적으로 출현하며, 우리나라에서는 전국 각지에서 출현한다.

분포 한강수계, 낙동강수계, 금강수계, 영산강·섬진강수계

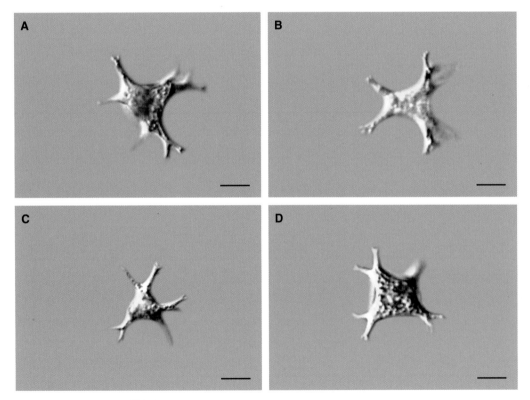

Tetraëdron limneticum. A–D. 척도=10 µm.

Tetraëdron longispinum
(Perty) Hansgirg

참고문헌 Komárek 1983, p. 700, pl. 196, fig. 8.

세포는 편평한 삼각형이고, 측변은 함입되며, 모서리는 점차 가늘어져 끝이 뾰족한 긴 돌기로 신장한다. 세포벽은 평활하다. 돌기를 포함한 세포 직경은 50-90 ㎛이다.

생태특성 주로 중영양에서 부영양의 웅덩이, 저수지, 호수, 유속이 느린 강 등 다양한 서식처에서 가끔 출현한다.

분포 한강수계, 낙동강수계, 금강수계, 영산강·섬진강수계

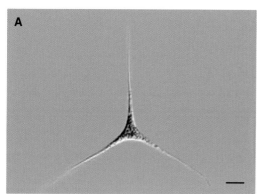

Tetraëdron longispinum. A–B. 척도=10 ㎛.

Tetraëdron minimum
(Braun) Hansgirg

기본명   *Polyedrium minimum* A. Braun.

이명   *Tetraëdron minimum* var. *apiculato-scrobiculatum* Skuja.

Tetraëdron platyisthmum (W. Archer) G.S. West.

Tetraëdron quadratum (Reinsch) Hansgirg.

참고문헌   Prescott 1962, p. 267, pl. 60, figs 12-15; Yamagishi & Akiyama 1984, 1: 92; John *et al*. 2011, p. 473, pl. 121, fig. H.

세포는 편평한 사각형으로, 다소 불룩하다. 세포 측연 중앙부는 함입되었으며, 모서리는 둥근 직각형으로 작은 돌출부가 1개 있다. 세포벽은 두껍고 평활하며, 주름지거나 사마귀 모양이 있기도 하다. 세포 길이는 5-10 *μm*이다.

생태특성 중영양에서 부영양의 웅덩이, 저수지, 호수, 유속이 느린 하천이나 강 등 다양한 서식처에서 흔하게 출현하며(John *et al*. 2011), 우리나라에서는 전국 각지에서 연중 출현한다.

분포 한강수계, 낙동강수계, 금강수계, 영산강·섬진강수계

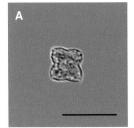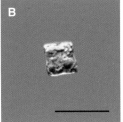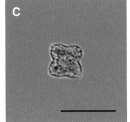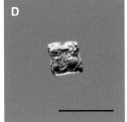

Tetraëdron minimum. A-D. 척도=10 ㎛.

Tetraëdron planctonicum
Smith

참고문헌   Prescott 1962, p. 268, pl. 60, figs 27, 28; Yamagishi & Akiyama 1984, 2: 89.

세포는 피라미드형에서 불규칙한 다면체이고, 모서리가 4-5개 있으며, 측변은 약간 볼록하거나 오목하고, 모서리는 둥글며 1회 또는 2회 갈라진 돌기로 신장하고, 돌기 선단에는 짧은 가시가 2-3개 있다. 세포벽은 평활하다. 세포 직경은 15-30 μm이고, 돌기 길이는 7-15 μm이다.

생태특성 주로 중영양에서 부영양의 웅덩이, 저수지, 호수, 유속이 느린 강 등 다양한 서식처에서 보편적으로 출현하며, 우리나라에서는 전국 각지에서 연중 출현한다.

분포 낙동강수계, 영산강·섬진강수계

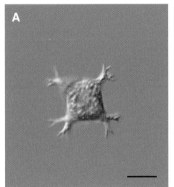 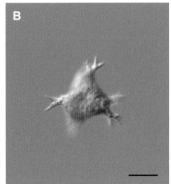 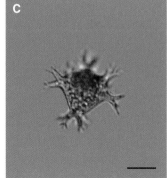

Tetraëdron planctonicum. A-C. 척도=10 ㎛.

Tetraëdron regulare
Kützing

이명   *Tetraedriella regularis* (Kützing) Fott 1960.
       Tetraëdron gigas (Wittrock) Hansgirg.
참고문헌   Prescott 1962, p. 269, pl. 60, figs 24-26; John *et al.* 2011, p. 473, pl. 121, fig. E.

세포는 4변형의 피라미드형이고, 측변은 약간 볼록하거나 직선상이며, 모서리는 가늘고 둥글며, 강한 가시가 1개 있다. 세포벽은 평활하다. 세포 직경은 15-51 *μm*이다.

생태특성 주로 중영양에서 부영양의 웅덩이, 저수지, 호수, 유속이 느린 강 등 다양한 서식처에서 보편적으로 출현하며, 우리나라에서는 전국 각지에서 출현한다.
분포 낙동강수계

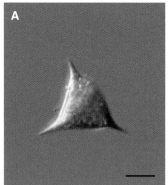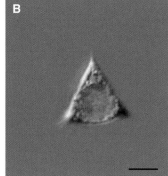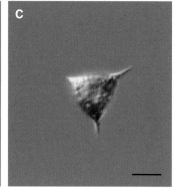

Tetraëdron regulare. A–C. 척도=10 μm.

Tetraëdron regulare var. *incus* Teiling

이명   *Chlorotetraëdron incus* (Teiling) Komárek & Kovácik 1985.
       Tetraëdron incus (Teiling) G.M. Smith.
참고문헌   Prescott 1962, p. 269, pl. 61, figs 4-7; Yamagishi & Akiyama 1996, 17: 93.

세포는 4변형으로 편평하거나 피라미드형이고, 측변은 약간 오목하며, 모서리는 짧은 열편으로 돌출하고, 선단에 비교적 가늘고 긴 침상돌기 있다. 세포벽은 평활하다. 가시를 제외한 세포 직경은 10-20 *μm*이고, 가시 길이는 5-15 *μm*이다.

생태특성 주로 중영양에서 부영양의 웅덩이, 저수지, 호수, 유속이 느린 강 등 다양한 서식처에서 보편적으로 출현하며(John *et al.* 2011), 우리나라에서는 전국 각지에서 출현한다.

분포 낙동강수계

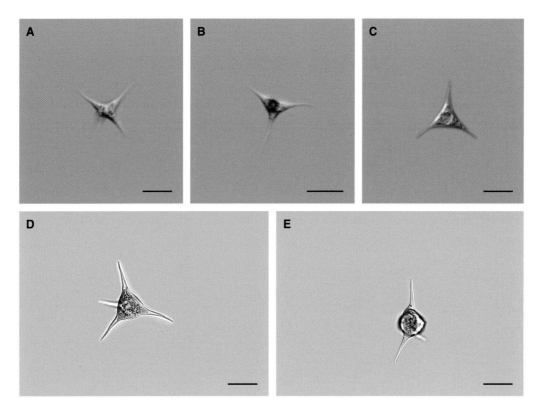

***Tetraëdron regulare* var. *incus*.** A-E. 척도=10 ㎛.

Tetraëdron trigonum
(Nägeli) Hansgirg

기본명   *Polyedrium tetraëdricum* Nägeli.
참고문헌   Prescott 1962, p. 270, pl. 61, figs 11, 12; Yamagishi & Akiyama 1984, 1: 94.

세포는 편평한 삼각형이고, 드물게 4변형이며, 측변은 약간 볼록하거나 직선상이고, 모서리는 침상
돌기로 가늘어진다. 세포벽은 평활하다. 세포 직경은 18-34 μm이고, 가시 길이는 6-8 μm이다.

생태특성 주로 중영양에서 부영양의 웅덩이, 저수지, 호수, 유속이 느린 강 등 다양한 서식처에서 출현
하며, 우리나라에서는 전국 각지에서 출현한다.
분포 한강수계, 낙동강수계, 금강수계, 영산강·섬진강수계

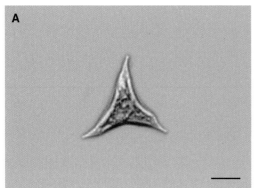 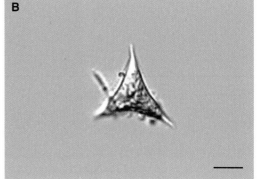

Tetraëdron trigonum. A–B. 척도=10 μm.

Tetraëdron trigonum f. *gracile* (Reinsch) De Toni

기본명 *Polyedrium trigonum* f. *gracile* Reinsch.
참고문헌 Prescott 1962, p. 270, pl. 61, fig. 14.

세포는 편평한 삼각형이고, 모서리 돌출부는 기본종보다 더 좁고 길며, 때로는 굽기도 하고, 끝은 가시처럼 뾰족하게 가늘어진다. 선단에는 끝이 뾰족한 침상돌기가 있다. 세포벽은 평활하다. 가시를 포함한 세포 직경은 24-45 μm이다.

생태특성 주로 중영양에서 부영양 수역의 웅덩이, 저수지, 호수, 유속이 느린 강 등 다양한 서식처에서 보편적으로 출현하며, 우리나라에서는 전국 각지에서 출현한다(이 등 2017b).
분포 한강수계, 낙동강수계, 영산강·섬진강수계

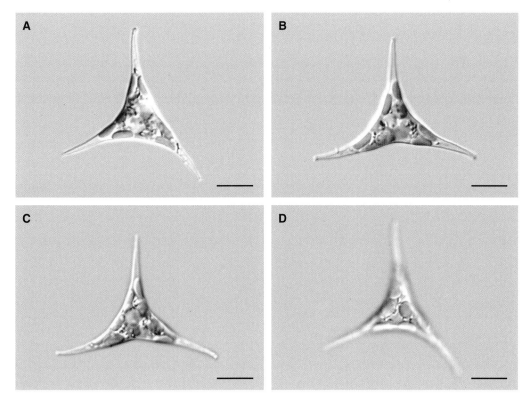

***Tetraëdron trigonum* f. *gracile*.** A-D. 척도=10 ㎛. A-D: 세포 형태, B: 세포 돌출부, D: 세포벽 특징.

Acutodesmus acuminatus
(Lagerheim) Tsarenko

기본명   *Selenastrum acuminatum* Lagerheim 1882.
이명   *Selenastrum acuminatum* Lagerheim 1882.
       Scenedesmus acuminatus (Lagerheim) Chodat 1902.
참고문헌   Komárek & Fott 1983, p. 746, pl. 207, fig. 5; Yamagishi & Akiyama 1984, 2: 1; Chung 1993, p.
       377, fig. 539; John *et al.* 2011, pl. 104, fig. A, pl. 105, fig. A.

조체는 세포 4개 또는 8개로 이루어진 부유성 정수군체로, 4세포에서는 각 세포 중앙부에서 접하고, 8세포에서는 교대로 배열한다. 세포는 가늘고 긴 방추형이고, 양 말단 세포는 초승달 모양으로 굽는다. 세포벽은 평활하다. 세포 직경은 3-8 ㎛이고, 세포 길이는 10-32 ㎛이다.

생태특성 웅덩이, 저수지, 호수, 평지의 습지, 도랑, 유속이 느린 하천이나 강 등 다양한 서식처에서 흔하게 출현하며, 우리나라에서는 전국 각지에서 출현한다.
분포 한강수계, 낙동강수계, 금강수계, 영산강·섬진강수계

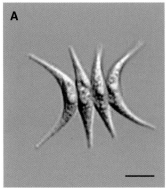 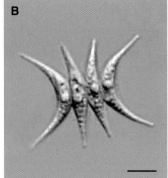 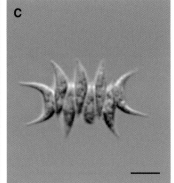

Acutodesmus acuminatus. A–C. 척도=10 ㎛.

Acutodesmus pectinatus var. *bernardii* (Smith) Tsarenko

기본명   *Scenedesmus bernardii* G.M. Smith 1916.

이명   *Acutodesmus bernardii* (G.M. Smith) E. Hegewald, C. Bock & Krientz 2013.

   Scenedesmus acuminatus var. *bernardii* (G.M. Smith) Dedusenko 1953.

참고문헌   Prescott 1962, p. 276, pl. 63, fig. 1; Uherkovich 1966, p. 40, pl. 3, fig. 79; Komárek and Fott 1983, p. 837, pl. 227, fig. 5; Hegewald and Silva 1988, p. 113, fig. 179; Chung 1993, p. 379, fig. 552.

조체는 세포 2개, 4개 또는 8개로 이루어진 부유성 정수군체이고, 세포는 만곡한 방추형으로 양 끝이 가늘어진다. 인접한 세포의 선단이나 선단 가까운데서 서로 교대로 접해 지그재그로 배열한다. 세포 직경은 3-7 *μm*이고, 세포 길이는 10-35 *μm*이다.

생태특성 주로 중영양에서 부영양의 웅덩이, 저수지, 호수, 유속이 느린 강 등 다양한 서식처에서 보편적으로 출현하며, 우리나라에서는 전국 각지에서 출현한다.

분포 한강수계, 낙동강수계

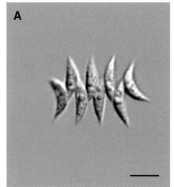 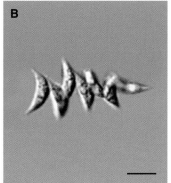 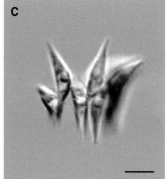

Acutodesmus pectinatus var. *bernardii.* A-C. 척도=10 μm.

Coelastrella terrestris
(Reisigl) Hegewald & Hanagata

기본명   *Scotiella terrestris* Reisigl.

이명   *Scotiellocystis terrestris* (Reisigl) Fott 1976.

        Scotiellopsis terrestris (Reisigl) Puncochárová & Kalina 1981.

        Scenedesmus terrestris (Reisigl) Hanagata 1998.

참고문헌 Komárek & Fott 1983, p. 703, pl. 197, fig. 2.

세포는 비대칭 방추형부터 레몬 모양이 있으며, 세포 양 끝은 비후되었다. 세포 표면에는 극에서 극으로 이어지는 융기선이 6-12개 나타난다. 엽록체는 초기에는 단순한 형태이나, 성숙하면 여러 개 판으로 나뉜다. 피레노이드는 크기가 큰 구형으로 1개이다. 세포 길이는 6-22 *μm*이고, 폭은 4-13 *μm*이다.

이 종은 모세포에서 딸세포 2-8개가 방출되지만 세포가 성체로 방출되기 때문에 어린 세포를 관찰하기 어렵다.

생태특성 고산지대 토양에서 출현한 바 있다(Komárek & Fott 1983).

분포 한강수계

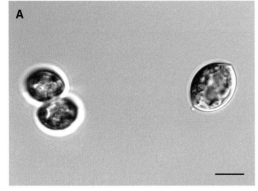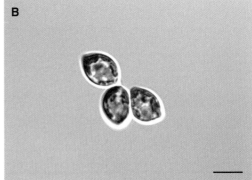

Coelastrella terrestris. A–B. 척도=10 μm.

Coelastrum astroideum
De Notaris

이명 *Coelastrum microporum* f. *astroidea* (De Notaris) Nygaard.
참고문헌 Komárek & Fott 1983, p. 436, pl. 132, fig. 1; John *et al.* 2002, p. 340, pl. 83, fig. H.

세포 4개, 8개, 16개 또는 32개가 구형 정수군체를 이룬다. 세포는 난형으로, 외측연이 돌출되었고, 간혹 돌출된 부위의 세포벽이 비후되기도 한다. 세포 간 연결부 없이 서로 기부에서 인접 세포와 접착해 군체를 이룬다. 세포의 간극은 삼각형 또는 사각형으로 좁게 나타나지만, 종종 세포 직경의 반 이상을 차지하기도 한다. 엽록체는 측연에 밀집 분포하며, 세포 말단부에 피레노이드가 1개 있다. 세포 직경은 5-16 *μm*이고, 군체 직경은 20-50 *μm*이다. 군체는 최대 100 *μm*까지 나타나기도 한다.

이 종은 *Coelastrum pseudomicroporum*과 형태가 유사하지만, 연결부 없이 인접 세포와 결합되는 특징으로 *C. pseudomicroporum*과 구별된다.

생태특성 연못, 호수, 저수지, 유속이 느린 강 등 다양한 서식처에서 보편적으로 출현한다(John *et al.* 2011). 우리나라에서는 전국 각지에서 출현한다.

분포 한강수계, 낙동강수계, 금강수계, 영산강·섬진강수계

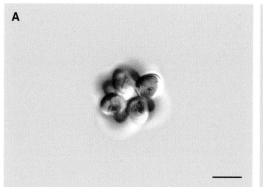
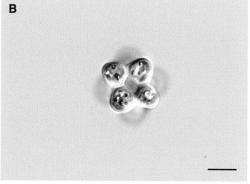

Coelastrum astroideum. A-B. 척도=10 *μm*.

Coelastrum microporum
Nägeli

이명   *Coelastrum robustum* Hantzsch 1868.
      Pleurococcus regularis Artari 1892.
      Chlorella regularis (Artari) Oltmanns 1904.

참고문헌   Hirose *et al.* 1977, p. 359, pl. 120, fig. 4; Komárek & Fott 1983, p. 725, pl. 202, fig. 2; John *et al.* 2011, p. 431, pl. 108, fig. I.

세포 4개, 8개, 16개 또는 32개가 구형 정수군체를 이룬다. 세포는 구형으로, 두꺼워지지 않는 얇은 세포벽이 있으며, 세포 기부에서 연결부 없이 인접 세포와 연결된다. 세포의 간극은 좁은 삼각형 또는 사각형으로 나타난다. 세포벽은 얇고 평활하며, 비후된 부분이 없다. 엽록체는 측연에 밀집 분포하며, 피레노이드가 1개 있다. 세포 직경은 5-15 *μm*이고, 군체 직경은 20-50 *μm*이다. 군체는 최대 100 *μm*까지 나타난다.

이 종은 세포가 거의 구형에 가까운 형태로 *Coleastrum* 속의 다른 종들과 구별된다.

생태특성 중영양에서 부영양의 하천이나 연못, 호수, 저수지 등 다양한 수계에서 주로 여름철에 출현하며(John *et al.* 2011), 우리나라에서는 전국 각지에서 출현한다.

분포 한강수계, 낙동강수계, 금강수계, 영산강·섬진강수계

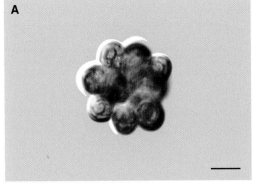 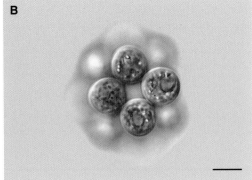

Coelastrum microporum. A–B. 척도=10 μm. A–B: 세포 및 군체 형태.

Coelastrum pseudomicroporum
Korshikov

참고문헌 Komárek & Fott 1983, p. 726, pl. 202, fig. 5; John *et al.* 2011, p. 431, pl. 108, fig. K.

세포 8개, 16개, 32개가 정수군체를 이룬다. 세포는 난형으로 세포 끝이 좁고 뭉툭하며, 외측으로 돌출된다. 세포 기부가 짧은 연결부 4-6개로 인접 세포와 연결된다. 세포의 간극은 좁은 삼각형이나 사각형으로 나타난다. 때로 세포벽에 무늬가 나타나기도 한다. 세포 직경은 7-12 μm이고, 군체 직경은 약 30 μm이고 때로 100 μm까지 발달하기도 한다.

*C. astroideum*과 세포 형태가 유사하지만, 세포 기부가 짧은 연결부로 인접 세포와 연결되는 점에서 구별된다.

생태특성 부영양화된 담수역에서 부유성으로 흔히 출현한다(Komárek & Fott 1983).
분포 한강수계, 낙동강수계, 금강수계, 영산강·섬진강수계

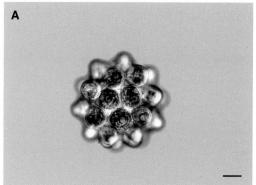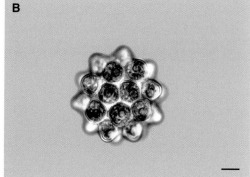

Coelastrum pseudomicroporum. A–B. 척도=10 μm.

Coelastrum pulchrum
Schmidle

참고문헌 Komárek & Fott 1983, p. 736, pl. 205, fig. 2; John *et al.* 2002, p. 340, pl. 83, fig. L.

세포 8개, 16개, 32개가 구형, 사면체 또는 입방체 정수군체를 이룬다. 세포는 사각형에서 육각형이며, 세포의 정단은 외측으로 두꺼운 절두형 돌출부가 있으며, 세포벽이 비후되었다. 군체의 각 세포 기부는 돌출부 5-6개로 내측 세포와 연결된다. 세포의 간극은 작고, 원형 또는 삼각형이다. 엽록체는 측연에 밀집 분포하며, 피레노이드가 1개 있다. 세포 직경은 7-16 μm이고, 군체 직경은 최대 90 μm까지 나타난다.

이 종은 세포 정단부가 둥글고 뚜렷한 절두형 돌기가 있어 *Coelastrum* 속에 해당하는 다른 종과 구별된다.

생태특성 유속이 느린 하천이나 연못, 호수, 저수지 등 다양한 수계에서 여름철에 보편적으로 출현한다(John *et al.* 2011).

분포 한강수계, 낙동강수계, 금강수계, 영산강·섬진강수계

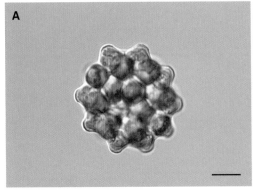
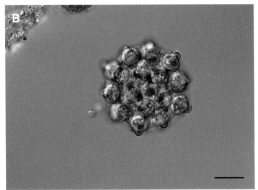

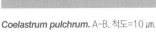

Coelastrum pulchrum. A-B. 척도=10 ㎛.

Coelastrum reticulatum var. *cubanum* Komárek

참고문헌　Komárek & Fott 1983, p. 738, pl. 206, fig. 2.

세포 4개, 8개, 16개 또는 32개가 구형 또는 난형 정수군체를 이룬다. 세포는 구형 또는 타원형으로 측연이 약간 편평하고 정단부가 둥글다. 세포 외측은 짧고 세포벽이 비후된 돌출부가 1개 있으며, 각 세포는 신장된 연결부 5-6개로 인접 세포와 연결된다. 세포의 간극은 삼각형이거나 불규칙하게 둥글다. 엽록체는 측연에 밀집 분포하며, 피레노이드가 1개 있다. 세포 직경은 4-12 ㎛이고, 군체 직경은 약 35 ㎛까지 나타난다.

이 변종은 세포 외측에 짧고, 세포벽이 비후된 돌출부가 있어 기본종과 구별된다.

생태특성 담수에서 흔히 출현한다(Guiry & Guiry 2020).

분포 한강수계

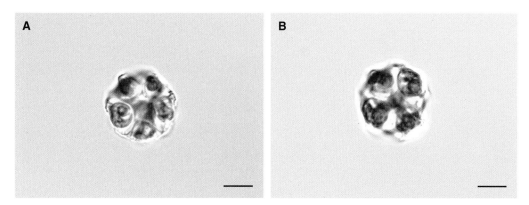

Coelastrum reticulatum **var. *cubanum*.** A-B. 척도=10 ㎛. A-B: 군체 형태.

Desmodesmus abundans
(Kirchner) Hegewald

기본명	*Scenedesmus caudatus* f. *abundans* Kirchner.
이명	*Scenedesmus quadricauda* f. *abundans* (Kirchner) Lagerheim 1882.
	Scenedesmus caudatus var. *abundans* (Kirchner) Wolle 1887.
	Scenedesmus quadricauda var. *abundans* (Kirchner) Hansgirg 1888.
	Scenedesmus abundans (Kirchner) Chodat 1913.
	Scenedesmus sempervirens Chodat 1913.
	Scenedesmus quadrispina Chodat 1913.
	Scenedesmus spinosum f. *solutus* Chodat 1913.
	Scenedesmus opoliensis var. *abundans* Printz 1914.
	Scenedesmus parvus (Smith) Bourrelly 1952.
	Scenedesmus bellospinosus Hortobágyi 1967.
	Scenedesmus fuscus (Shihira & Krauss) Hegewald 1982.
참고문헌	Hirose *et al.* 1977, p. 377, pl. 127, fig. 8; John *et al.* 2011, p. 439, pl. 104, fig. E, pl. 111, fig. D.

주로 세포 2개 또는 4개가 일렬 또는 교대로 배열해 군체를 이루며, 드물게 세포 8개가 군체를 이루기도 한다. 세포는 양 끝이 둥글고 긴 타원형으로 인접 세포와 2/3 정도 연결된다. 외측 세포의 양 끝에는 긴 강모가 1개 있고, 측연 중앙에 강모가 1-3개 나타난다. 내측 세포의 양 끝에는 간혹 짧은 강모가 나타나기도 한다. 세포 길이는 7-13 μm이고, 세포 폭은 2-5 μm이다.

이 종은 형태 변이가 심하며, 강모의 수와 길이 등이 다양하게 나타난다.

생태특성 정체된 수역의 연못, 호수, 저수지에서 보편적으로 출현하고, 하천이나 강에서는 드물게 출현한다(John *et al.* 2011).

분포 한강수계, 영산강·섬진강수계

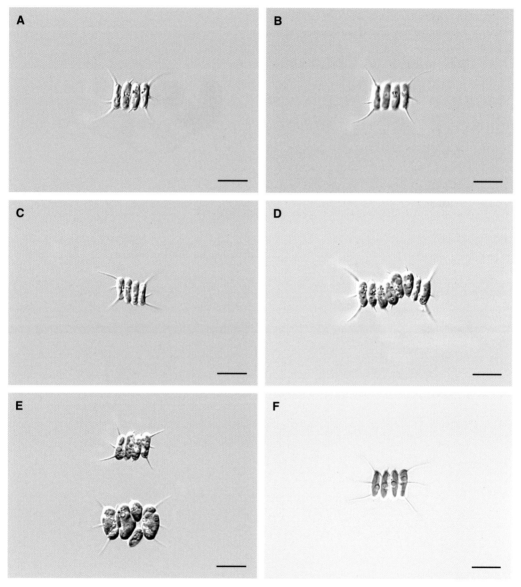

Desmodesmus abundans. A-F. 척도=10 ㎛.

A: 내측 세포의 강모, B: 외측 세포의 강모, A-C: 4세포 군체, D: 8세포 군체, F: 피레노이드.

Desmodesmus bicaudatus
(Dedusenko) Tsarenko

기본명   *Scenedesmus bicaudatus* Dedusenko 1925.
이명   *Scenedesmus bicaudatus* (Hansgirg) Chodat.
참고문헌   Uherkovich 1966, p. 88, pl. 13, figs 524-534; Komárek & Fott 1983, p. 890,
pl. 240, fig. 5; Hegewald & Silva 1988, p. 114, fig. 181; Chung 1993, p. 379, fig. 553.

조체는 세포 2개, 4개 또는 8개가 직선상으로 배열한 부유성 정수군체로, 가끔 약하게 교대로 배열한다. 세포는 긴 타원형, 난형 또는 원통형이고, 외측 세포의 한쪽 말단에 대칭적인 가시가 있으며, 세포벽은 평활하다. 세포 직경은 3-7 μm이고, 세포 길이는 7-14 μm이다.

생태특성 주로 중영양에서 부영양의 웅덩이, 저수지, 호수, 유속이 느린 강 등 다양한 서식처에서 보편적으로 출현하며, 우리나라에서는 전국 각지에서 출현한다.
분포 낙동강수계, 영산강·섬진강수계

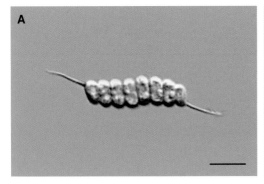

Desmodesmus bicaudatus. A-B. 척도=10 μm.

Desmodesmus brasiliensis
(Bohlin) Hegewald

기본명   *Scenedesmus brasiliensis* Bohlin.
이명   *Scenedesmus brasiliensis* var. *sinamomeus* Y.V. Roll.
참고문헌   Uherkovich 1966, p. 77, pl. 10, figs 441-444; Komárek & Fott 1983, p. 870, pl. 235, fig. 2; Hegewald & Silva 1988, p. 131, fig. 214; Chung 1993, p. 380, fig. 554.

조체는 세포 2개, 4개 또는 8개가 직선상으로 배열한 부유성 정수군체로, 세포는 방추형 또는 원통형이고, 측벽에 명료한 융기선이 있으며, 선단에는 짧은 치상돌기가 1-4개 있다. 세포 직경은 3-10 μm이고, 세포 길이는 10-25 μm이다.

생태특성 주로 중영양에서 부영양의 웅덩이, 저수지, 호수, 유속이 느린 강 등 다양한 서식처에서 보편적으로 출현하며, 우리나라에서는 전국 각지에서 출현한다.
분포 낙동강수계, 영산강·섬진강수계

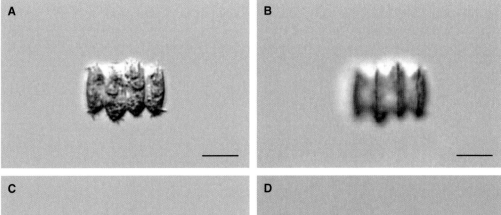
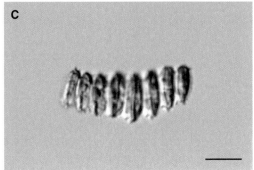
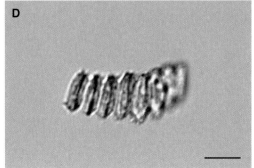

Desmodesmus brasiliensis. A-D. 척도=10 μm.

Desmodesmus communis
(Hegewald) Hegewald

기본명   *Scenedesmus communis* E. Hegewald 1977.
이명   *Scenedesmus quadricauda* Chodat 1926.
참고문헌   Uherkovich 1966, p. 78, pl. 10, figs 446-449, pl. 11, figs 450-460; Komárek & Fott 1983, p. 928, pl. 249, fig. 2; Hegewald & Silva 1988, p. 429, fig. 687; Chung 1993, p. 383, fig. 568; John *et al.* 2011, p. 442, pl. 104, fig. J, pl. 111, fig. E.

세포 2개, 4개 또는 8개가 군체를 이루며, 각 세포는 측변 전체가 연결되어 일렬로 배열한다. 세포는 신장된 원통형으로 내측 세포는 선단이 둥글고, 외측 세포는 선단이 약간 가늘어진다. 외측면은 다소 볼록하게 부풀었으며, 양 끝에 긴 자상돌기가 있다. 세포 길이는 12-16 μm이고, 세포 폭은 4-7 μm이며, 돌기 길이는 12-14 μm이다.

생태특성 주로 중영양에서 부영양의 웅덩이, 저수지, 호수, 유속이 느린 강 등 다양한 서식처에서 보편적으로 출현하며, 우리나라에서는 전국 각지에서 출현한다.

분포 한강수계, 낙동강수계

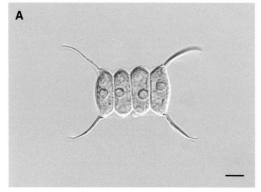 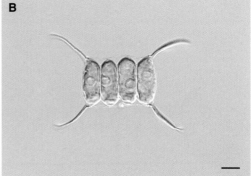

Desmodesmus communis. A–B. 척도=10 μm.

Desmodesmus denticulatus
(Lagerheim) An, Friedl & Hegewald

기본명 *Scenedesmus denticulatus* Lagerheim 1882.
참고문헌 Prescott 1962, p. 277, pl. 63, figs 10, 11; Uherkovich 1966, p. 53, pl. 6, figs 181-186; Komárek & Fott 1983, p. 865, pl. 233, fig. 8; Hegewald & Silva 1988, p.194, fig. 306; Chung 1993, p. 380, fig. 555.

세포 2-4개 또는 8개가 일렬로 군체를 이루며 교차 배열한다. 군체는 점액질에 둘러싸이지 않는다. 세포는 타원형이거나 난형으로, 더 좁은 면에서 세포가 접촉되었다. 외측 세포의 한쪽 끝에는 돌기가 존재하며, 세포의 모든 측연을 따라 작고 가는 돌기가 조밀하게 배열한다. 세포벽에 과립이 있다. 세포 길이는 15-18 μm이고, 폭은 6-9 μm이다.

생태특성 주로 중영양에서 부영양의 웅덩이, 저수지, 호수, 유속이 느린 강 등 다양한 서식처에서 보편적으로 출현하며, 우리나라에서는 전국 각지에서 출현한다.
분포 한강수계, 낙동강수계, 영산강·섬진강수계

Desmodesmus denticulatus. A-B. 척도=10 ㎛.

Desmodesmus magnus
(Meyen) Tsarenko

기본명   *Scenedesmus magnus* Meyen 1829.
참고문헌   Komárek & Fott 1983, p. 934, pl. 250, fig. 2; John *et al.* 2002, p. 395, pl. 94, fig. D.

주로 세포 4개가 일렬로 배열되어 군체를 이루나, 세포 2개나 8개가 군체를 이루기도 한다. 세포는 긴 원통형 또는 타원형이며 세포의 양 끝은 둥글다. 외측 세포 측연의 중앙은 약간 부풀고 양 끝은 바깥쪽을 향해 다소 굽었다. 외측 세포의 양 끝에 각각 길고 두꺼운 돌기가 한 개씩 있으며, 돌기는 갈색 빛을 띤다. 세포벽에는 반점이 산재한다. 세포는 길이가 20-30 μm이고, 폭은 8-12 μm이다.
이 종은 *Scenedesmus quadricauda*와 형태가 유사하나, 세포 크기가 *S. quadricauda*에 비해 훨씬 크다는 점에서 구별된다.

생태특성 연못, 호수, 저수지 및 유속이 느린 강 등에서 보편적으로 출현한다(John *et al.* 2011).
분포 한강수계, 낙동강수계, 금강수계, 영산강·섬진강수계

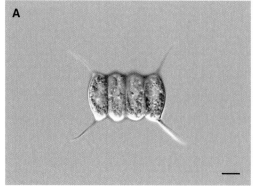
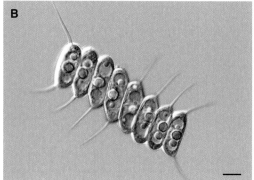

Desmodesmus magnus. A-B. 척도=10 μm.

Desmodesmus opoliensis
(Richter) Hegewald

기본명 *Scenedesmus opoliensis* P.G. Richter 1895.
참고문헌 Uherkovich 1966, p. 96, pl. 15, figs 618-630; Komárek & Fott 1983, p. 908, pl. 244, fig. 6; Hegewald & Silva 1988, p. 345, fig. 559; Chung 1993, p. 382, fig. 565; John *et al.* 2011, p. 445, pl. 110, fig. P.

조체는 세포 2개, 4개 또는 8개로 이루어진 정수군체이며, 각 세포는 측연이 접해 1열로 배열하고, 가끔 내측 세포가 비스듬히 배열한다. 세포는 긴 방추형이고, 양 끝은 선단 부근에서 약간 가늘어지고, 내측 세포 선단에 치상돌기가 1-2개 있으며, 외측 세포는 긴 자상돌기가 있다. 세포 직경은 4-8 μm이고, 세포 길이는 10-28 μm이다.

생태특성 주로 중영양에서 부영양의 웅덩이, 저수지, 호수, 유속이 느린 강 등 다양한 서식처에서 보편적으로 출현하며, 우리나라에서는 전국 각지에서 출현한다.
분포 한강수계, 낙동강수계, 영산강·섬진강수계

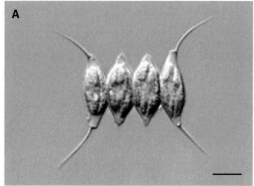

Desmodesmus opoliensis. A-B. 척도=10 μm.

Desmodesmus opoliensis var. *carinatus* (Lemmermann) Hegewald

기본명 *Scenedesmus opoliensis* var. *carinatus* Lemmermann 1899.
이명 *Scenedesmus carinatus* (Lemm ermann) Chodat 1913.

세포 2개, 4개 또는 8개가 일렬로 배열된 정수군체를 이룬다. 세포는 양 끝이 좁아지는 긴 타원형 또는 원통형이다. 외측 세포의 양 끝은 넓게 둥글어 바깥으로 구부러져 있으며, 다소 두껍고 긴 강모가 있다. 모든 세포에는 능선이 명확하게 발달했으며, 때로는 내측 세포의 양 끝에는 미세하고 짧은 강모가 나타난다. 세포 길이는 12-15 *μm*이고, 폭은 3-5 *μm*이다.

생태특성 담수에서 흔히 출현하는 부유성이다(Guiry & Guiry 2019).
분포 금강수계, 영산강·섬진강수계

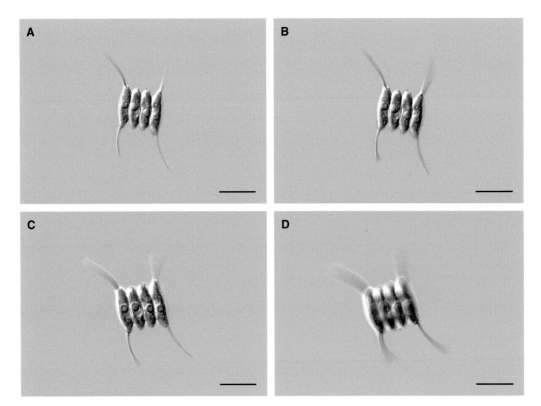

Desmodesmus opoliensis var. *carinatus.* A-D. 척도=10 μm.

Desmodesmus opoliensis var. *mononensis*
(Chodat) Hegewald

기본명 *Scenedesmus opoliensis* var. *mononensis* Chodat.
참고문헌 Komárek & Fott 1983, p. 908, pl. 244, fig. 7; John *et al.* 2011, p. 446, pl. 111, fig. B.

세포 2개, 4개 또는 8개가 일렬로 배열된 정수군체를 이룬다. 세포는 양 끝이 좁아지는 긴 타원형 또는 원통형이다. 외측 세포의 양 끝은 넓게 둥글어 바깥으로 구부러져 있으며, 다소 두껍고 긴 강모가 있다. 내측 세포 양 끝에는 짧은 강모가 1-2개 나타난다. 세포 길이는 13-18 *μm*이고, 폭은 4-6 *μm*이며, 외측 세포의 강모 길이는 18-22 *μm*이다. 기본종인 *Desmodesmus opoliensis*는 외측 세포 돌기 길이가 최대 18 *μm*이다(Komárek & Fott 1983).

이 변종은 기본종보다 외측 세포의 강모가 더 길어 구별된다.

생태특성 정체된 수역의 연못, 호수, 저수지에서 출현하는 부유성이다(John *et al.* 2011).

분포 한강수계

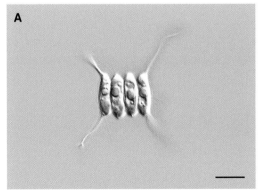
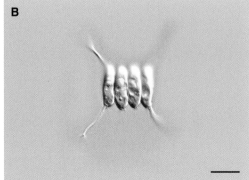

***Desmodesmus opoliensis* var. *mononensis*.** A-B. 척도=10 *μm*. A: 세포 및 군체 형태, B: 외측 세포 및 내측 세포의 강모.

Desmodesmus spinosus
(Chodat) Hegewald

기본명 *Scenedesmus spinosus* Chodat 1926.
참고문헌 Uherkovich 1966, p. 107, pl. 18, figs 709-747; Komárek & Fott 1983, p. 926, pl. 248, fig. 11;
Chung 1993, p. 384, fig. 576.

주로 세포 4개가 일렬로 배열해 군체를 이루나, 간혹 세포 2개나 8개로 이루어진 것도 있다. 세포는
긴 타원형 또는 긴 원통형으로, 양 끝이 뾰족해 모서리가 둥근 육각형과 유사하지만 외측 세포는 외
측 측연의 중앙이 볼록하게 부풀었다. 외측 세포는 양 끝에 1-2개씩 긴 돌기가 있으며, 중앙에는 돌
기가 1-3개 있다. 내측 세포의 양 끝에도 각각 1-2개씩 긴 돌기가 있다. 세포는 길이가 7-15 μm, 폭
은 3-5 μm이다.

생태특성 주로 중영양에서 부영양의 웅덩이, 저수지, 호수, 유속이 느린 강 등 다양한 서식처에서 보편
적으로 출현하며, 우리나라에서는 전국 각지에서 출현한다.
분포 한강수계, 낙동강수계, 영산강·섬진강수계

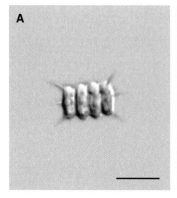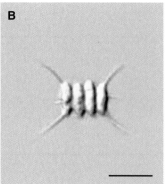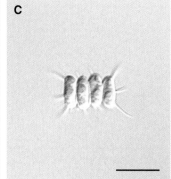

Desmodesmus spinosus. A-C. 척도=10 μm.

Desmodesmus subspicatus
(Chodat) Hegewald & Schmidt

기본명 *Scenedesmus subspicatus* Chodat 1926.
참고문헌 Komárek & Fott 1983, p. 880, pl. 237, fig. 8; John *et al.* 2002, p. 398, pl. 96, fig. D.

세포 2개, 4개 또는 8개가 군체를 이루며, 주로 세포 4개가 군체를 이룬다. 대개 선형으로 배열되었지만, 엇갈리게 배열되기도 한다. 세포 모양은 타원형으로 양 끝이 둥글게 부풀어 볼록하다. 내측 세포의 각 세포 양 끝에는 짧은 돌기가 있으며, 세포 표면 중앙에 짧은 돌기가 세로로 배열한다. 외측 세포의 가장자리에는 짧은 돌기가 내측 세포와 유사하게 배열한다. 세포는 길이가 6-11 μm, 폭은 2-7 μm이다.

생태특성 담수에서 흔히 출현하는 종으로, 우리나라의 다양한 수계에서 출현했다.
분포 한강수계, 영산강·섬진강수계

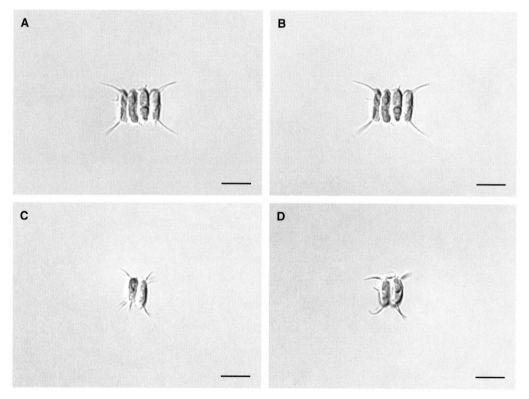

Desmodesmus subspicatus. A-D. 척도=10 μm.

Dimorphococcus lunatus
Braun

참고문헌   Komárek & Fott 1983, p. 944, pl. 253, fig. 2; John *et al.* 2002, p. 351, pl. 85, fig. E; 이 등 2017, p. 244, fig. 111.

부유성 종이며, 세포 16개, 32개 또는 64개로 이루어진 불규칙적인 형태의 군체이다. 군체를 둘러싼 점액질 초는 없다. 세포 4개가 모인 작은 군체가 군체 중심에 있는 한천질에 부착해 방사상으로 배열한다. 작은 군체는 형태가 다른 2종류 세포로 구성되고, 외측 세포는 신장형 또는 심장형이고, 내측 세포는 긴 타원형이다. 엽록체는 1개이고, 벽을 따라 만곡한 얇은 판상 피레노이드가 1개 있다. 세포 길이는 9-25 μm이고, 세포 폭은 4-15 μm이다.

생태특성 산지의 작은 웅덩이, 저수지 및 호수 등에서 비교적 드물게 출현한다(John *et al.* 2011).
분포 한강수계, 낙동강수계, 금강수계, 영산강·섬진강수계

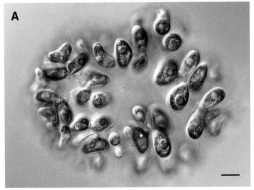
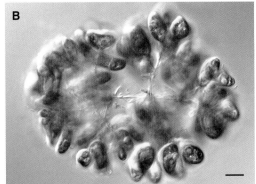

Dimorphococcus lunatus. A–B. 척도=10 ㎛.

Hariotina polychorda
(Korshikov) Hegewald

기본명   *Coelastrum reticulatum* var. *polychordum* Korshikov.
이명   *Coelastrum polychordum* (Korshikov) Hindák 1977.
참고문헌 Komárek & Fott 1983, p. 738, pl. 206, fig. 3.

세포 32-64개가 구형 정수군체를 이룬다. 세포는 구형으로, 각 세포에는 가늘고 긴 가지 모양 연결부가 11-15개 있으며, 인접 세포 사이는 긴 연결 가지 2-3개로 연결된다. 세포벽에는 과립 또는 파상 무늬가 있으며, 보통 갈색을 띤다. 세포 간극은 삼각형으로 나타난다. 엽록체는 측연에 밀집 분포하며, 피레노이드가 1개 있다. 세포 직경은 10-18 μm이고, 군체 직경은 최대 100 μm까지 나타난다. 세포에 가늘고 긴 연결부가 11-15개 있어 유사한 *Coelastrum* 속과 *Hariotina* 속의 다른 종들과 뚜렷하게 구별된다.

생태특성 열대 지역에 서식하는 부유성으로, 오염된 수역에서도 드물게 출현한다(Komárek & Fott 1983).
분포 한강수계, 낙동강수계

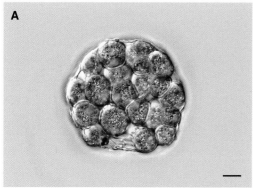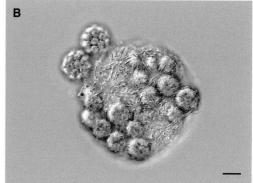

Hariotina polychorda. A-B. 척도=10 μm. A: 세포 및 군체 형태, B: 모세포에서 방출되는 군체.

Hariotina reticulata
Dangeard

기본명   *Coelastrum reticulatum* (Dangeard) Senn 1899.
참고문헌   Komárek & Fott 1983, p. 737, pl. 206, fig. 1; John *et al.* 2002, p. 340, pl. 83, fig. M.

세포 4개, 8개, 16개 또는 32개가 구형 또는 난형 정수군체를 이룬다. 세포는 구형 또는 타원형으로 측연이 약간 편평하고 정단부가 둥글다. 세포 외측연은 평활하고, 각 세포는 신장된 연결부 5-6개로 인접 세포와 연결된다. 세포 간극은 삼각형 또는 불규칙하게 둥글다. 엽록체는 측연에 밀집 분포하며, 피레노이드가 1개 있다. 세포 직경은 3.5-10 *μm*이고, 군체 직경은 약 40 *μm*까지 나타난다.

이 종은 세포 외측연이 평활한 점에서 *Coelastrum reticulatum* var. *cubanum*과 구별된다.

생태특성 연못, 호수, 저수지 등 다양한 수계에서 출현한다(John *et al.* 2011).
분포 한강수계, 낙동강수계, 영산강·섬진강수계

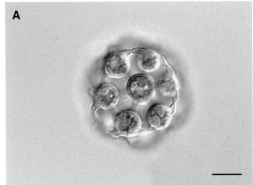 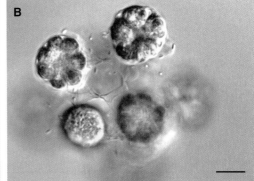

Hariotina reticulata. A–B. 척도=10 *μm*. A: 세포 형태 및 세포 간극, B: 모세포에서 방출된 군체.

Pectinodesmus javanensis
(Chodat) Hegewald, Bock & Krienitz

기본명   *Scenedesmus javanensis* Chodat 1926.
이명   *Acutodesmus javanensis* (Chodat) Tsarenko 2011.
           Scenedesmus acuminatus f. *globosus* Uherkovich 1977.
           Scenedesmus javanensis f. *schroeteri* (Huber-Pestalozzi) Comas & Komárek 1988.
           Scenedesmus obliquus f. *magnus* Bernard 1908.
           Scenedesmus schroeteri Huber-Pestalozzi 1936.
참고문헌 Komárek & Fott 1983, p. 837, pl. 227, fig. 6.

세포 4개 또는 8개가 교대로 배열되어 군체를 이루는데, 세포 끝의 좁은 면이 인접 세포와 연결된다. 세포는 양 끝이 가는 방추형 또는 반달 모양이다. 세포 양 끝은 길게 뻗어 있어 돌기처럼 보이는 경우도 있다. 외측 세포는 내측 세포에 비해 더 만곡된 초승달 모양이다. 세포 길이는 50-60 μm이고, 폭은 5-7 μm이다.

*P. javanensis*는 세포 끝이 더 길게 나타나고, 세포 측면의 각이 뚜렷하게 나타나는 점에서 *Tetradesmus bernardii*와 구별된다.

생태특성 담수역 수계에서 출현한다(Guiry & Guiry 2019). 우리나라의 다양한 수계에 출현한다.
분포 한강수계, 낙동강수계, 금강수계, 영산강·섬진강수계

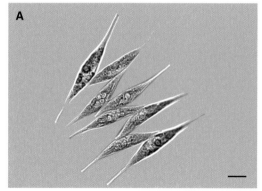 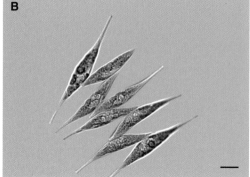

Pectinodesmus javanensis. A–B. 척도=10 μm.

Pectinodesmus pectinatus f. *tortuosus* (Skuja) Hegewald

기본명   *Scenedesmus falcatus* f. *tortuosa* Skuja 1927.

이명   *Scenedesmus falcatus* var. *tortuosus* (Skuja) Oshima,
Scenedesmus acuminatus f. *tortuotus* (Skuja) Korshikov 1953,
Scenedesmus acuminatus f. *tortuotus* (Skuja) Uherkovich 1966.

참고문헌   Uherkovich 1966, p. 43, pl. 3, figs 71-78; Yamagishi & Akiyama 1985, 4: 71; Hegewald & Silva 1988, p. 243, fig. 390.

조체는 세포 2개, 4개 또는 8개로 이루어진 부유성 정수군체로, 전체가 만곡한 면을 형성하며, 특히 측면관에서 명확하다. 4세포 군체는 직선 배열이나 다소 교차 배열한다. 8세포 군체에서는 현저한 교차 배열을 이룬다. 동일 군체 내에서는 세포 형태와 크기가 거의 동일하다. 세포는 초승달 모양이고, 가끔 S자형을 이룬다. 세포 직경은 5-8 μm이고, 세포 길이는 20-35 μm이다.

생태특성 주로 중영양에서 부영양의 웅덩이, 저수지, 호수, 유속이 느린 강 등 다양한 서식처에서 보편적으로 출현하며, 우리나라에서는 전국 각지에서 출현한다.

분포 낙동강수계

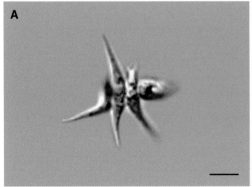

Pectinodesmus pectinatus f. *tortuosus*. A-B. 척도=10 μm.

Scenedesmus armatus
(Chodat) Chodat

기본명 *Scenedesmus hystrix* var. *armatus* Chodat.

이명 *Scenedesmus columnatus* Hortobágyi.

Scenedesmus helveticus Chodat 1926.

Scenedesmus quadricauda var. *armatus* (Chodat) Dedusenko 1953.

Scenedesmus quadricauda var. *helvieticus* (Chodat) Dedusenko 1953.

참고문헌 Komárek & Fott 1983, p. 896, pl. 241, fig. 9; John *et al.* 2002, p. 388, pl. 94, fig. I.

세포 2개, 4개 또는 8개가 군체를 이루며, 보통 세포 4개로 이루어진다. 세포는 긴 타원형 혹은 긴 원통형으로 양 끝은 둥글다. 세포 양 끝에는 융기선이 있으며 중앙부는 연결되지 않았다. 외측 세포의 양 끝에는 긴 돌기가 있다. 오래된 세포일수록 융기선은 뚜렷해지고 융기선을 따라 배열하는 돌기도 더 길고 뚜렷하다. 세포 길이는 8-15 μm이고, 폭은 3-7 μm이다.

세포 측연의 장축과 평행한 짧은 능선이 나타나는 점으로 *S. quadricauda* var. *longispina* f. *granulatus*와 구별된다.

생태특성 중영양의 담수에서 흔히 출현하는 종으로 부유성이다(John *et al.* 2011).

분포 한강수계, 낙동강수계, 금강수계, 영산강·섬진강수계

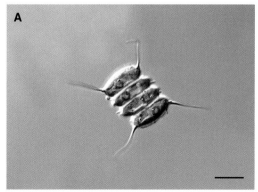
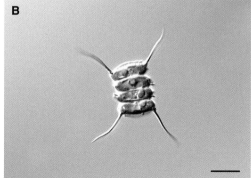

Scenedesmus armatus. A-B. 척도=10 μm.

Scenedesmus obtusus
Meyen

이명   *Scenedesmus obtusus* var. *alternans* (Reinsch) Compère.
 Scenedesmus ovalternus Brébisson 1855.
 Scenedesmus alternans Reinsch 1866.
 Scenedesmus bijugus var. *alternans* (Reinsch) Borge 1906.
 Scenedesmus graevenitzii Bernard 1908.
 Scenedesmus ovalternus Chodat 1926.
 Scenedesmus ovalternus var. *graevenitzii* (Bernard) Chodat 1926.

참고문헌   Komárek & Fott 1983, p. 828, pl. 225, fig. 8; John *et al.* 2011, p. 469, pl. 105, fig. D.

주로 세포 2개, 4개 또는 8개가 2열로 교대 배열되어 정수군체를 이룬다. 세포는 양 끝이 둥근 난형 또는 긴 타원형으로 양 끝의 세포벽은 비후되지 않았다. 세포 측연의 1/3 정도가 인접 세포와 연결되어 군체를 이룬다. 세포 길이는 9-14 *μm*이고, 폭은 4-8 *μm*이다.

세포 양 끝이 둥근 난형 또는 긴 타원형인 점에서 *S. tibiscensis*와 구별된다.

생태특성 주로 중영양에서 부영양의 웅덩이, 저수지, 호수, 유속이 느린 강 등 다양한 서식처에서 보편적으로 출현하며(John *et al.* 2011), 우리나라에서는 전국 각지에서 출현한다.

분포 한강수계, 낙동강수계, 영산강·섬진강수계

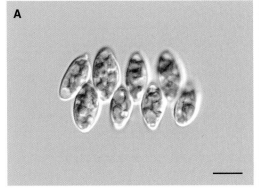
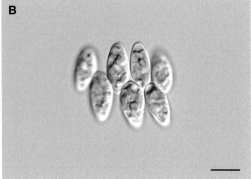

Scenedesmus obtusus. A–B. 척도=10 *μm*. A–B: 세포 및 군체 형태.

Scenedesmus obtusus f. *disciformis* (Chodat) Compère

기본명   *Scenedesmus bijugatus* var. *disciformis* Chodat.
이명   *Scenedesmus ecornis* var. *disciformis* Chodat.
         Scenedesmus disciformis (Chodat) Fott et Komárek.
참고문헌   Uherkovich 1966, p. 46, pl. 4, figs 110-121; Komárek & Fott 1983, p. 830, pl. 226, fig. 2; Hegewald & Silva 1988, p. 123, fig. 201.

조체는 세포 2개, 4개 또는 8개로 이루어진 부유성 정수군체로, 각 세포는 2열로 교대로 밀착 배열해 세포 간극이 없다. 세포는 난형 또는 긴 타원형이고, 양 말단은 둥글다. 세포 직경은 3-8 *µm*이고, 세포 길이는 7-18 *µm*이다.

생태특성 주로 중영양에서 부영양의 웅덩이, 저수지, 호수, 유속이 느린 강 등 다양한 서식처에서 보편적으로 출현한다(Komárek &Fott 1983).
분포 낙동강수계, 금강수계, 영산강·섬진강수계

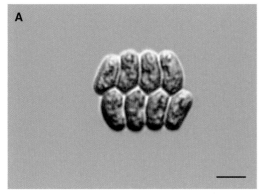
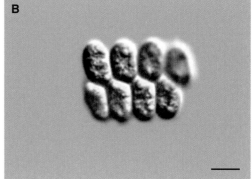

Scenedesmus obtusus f. *disciformis*. A-B. 척도=10 ㎛.

Scenedesmus quadricauda
(Turpin) Brébisson

기본명   *Achnanthes quadricauda* Turpin.
이명   *Desmodesmus quadricaudatus* Turpin.
참고문헌   Hirose *et al*. 1977, p. 379, pl. 128, fig. 6; Komárek & Fott 1983, p. 928, pl. 249, fig. 2; 이 등
2013, p. 170, figs. A-D.

세포 2개, 4개 또는 8개가 일렬로 배열하며, 세포 간 측연 전체가 연결되어 군체를 이룬다. 세포는
긴 타원형 또는 긴 원통형으로, 외측 세포 측연 중앙은 다소 볼록하게 부풀고, 양 끝에 긴 강모가 1개
있다. 세포벽은 평활하며, 세포와 세포 사이에 점액질 막이 나타나기도 한다. 세포 길이는 14-18 μm
이고, 폭은 5-9 μm이다.

세포와 군체 크기가 작은 점에서 *Desmodesmus magnus*와 구별된다.

생태특성 전 세계적으로 분포하는 부유성이다(Hirose *et al*. 1977).
분포 한강수계, 낙동강수계, 금강수계, 영산강·섬진강수계

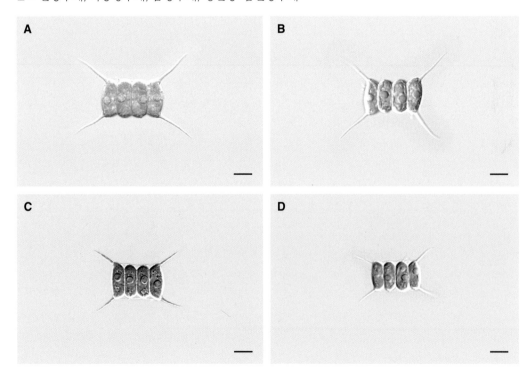

Scenedesmus quadricauda. A-D. 척도=10 ㎛. A-B: 세포 및 군체 형태, C: 세포 사이의 점액질 막, D: 피레노이드.

Scenedesmus quadricauda var. *ellipticus*
West & West

이명　*Scenedesmus ellipticus* (West & West) Chodat 1913.

군체는 세포 4개가 일렬로 배열되거나 세포 장축의 1/3 내지 2/3 부분이 서로 연결되어 교대로 배열되기도 한다. 세포는 긴 난형 또는 타원형으로, 세포 양 끝은 둥글다. 외측 세포 끝부분에 각각 길고 약간 구부러진 가시가 1개 있다. 가시는 세포 길이보다 최대 2배 이상 더 길다. 내측 세포 양 끝에는 길거나 짧은 가시가 있거나 또는 없기도 한다. 내측 세포 가시는 한쪽 끝에만 있어 대각선으로 배열할 수도 있다. 세포 길이는 7-10 *μm*이고, 폭은 3-5 *μm*이다.

생태특성 부유성으로 간혹 미네랄 함량이 높은 큰 수계에서 출현하기도 한다(Komárek &Fott 1983).
분포 금강수계

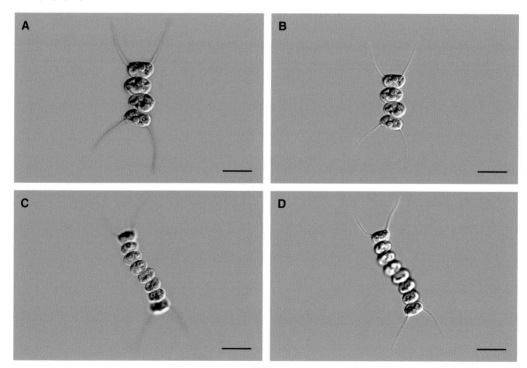

Scenedesmus quadricauda var. *ellipticus*. A-D. 척도=10 ㎛.

Scenedesmus tibiscensis
Uherkovich

참고문헌 Hirose *et al.* 1977, p. 373, pl. 125, fig. 3; Komárek & Fott 1983, p. 827. pl. 225, fig. 7.

주로 세포 4개, 8개가 규칙적으로 교대 배열해 군체를 이루며, 간혹 세포 16개가 군체를 이루기도 한다. 세포 길이의 1/3 정도가 인접 세포와 연결된다. 세포는 타원형, 방추형 또는 초승달 모양이며, 세포 중앙부는 넓고, 끝으로 갈수록 폭이 좁아진다. 세포벽은 과립이 없이 평활하다. 세포 길이는 13-20 *μm*이고, 폭은 4.5-6 *μm*이다.

세포가 타원형 또는 방추형으로 세포 중앙부는 넓고 끝으로 갈수록 폭이 좁아지는 점에서 *Scenedesmus obtusus*와 구별된다.

생태특성 부영양 호수와 농업용 저수지, 연못과 습지 등에서 부유성 또는 일시 부유성으로 서식한다 (Komárek & Fott 1983).

분포 한강수계

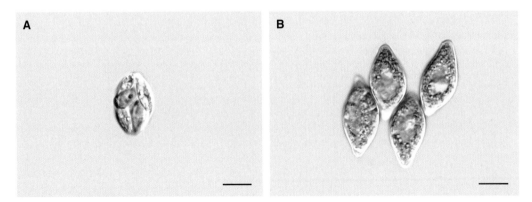

Scenedesmus tibiscensis. A-B. 척도=10 ㎛. A: 분열 시기의 세포 형태, B: 외측 세포 형태

Tetradesmus dimorphus
(Turpin) Wynne

기본명   *Achnanthes dimorpha* Turpin 1828.
이명   *Scenedesmus acutus* var. *dimorphus* (Turpin) Rabenhorst.
           Scenedesmus obliquus var. *dimorphus* (Turpin) Hansgirg.
           Scenedesmus dimorphus (Turpin) Kutzing 1834.
           Scenedesmus acutus f. *alternans* Hortobagyi 1941.
           Acutodesmus dimorphus (Turpin) P.M. Tsarenko 2001.
참고문헌 Uherkovich 1966, p. 36, pl. 1, figs 1-8; Yamagishi & Akiyama 1985, 4: 71.

조체는 세포 2개, 4개 또는 8개로 이루어진 부유성 정수군체로, 각 세포의 측면 중앙부에서 접해 1
열로 배열하거나 교대로 배열한다. 세포는 가늘고 긴 방추형이고, 양 말단은 가늘어지며, 내측 세포
는 직선이고, 외측 세포는 약간 만곡한 방추형을 이룬다. 세포벽은 평활하다. 세포 직경은 3-8 μm이
고, 세포 길이는 10-20 μm이다.

생태특성 주로 중영양에서 부영양의 웅덩이, 저수지, 호수, 유속이 느린 강 등 다양한 서식처에서 보편
적으로 출현하며(Guiry & Guiry 2019), 우리나라에서는 전국 각지에서 출현한다.
분포 낙동강수계, 금강수계, 영산강·섬진강수계

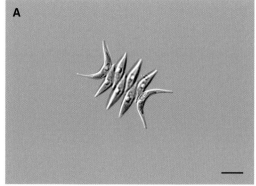 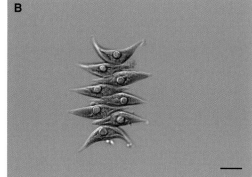

Tetradesmus dimorphus. A-B. 척도=10 μm.

Tetradesmus lagerheimii
Wynne & Guiry

이명 *Scenedesmus acuminatus* (Lagerheim) Chodat 1902.
Selenastrum acuminatum Lagerheim 1882.
Tetradesmus acuminatus (Lagerheim) Wynne 2016.

참고문헌 Komárek & Fott 1983, p. 841, pl. 229, fig. 1; John *et al.* 2002, p. 388, pl. 97, fig. A.

주로 세포 4개가 군체를 이루나 세포 8개가 군체를 이루는 것도 있다. 세포 4개로 이루어진 군체는 세포가 일렬로 배열하며, 세포 8개로 이루어진 군체는 교차배열한다. 외측 세포는 초승달 모양으로 밖을 향해 강하게 굽었으며 양 끝은 좁고 길다. 내측 세포는 방추형이며 끝은 좁고 길다. 세포는 길이가 15-30 μm이며, 폭은 3-6 μm이다.

외측 세포가 바깥을 향해 강하게 휘어진 초승달 모양이어서 유사종인 *T. dimorphus*, *T. obliquus* 와 구별된다.

생태특성 저수지, 호수, 유속이 느린 강 등 다양한 수계에서 출현하는 부유성이다(John *et al.* 2011).

분포 한강수계, 낙동강수계, 금강수계, 영산강·섬진강수계

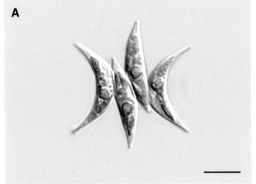 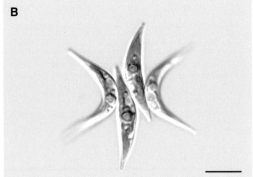

Tetradesmus lagerheimii. A-B. 척도=10 μm. A-B: 외측 세포 형태.

Tetradesmus obliquus
(Turpin) Wynne

기본명   *Achnanthes obliqua* Turpin 1828.

이명   *Acutodesmus obliquus* (Turpin) Hegewald & Hanagata 2000.
　　　　Scenedesmus acutus Meyen 1829.
　　　　Scenedesmus acutus f. *alternans* Hortobagyi 1941.
　　　　Scenedesmus bijugatus Kützing 1834.
　　　　Scenedesmus obliquus (Turpin) Kützing 1833.

참고문헌   Komárek & Fott 1983, p. 436, pl. 132, fig. 1.

주로 세포 4개가 군체를 이루나, 간혹 세포 8개로 이루어지기도 한다. 세포 4개로 이루어진 군체는
일렬로 배열하며 세포 8개로 이루어진 군체는 교차배열한다. 외측 세포는 반달 모양이며, 내측 세포
는 원통형이나 방추형으로 끝으로 갈수록 뾰족하게 좁아진다. 세포는 길이가 8-14 μm이며, 폭은 3-6
μm이다.

외측 세포가 반달 모양으로 끝이 바깥쪽으로 굽은 점에서 *T. dimorphus*와 구별된다.

생태특성 저수지, 호수, 유속이 느린 강 등 다양한 수계에서 출현하는 부유성이다(John *et al.* 2011).

분포 한강수계, 영산강·섬진강수계

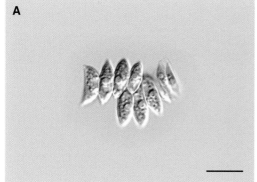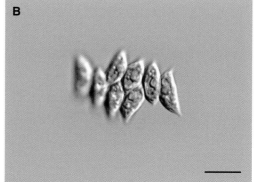

Tetradesmus obliquus. A-B. 척도=10 ㎛. A: 피레노이드, B: 세포 및 군체 형태.

Tetradesmus wisconsinensis Smith

이명   *Scenedesmus wisconsinensis* (Smith) Chodat 1913.
       Acutodesmus wisconsinensis (Smith) Tsarenko 2001.

참고문헌   Komárek & Fott 1983, p. 805, pl. 222, fig. 5; John *et al*. 2011, p. 422, pl. 105, fig. I.

주로 세포 2개, 4개가 군체를 이룬다. 세포는 방추형 또는 원통형으로, 세포 끝으로 갈수록 점차 가늘어지며, 세포 끝이 바깥 방향으로 휘어진다. 세포 길이의 1/3-2/3이 인접 세포와 층을 이루어 연결된다. 엽록체는 세포 측연에 분포하며, 피레노이드가 1개 있다. 세포 길이는 8-15 *μm*이고, 폭은 2-6 *μm*이다.

이 종은 세포가 층을 이루어 군체를 형성하는 점에서 *Tetradesmus dimorphus*, *T. obliquus*와 구별된다.

생태특성 빈영양의 저수지, 호수, 유속이 느린 강 등의 수계에서 출현하는 부유성이다(John *et al*. 2011).

분포 한강수계, 영산강·섬진강수계

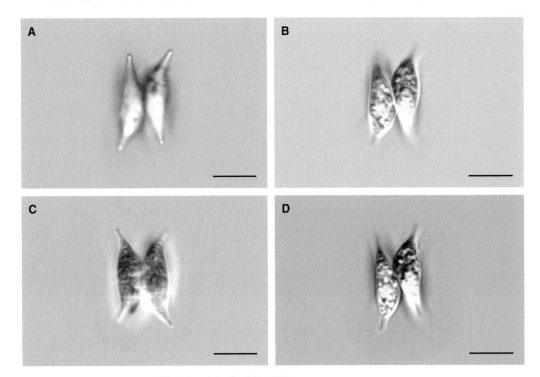

Tetradesmus wisconsinensis. A-D. 척도=10 *μm*. A-D: 세포 및 군체 형태.

Tetrastrum staurogeniiforme
(Schröder) Lemmermann

기본명   *Cohniella staurogeniiforme* Schröder 1897.

군체는 세포 4개로 이루어지고, 넓은 타원형 또는 마름모형인 판상이다. 각 세포의 안쪽은 삼각형
이며, 세포 외부 측연은 아치형으로 부풀었다. 세포는 서로 밀착되었다. 세포 외부 측연에 짧거나 긴
강모가 (3)-5-(7)개 있고, 군체 평면에 위치한다. 엽록체는 세포 전체에 차 있거나 안쪽 부분은 컵
모양으로 비었으며, 피레노이드가 있다. 세포 직경은 5-8 ㎛이고, 군체 길이는 15-17 ㎛이며, 폭은
10-15 ㎛이다. 강모는 3-9 ㎛이다.

생태특성 부유성으로 저수지, 호수, 유속이 느린 강 등 다양한 수계에서 흔히 출현한다(John *et al.*
2011).
분포 한강 수계, 낙동강수계, 금강수계, 영산강·섬진강수계

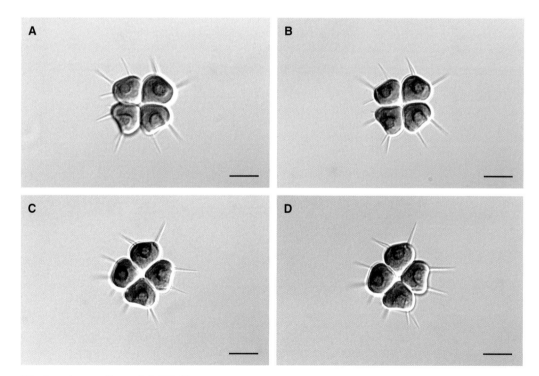

Tetrastrum staurogeniiforme. A–D. 척도=10 ㎛.

Westella botryoides
(West) De Wildeman

기본명 *Tetracoccus botryoides* West.
참고문헌 Hirose *et al.* 1977, p. 349, pl. 115, fig. 1; John *et al.* 2011, p. 475, pl. 109, fig. J.

세포 4-8개가 사각형 집합체를 이루고, 한천질 끈에 묶여서 구형 또는 난형이나 포도송이 같은 군체
를 이룬다. 세포는 구형으로 컵 모양 엽록체가 1개 있으며, 피레노이드가 1개 있다. 세포 직경은 3-8
*μm*이고, 군체 직경은 최대 90 *μm*까지 나타난다.
이 종은 사각형 집합체 4-8개가 모여 포도송이 같은 군체를 이룬다는 점에서 *Dictyosphaerium* 속
의 종들과 구별된다.

생태특성 빈영양 수역의 연못이나 호수에서 부유성 또는 부착성 종으로 출현한다(John *et al.* 2011).
분포 한강수계, 낙동강수계, 금강수계, 영산강·섬진강수계

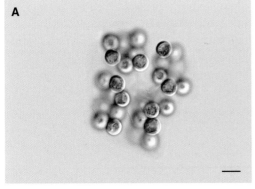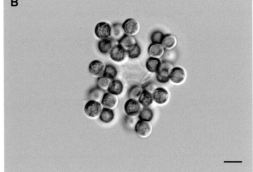

Westella botryoides. A-B. 척도=10 μm. A-B: 세포 및 군체 형태.

Willea apiculata
(Lemmermann) John, Wynne & Tsarenko

기본명   *Staurogenia apiculata* Lemmermann.

이명   *Crucigenia apiculata* (Lemmermann) Schmidle 1900.

        Crucigeniella apiculata (Lemmermann) Komárek 1974.

        Staurogenia apiculata Lemmermann 1898.

        Tetrastrum apiculatum (Lemmermann) Schmidle ex Brunnthaler 1915.

참고문헌   Komárek & Fott 1983, p. 782, pl. 217, fig. 6.

군체는 사각형으로 중앙부에 마름모형 간극이 있으며, 64개 이상 세포로 구성되기도 한다. 세포는 길쭉한 난형이며 장축으로 비대칭이다. 세포가 부착하는 지점에서는 세포가 반듯하고, 세포 선단부 끝은 뾰족해지며, 세포벽에 작은 비후부가 있다. 세포 외측연은 부풀었으며, 외측연 기부에서는 세포벽이 매우 약하게 비후되었다. 엽록체는 세포 전체에 분포하며, 피레노이드가 1개 있다. 세포 길이는 4-10 μm이고, 폭은 2-7 μm이다.

생태특성 부영양 수역의 저수지, 호수, 유속이 느린 강 등 다양한 수계에서 흔히 출현한다(Komárek & Fott 1983).

분포 한강수계, 금강수계, 영산강·섬진강수계

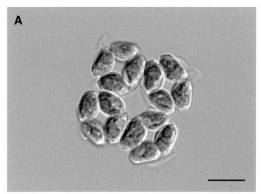
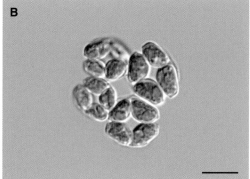

Willea apiculata. A-B. 척도=10 μm. A-B: 군체 형태 및 세포 간극.

Polyedriopsis spinulosa
(Schmidle) Schmidle

기본명 *Tetraedron spinulosum* Schmidle.
이명 *Polyedrium spinulosum* Schmidle.
  Polyedriopsis spinulosam var. *excavata* (Playfair) G.M. Smith.
  Tetraedron spinulosum var. *excavatum* Playfair.
참고문헌 Yamagishi & Akiyama 1984, 1: 74; Komárek & Fott 1983, p. 275, pl. 81, fig. 1; John *et al.* 2011, p. 466, pl. 121, fig. I.

조체는 부유성 단세포이고, 세포는 대개 편평한 사변형이지만 드물게 피라미드형이나 오각형을 이루는 것도 있다. 세포의 각 변은 오목하고, 모서리는 둥글며 가늘고 긴 가시가 3-10개 있다. 엽록체는 판상이고, 피레노이드가 1개 있다. 세포 직경은 12-25 μm이고, 가시 길이는 20-40 μm이다.

생태특성 부유성으로 저수지, 호소, 유속이 느린 하천 등에서 보편적으로 출현하며, 주로 여름철에 출현한다(John *et al.* 2011).
분포 낙동강수계, 금강수계

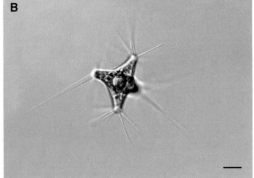

Polyedriopsis spinulosa. A-B. 척도=10 ㎛.

Ankistrodesmus densus
Korshikov

이명　*Ankistrodesmus spiralis* var. *fasciculatus* G.M. Smith.
참고문헌　Komárek & Fott 1983, p. 687, pl. 193, fig. 2; Yamagishi & Akiyama 1994, 13: 1; John *et al.* 2011, p. 422, pl. 105, fig. K.

조체는 대개 세포 4개, 8개, 16개 또는 32개로 이루어진 부유성 군체이다. 세포는 가늘고 긴 원주형 또는 침상형이고, 측연은 거의 평행하며, 양 말단은 급히 가늘어지고, 끝이 뾰족하다. 세포는 직선상 또는 약간 굽거나 나선상으로 꼬인다. 세포 4-32개가 평행하거나, 중앙부에서 중첩 또는 방사상으로 꼬인다. 엽록체는 1개이고, 얇은 판상이며, 피레노이드는 없다. 세포 직경은 1.5-5 *μm*이고, 길이는 40-60(100) *μm*이다.

생태특성 대개 산성에서 중성의 웅덩이, 저수지, 호수, 평지의 늪이나 산지 습지에서 수생식물이나 물이끼와 혼재해 출현한다(John *et al.* 2011).
분포 낙동강수계, 금강수계, 영산강·섬진강수계

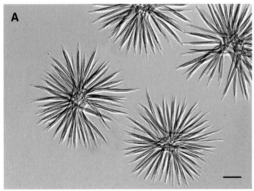 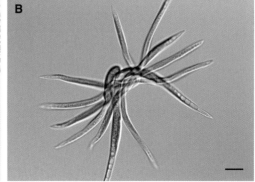

Ankistrodesmus densus. A-B. 척도=20 *μm*.

Ankistrodesmus falcatus
(Corda) Ralfs

기본명   *Micrasterias falcatus* Corda.
이명   *Staurastrum falcatum* (Corda) Ehrenberg 1836.
            Closterium falcatum (Corda) Meneghini 1840.
            Rhaphidium fasciculatum Kützing 1845.
            Rhaphidium polymorphum var. *falcatum* (Corda) Rabenhorst 1868.
            Rhaphidium falcatum (Corda) Cooke 1884.
            Ankistrodesmus lundbergii Koshikov 1953.
참고문헌   Hirose *et al.* 1977, p. 351, pl. 116, fig. 9; Komárek & Fott 1983, p. 686, pl. 192, fig. 3; John *et al.* 2011, p. 424, pl. 105, fig. J.

2개, 4개, 8개 또는 더 많은 수의 세포가 군체를 이루며, 보통 세포 4개가 군체를 이룬다. 휘어진 세포는 측연의 부푼 부분이 결합하고, 때로 서로 평행하게 다발을 형성하기도 하며, 군체는 점액질 막으로 둘러싸여 있다. 세포는 가늘고 길며, 세포 끝으로 갈수록 좁아지는 침상이거나, 약간 굽었거나 S자형이다. 모세포 세포벽이 군체에 붙어 있는 경우도 있다. 세포 길이는 25-35 μm이고, 폭은 1.0-4.5 μm이다.

생태특성 부영양의 저수지, 호수, 유속이 느린 강 등 다양한 수계의 부유성 종이며, 오염 내성종으로 알려졌다(John *et al.* 2011).
분포 한강수계, 낙동강수계, 금강수계, 영산강·섬진강수계

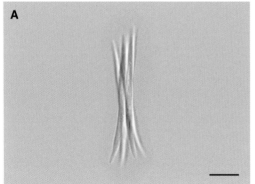 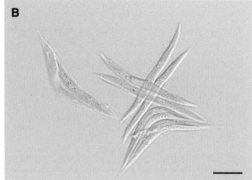

Ankistrodesmus falcatus. A-B. 척도=10 μm.

Ankistrodesmus fusiformis
Corda

참고문헌   Komárek & Fott 1983, p. 686, pl. 192, fig. 3; John *et al.* 2002, p. 331, pl. 97, fig. N.

조체는 세포 4개, 8개, 16개 또는 32개로 이루어진 부유성 군체이다. 세포는 가늘고 긴 바늘 모양으로 양 말단을 향해 점차 가늘어지며 끝이 뾰족하거나, 약간 굽으며, 중간 부분에서 접착해 서로 십자상으로(종종 직각 방향) 배열한다. 엽록체는 1개이고, 얇은 판상이며, 피레노이드는 없다. 세포 직경은 1.5-5 μm이고, 길이는 25-60 μm이다.

생태특성 웅덩이, 저수지, 호수, 평지의 늪, 유속이 느린 하천이나 강 등 다양한 서식처에서 부유성 또는 수생식물과 혼재해 출현하며(John *et al.* 2011), 우리나라에서는 전국 각지에서 출현한다.
분포 영산강·섬진강수계

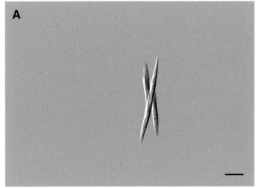

Ankistrodesmus fusiformis. A–B. 척도=10 μm.

Ankistrodesmus spiralis
(Turner) Lemmermann

기본명   *Rhaphidium spirale* Turner 1893.
이명   *Ankistrodesmus falcatus* var. *spiralis* (Turner) West 1904.
            Rhaphidium polymorphum Fresenius 1856.
참고문헌 Komárek & Fott 1983, p. 687, pl. 192, fig. 4; John *et al.* 2002, p. 331, pl. 97, fig. M.

부유성이며, 단세포 또는 세포 4개, 8개, 16개가 군체를 이룬다. 세포는 가늘고 긴 원주형 또는 끝이 뾰족한 침상이거나, 전체가 굽었거나 S자형으로 꼬인다. 세포 중앙부의 굽거나 나선상으로 꼬인 부분이 결합되어 군체를 이룬다. 엽록체는 1개로 얇은 판상이고, 피레노이드는 보이지 않는다. 세포 직경은 1-3.5 *μm*이고, 길이는 20-50 *μm*이다.

이 종은 나선상 세포 및 군체의 구조가 뚜렷하게 관찰되는 점에서 *Ankistrodesmus* 속의 다른 종과 구별된다.

생태특성 주로 저수지, 호수, 유속이 느린 강 등의 산성 수계에서 출현한다(John *et al.* 2011).
분포 한강수계, 낙동강수계, 영산강·섬진강수계

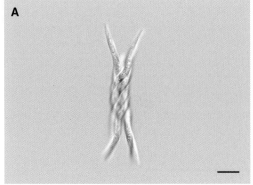
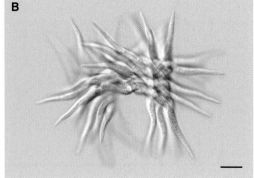

Ankistrodesmus spiralis. A–B. 척도=10 ㎛.

Chlorolobion braunii
(Nägeli) Komárek

기본명   *Rhaphidium braunii* Nägeli.
이명   *Ankistrodesmus braunii* (Nägeli) Lemmermann 1908.
         Monoraphidium braunii (Nägeli) Komárková-Legnerová 1969.
         Keratococcus braunii (Nägeli) Hindák 1977.
참고문헌 Komárek & Fott 1983, p. 615, pl. 172, fig. 2; John *et al.* 2011, p. 429, pl. 117, fig. C.

세포는 단독으로 분포하거나 일시적으로 군체를 이루기도 한다. 세포는 원통형, 방추형, 직선형 또는 드물게 비대칭으로 나타난다. 세포는 끝으로 갈수록 급격하게 뾰족해지거나, 약간 둔각으로 나타난다. 엽록체는 세포 전체에 분포하고, 중앙에 파인 부분이 있으며, 피레노이드가 1개 있고, 기름방울이 있다. 세포 길이는 22-40 *μm*이고, 폭은 3-5.5 *μm*이다.

이 종은 피레노이드가 있는 점에서 *Monoraphidium* 속의 일부 종과 구별된다.

생태특성 저수지, 호수, 유속이 느린 강 등 다양한 수계에서 부유성으로 출현하거나 수생식물, 바위 등에 부착해 서식하는 종이다(John *et al.* 2011).

분포 한강수계

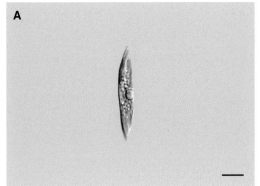

Chlorolobion braunii. A-B. 척도=10 μm. A: 피레노이드, B: 일시적인 군체.

Kirchneriella aperta
Teiling

이명   *Kirchneriella obesa* var. *aperta* (Teiling) Brunthaler.
         Kirchneriella obesa var. *pygmaea* West & West 1898.
참고문헌   Komárek & Fott 1983, p. 670, pl. 187, fig. 5; John *et al.* 2011, p. 452, pl. 116, fig. F.

주로 세포 4개, 8개, 16개가 군체를 이루고, 군체 주변에는 불규칙한 모양의 단단하고 투명한 점액질이 군체를 둘러싼다. 세포는 거의 원형에 가깝고, 세포 한쪽에 V자 형태의 함입이 있으며, 함입면은 반듯하다. 엽록체는 세포 전체에 분포하며, 피레노이드는 없다. 세포 직경은 약 5-12 μm이다. 군체 직경은 4세포 군체의 경우 약 23-30 μm이고, 16세포 군체의 경우 약 55 μm이다. 세포 주변의 점액질은 최대 10 μm까지 나타난다.

생태특성 주로 중영양에서 부영양의 웅덩이, 저수지, 호수, 유속이 느린 강 등 다양한 서식처에서 보편적으로 출현하며(John *et al.* 2011), 우리나라에서는 전국 각지에서 출현한다.
분포 한강수계, 낙동강수계, 금강수계

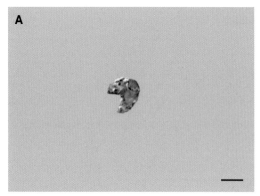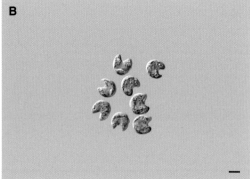

Kirchneriella aperta. A–B. 척도=10 ㎛.

Kirchneriella contorta
(Schmidle) Bohlin

기본명   *Kirchneriella obesa* var. *contorta* Schmidle.
이명   *Kirchneriella contorta* (Schmidle) Hindák.
   Kirchneriella contorta var. *gracillima* (Bohlin) Chodat.
   Kirchneriella elongata G.M. Smith.
   Kirchneriella gracillima Bohlin.
   Raphidocelis danubiana (Hindák) Marvan, Komárek & Comas 1984.
참고문헌   Komárek & Fott 1983, p. 662, pl. 185, fig. 2; Yamagishi & Akiyama 1984, 1: 57; John *et al.* 2011, p. 452, pl. 116, fig. K.

조체는 세포 4개, 8개, 16개, 32개가 투명한 한천질상 점질초에 싸인 부유성 군체이다. 세포는 가는 원통형이고, 반원형으로 강하게 만곡하며, 양 끝은 둥글고, 나선상 또는 불규칙하게 꼬인다. 엽록체는 1개이고, 피레노이드가 1개 있다. 세포 직경은 1-3 *μm*이고, 길이는 8-16 *μm*이며, 대개 길이가 폭의 6-10배이다.

생태특성 웅덩이, 저수지, 호수, 유속이 느린 하천이나 강 등 다양한 서식처에서 드물게 부유성으로 출현하며(John *et al.* 2011), 우리나라에서는 전국 각지에서 출현한다.
분포 한강수계, 낙동강수계

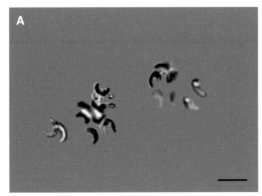
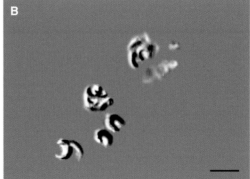

Kirchneriella contorta. A-B. 척도=10 μm.

Kirchneriella dianae
(Bohlin) Comas

기본명   *Kirchneriella lunaris* var. *dianae* Bohlin 1897.

군체는 세포 2-64개로 구성된다. 성장 초기에는 군체 하나 또는 그 이상으로 모여 있고, 군체 끝은 방사형으로 뻗으며, 시간이 지나면 제거된다. 군체 끝은 무색이며, 공기에 노출되면 녹는 성향이 있다. 세포는 달 모양이거나 약간 큰 낫 모양으로 굽었다. 성숙한 세포는 끝이 U자형으로 잘리며 점점 가늘어지고 뾰족해진다. 세포 길이는 10-12.5 μm이고, 폭은 5.5-7.5 μm이다.

생태특성 담수에서 보편적으로 출현한다(Guiry & Guiry 2019).

분포 금강수계

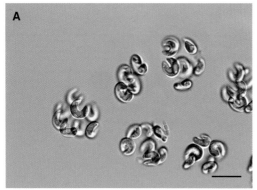 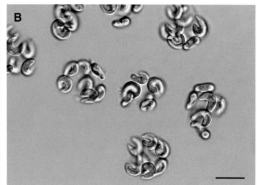

Kirchneriella dianae. A-B. 척도= 10 ㎛.

Kirchneriella incurvata
Belcher & Swale

참고문헌 Komárek & Fott 1983, p. 666, pl. 187, fig. 2; John *et al.* 2011, p. 455, pl. 116, fig. G.

주로 세포 4개가 군체를 이룬다. 세포는 반달 모양이고, 세포 말단은 둥글며, 세포 끝은 세포 안쪽을 향해 말려 들어간다. 간혹 세포의 한쪽 말단이 반대쪽보다 좁게 나타나는 경우도 있다. 세포 직경은 4-10 μm이다.

이 종은 세포 말단이 안쪽을 향해 말려 들어간 점에서 *Kirchneriella*에 속하는 다른 종들과 구별된다.

생태특성 저수지, 호수, 유속이 느린 강 등 다양한 수계에서 부유성으로 출현하고, 간혹 수생식물에 부착해 서식하는 종이다(John *et al.* 2011).

분포 한강수계

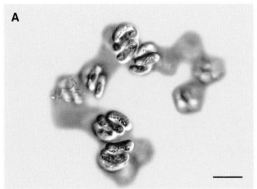
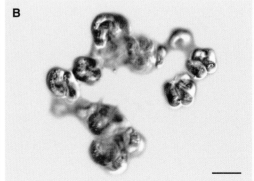

Kirchneriella incurvata. A-B. 척도=10 ㎛. A-B: 군체 형태.

Kirchneriella irregularis
(Smith) Korshikov

기본명	*Kirchneriella lunaris* var. *irregularis* G.M. Smith.
이명	*Kirchneriella irregularis* (G.M. Smith) Hindák.
참고문헌	Komárek & Fott 1983, p. 668, pl. 186, fig. 4; Yamagishi & Akiyama 1988, 8: 47; John *et al.* 2011, p. 455, pl. 116, fig. H.

조체는 세포 4개, 8개, 16개, 32개가 투명한 한천질상 점질초에 싸인 부유성 군체이다. 세포는 초승달 모양이고, 양 끝으로 점차 가늘어져 선단이 뾰족하다. 세포는 뒤틀리고, 양 끝이 다른 방향으로 향하는 것이 많다. 엽록체는 세포 내에는 충만하나 내측 만곡부에는 없고, 피레노이드가 1개 있으나 불명확한 것이 많다. 세포 직경은 3-6 μm이고, 길이는 6-13 μm이다.

생태특성 주로 중영양에서 부영양의 웅덩이, 저수지, 호수, 유속이 느린 강 등 다양한 서식처에서 보편적으로 출현하며, 우리나라에서는 전국 각지에서 출현한다.

분포 낙동강수계

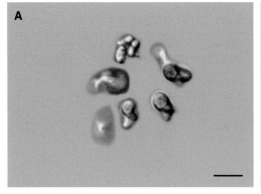
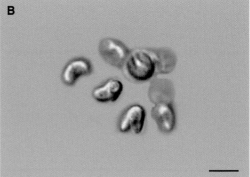

Kirchneriella irregularis. A–B. 척도=10 μm.

Kirchneriella lunaris
(Kirchner) Möbius

이명   *Rhaphidium convolutum* var. *lunare* Kirchner 1878.
       Kirchneriella lunata Schmidle 1893.
참고문헌   Komárek & Fott 1983, p. 669, pl. 187, fig. 3; John *et al*. 2011, p. 455. pl. 116. fig. I.

주로 세포 4개, 8개, 16개 또는 32개가 구형 또는 불규칙하게 배열되어 군체를 이룬다. 세포는 길고 심하게 굽은 초승달 모양이거나 넓은 O자형이다. 간혹 세포의 양 끝이 맞닿아 있기도 하며, 세포 말단으로 갈수록 좁아지며, 끝은 뾰족하거나 약간 둥글다. 생장 초기에는 한쪽 세포 말단이 다른 쪽보다 더 둥글게 나타나기도 한다. 엽록체는 세포 내 가득 차 있고, 중앙부에 빈 부분이 있다. 세포의 등 쪽면에 피레노이드가 1개 있으며, 간혹 보이지 않기도 한다. 세포 길이는 6-15 *μm*이고, 폭은 3-8 *μm*이다.

생태특성 주로 중영양과 부영양 수역의 웅덩이, 저수지, 호수 등에서 널리 분포한다(John *et al*. 2011). 우리나라에서는 전국 각지에서 출현한다.
분포 한강수계, 낙동강수계, 금강수계, 영산강·섬진강수계

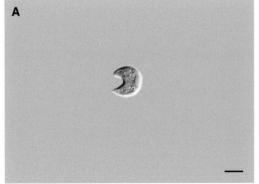
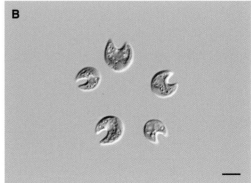

Kirchneriella lunaris. A-B. 척도=10 *μm*. A: 단세포 형태, B: 피레노이드.

Kirchneriella obesa
(West) West & West

기본명 *Selenastrum obesum* West.
이명 *Selenastrum obesum* West 1892.
Kirchneriella intermedia Korshikov 1953.
Kirchneriella lunaris var. *obesa* (West) Playfair.
참고문헌 Hirose *et al.* 1977, p. 347, pl. 114, fig. 2; Komárek & Fott 1983, p. 670, pl. 187, fig. 4; John *et al.* 2011, p. 455, pl. 116, fig. J.

군체는 세포 4-16(-32)개로 이루어지며, 투명한 점액질초에 싸인 둥근 형태로 부유성이다. 세포 외측은 심하게 만곡한 원형이고, 내측은 좁은 U자형으로 함입되어 세포 양 끝이 평행하게 위치한다. 생장 초기에는 한쪽 말단이 약간 뾰족하고 다른 쪽은 둥근 편이다. 엽록체는 세포 내에 가득 차 있고, 중앙부 작은 빈 공간에 핵이 있다. 피레노이드는 있으나 간혹 보이지 않기도 한다. 세포 길이는 6-15 *μm*이고, 폭은 3-8 *μm*이다.

이 종은 세포 내측의 좁은 U자형 함입과 양 선단이 더 둥근 점에서 *Kirchneriella lunaris*와 구별된다.

생태특성 전 세계에 분포하는 종으로, 주로 중영양에서 부영양의 웅덩이, 저수지, 호수, 유속이 느린 강 등 다양한 서식처에서 보편적으로 출현하며(John *et al.* 2011), 우리나라에서는 전국 각지에서 출현한다.

분포 한강수계, 낙동강수계, 영산강·섬진강수계

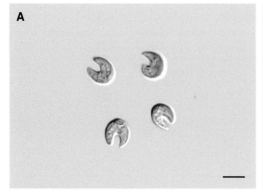
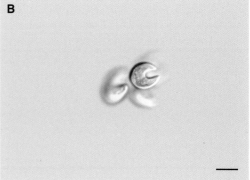

Kirchneriella obesa. A-B. 척도=10 ㎛.

Messastrum gracile
(Reinsch) Garcia

기본명   *Selenastrum gracile* Reinsch 1866.
이명   *Ankistrodesmus gracilis* (Reinsch) Korshikov 1953.
           Selenastrum bibraianum var. *gracile* (Reinsch) Tiffany & Ahlstrom 1931.
참고문헌   Komárek & Fott 1983, p. 668, pl. 194, fig. 2; John *et al.* 2002, p. 399, pl. 98, fig. E.

세포 2-8개 또는 16개로 이루어지며, 굽은 세포의 등쪽 면이 서로 접해 보통 세포 4개 또는 8개가 2단 배열한다. 중심 부분은 점액질로 부착되어 군체를 이룬다. 세포는 좁고 긴 방추형이거나 넓은 초승달 모양이고, 양단으로 갈수록 점차 가늘어지면서 끝이 뾰족하다. 많은 세포로 이루어진 군체에서는 세포 배열이 흐트러지는 경우가 많다. 엽록체에는 피레노이드가 1개 있다. 세포 길이는 10-20 μm 이고, 폭은 1-3.5 μm이다.

생태특성 웅덩이, 저수지, 호수, 평지의 늪, 유속이 느린 하천이나 강 등 다양한 서식처에서 부유성 또는 수생식물과 혼재해 출현하며(John *et al.* 2011), 우리나라에서는 전국 각지에서 출현한다.
분포 한강수계, 낙동강수계, 금강수계, 영산강·섬진강수계

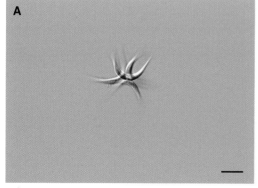 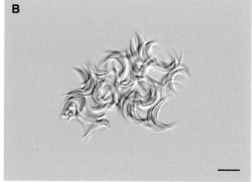

Messastrum gracile. A-B. 척도=10 µm.

Monoraphidium contortum
(Thuret) Komárková-Legnerová

기본명   *Ankistrodesmus contortus* Thuret.

이명   *Rhaphidium polymorphum* var. *spirale* West & West 1898.
        Ankistrodesmus falcatus var. *spirilliformis* West 1904.
        Ankistrodesmus angustus Bernard 1908.
        Ankistrodesmus falcatus var. *contortus* (Thuret) Playfair 1917.
        Ankistrodesmus pseudomirabilis var. *spiralis* Korshikov 1953.
        Ankistrodesmus falcatus var. *duplex* (Kützing) West.

참고문헌   Komárek & Fott 1983, p. 638, pl. 178, fig. 4; John *et al.* 2011, p. 458, pl. 117, fig. J.

세포는 긴 방추형 또는 초승달 모양으로, 불규칙한 원형에서 나선형으로 꼬인(1.5회 이상 회전) 모양이다. 세포 양단은 점차적으로 폭이 좁아져서 뾰족하다. 엽록체는 세포 전체에 차 있고 피레노이드가 없다. 세포 길이는 7–40 *μm*이고, 폭은 1–5.2 *μm*이다.

생태특성 빈영양에서 부영양에 걸친 웅덩이, 저수지, 호수, 유속이 느린 하천이나 강 등 다양한 수체에서 연중 부유성으로 출현한다(John *et al.* 2011).

분포 한강수계, 낙동강수계, 금강수계, 영산강·섬진강수계

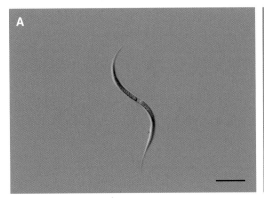
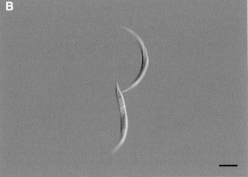

Monoraphidium contortum. A–B. 척도=10 μm.

Monoraphidium griffithii
(Berkeley) Komárková-Legnerová

기본명   *Closterium griffithii* Berkeley.
이명   *Rhaphidium acicularis* Braun 1863.
         Dactylococcopsis acicularis Lemmermann 1900.
         Ankistrodesmus falcatus var. *acicularis* (Braun) West 1904.
         Ankistrodesmus acicularis (Braun) Korshikov 1953.
참고문헌   Komárek & Fott 1983, p. 632, pl. 177, fig. 1; John *et al.* 2011, p. 458, pl. 117, fig. K.

세포는 긴 방추형으로 길이는 폭보다 12배 이상 길다. 세포는 군체를 이루지 않는다. 세포는 양단으로 갈수록 점차 폭이 좁아지며, 양단은 반듯하고 뾰족하다. 엽록체는 양단을 포함해 세포 전체에 가득 차 있고, 세포 중앙부에 절개부가 있으며, 피레노이드는 없다. 세포 길이는 45-72(-90) *μm*이고, 폭은 1.5-4 *μm*이다.

이 종은 세포 길이와 세포 말단부 형태가 매우 다양하다. *Monoraphidium komarkovae*와 형태가 유사하지만, 이 종은 세포 폭이 좀 더 넓고, 세포 끝이 덜 뾰족하며, 길이가 짧아 구별된다.

생태특성 부영양의 웅덩이, 저수지, 호수, 유속이 느린 하천이나 강 등 다양한 수체에서 부유성으로 출현한다(John *et al.* 2011).
분포 한강수계, 낙동강수계, 금강수계, 영산강·섬진강수계

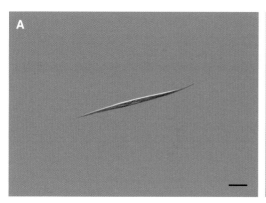 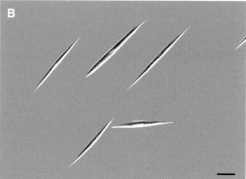

Monoraphidium griffithii. A–B. 척도=10 μm.

Monoraphidium irregulare
(Smith) Komárková-Legnerová

기본명   *Dactylococcopsis irregularis* Smith 1922.

세포는 길고 가늘며, 양 끝이 뾰족한 방추형으로, S자에서 나선형으로 최대 2.5바퀴까지 꼬인다. 엽록체는 세포 내벽을 거의 감싸며, 세포의 양 끝까지 가지는 않는다. 피레노이드는 없다. 분열시 딸세포가 4개 생성되며, 세포 중앙의 구멍에서 분열되어 방출된다. 세포 길이는 항상 폭보다 10배 이상 길다. 세포 길이는 30-40 μm이고, 폭은 2-2.5 μm이며, 세포 양 끝의 길이는 18-30 μm이다.

생태특성 부유성으로 온대지역의 빈영양호나 중영양호에서 출현한다(Komárek &Fott 1983).
분포 한강수계, 금강수계, 영산강·섬진강수계

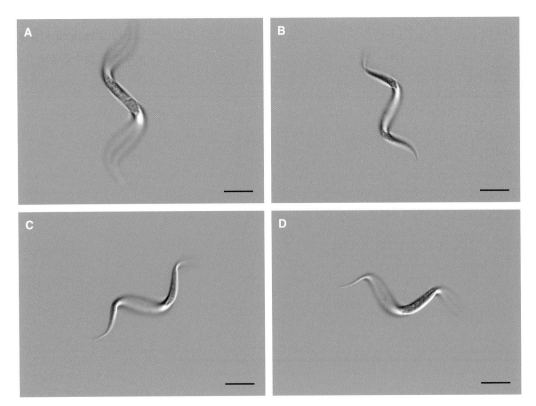

Monoraphidium irregulare. A-D. 척도=10 μm.

Monoraphidium komarkovae Nygaard

이명   *Ankistrodesmus falcatus* var. *setiformis* Nygaard 1945.
        Monoraphidium setiforme (Nygaard) Komárková-Legnerová 1969.

참고문헌   Komárek & Fott 1983, p. 631, pl. 176, fig. 1.

세포는 폭이 좁고 길쭉한 방추형으로, 길이가 폭에 비해 20배 이상 길다. 세포는 양 끝으로 갈수록
가늘어지며, 양 끝은 바늘 모양이나 강모와 같이 뾰족하고, 반듯하거나 또는 약간 구부러져 나타나
기도 한다. 엽록체는 세포 양 끝까지 전체에 분포하며 피레노이드는 없다. 세포는 군체를 이루지 않
는다. 세포 길이는 55-180 *μm*이고, 폭은 1.4-3.5 *μm*이다.

Monoraphidium 속의 종 중에서 세포 길이가 가장 길며, 보통 90 *μm*이상인 개체가 많다.

생태특성 연못, 호수, 저수지 등의 빈영양, 중영양과 과영양 수계에서 주로 여름철에 부유성으로 출현
한다(Komárek & Fott 1983).

분포 한강수계, 금강수계

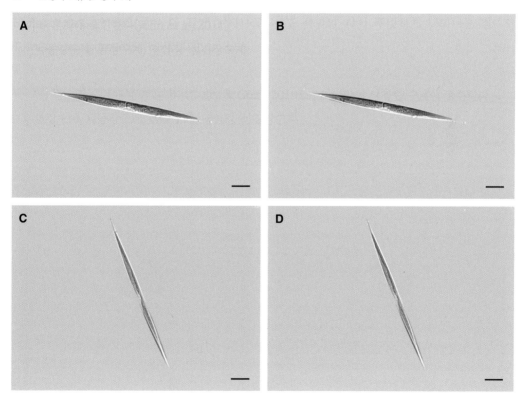

Monoraphidium komarkovae. A-D. 척도=10 μm.

Monoraphidium minutum
(Nägeli) Komárková-Legnerová

기본명 *Rhaphidium minutum* Nägeli.
이명 *Choricystis minuta* (Nägeli) Hindák 1988.
   Selenastrum minutum (Nägeli) Collins 1907.
   Ankistrodesmus minutissimus Korshikov 1953.
   Ankistrodesmus lunulatus Belcher & Swale 1962.
   Rhaphidium convolutum var. *minutum* (Nägeli) Rabenhorst.
참고문헌 Komárek & Fott 1983, p. 641, pl. 180, fig. 2; John *et al.* 2011, p. 460, pl. 118 fig. C.

세포는 초승달 또는 말발굽 모양으로, 원형 또는 나선형 그리고 S자형이 있다. 간혹 세포 끝부분은 한쪽이 돌출되거나 또는 양 끝이 맞닿아 있기도 하며, 점점 폭이 좁아지는 둥글다. 엽록체는 세포 전체에 분포하고, 피레노이드는 없다. 세포는 군체를 이루지 않는다. 세포 길이는(3.5-)5-17 *㎛*이고, 폭은 1-7.2 *㎛*이다.

생태특성 하천 등의 수계에서 부유성으로 출현한다(John *et al.* 2011).
분포 한강수계, 영산강·섬진강수계

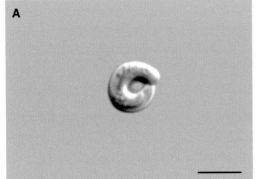
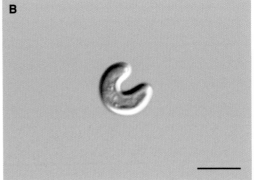

Monoraphidium minutum. A-B. 척도=10 ㎛. A-B: 초승달 모양 세포 및 세포 말단부의 둥근 형태.

Monoraphidium nanum
(Ettl) Hindák

기본명 *Nephrodiella nana* Ettl.
이명 *Choricystis nana* (Ettl) Hindák 1988.
참고문헌 Komárek & Fott 1983, p. 642, pl. 180, fig. 3.

세포는 소형으로 콩팥 모양이며, 세포 양 끝은 둥글며 폭이 넓고, 점액질에 둘러싸이지 않는다. 엽록체는 측면에 구유 모양으로 분포하며, 피레노이드는 존재하지 않는다. 군체를 이루지 않으며, 단독으로 분포한다. 세포 길이는 3-6.5 *μm*이고, 폭은 1-2.2 *μm*이다.
소형 종으로 양 끝이 둥근 콩팥 모양인 점에서 *M. minutum*과 구별된다.

생태특성 작은 연못 등의 수계에서 부유성으로 출현한다(Komárek & Fott 1983).
분포 한강수계, 금강수계

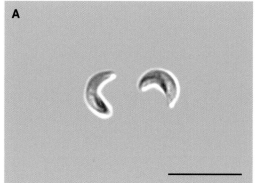
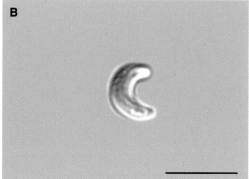

Monoraphidium nanum. A-B. 척도=10 *μm*. A-B: 소형의 콩팥 모양 세포.

Monoraphidium subclavatum
Nygaard

참고문헌   Komárek & Fott 1983, p. 640, pl. 179, fig. 3.

세포는 방추형으로 반듯하거나 약간 초승달 모양으로 굽으며, S자형은 나타나지 않는다. 세포는 양 끝
으로 갈수록 점차 폭이 좁아지며, 양 끝은 뾰족한 형태이나 길지 않다. 엽록체는 세포 전체에 가득 차
있고 중앙부에 절개부가 없으며, 피레노이드가 없다. 세포 길이는 12-25 μm이고, 폭은 2-4.5 μm이다.
여러 개체가 모여 있을 경우 *Selenastrum* 속의 군체와 유사해 동정하기 어렵다.

생태특성 작은 호소에서 부유성으로 출현한다(Komárek & Fott 1983).
분포 한강수계

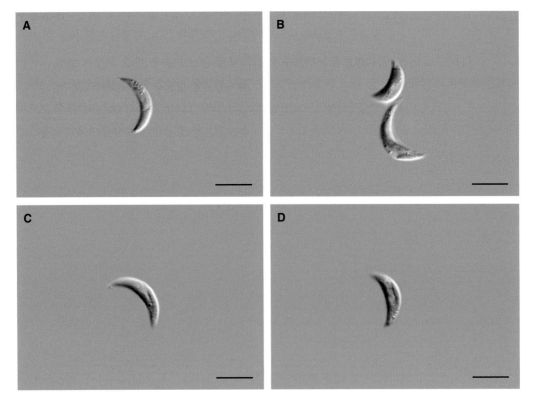

Monoraphidium subclavatum. A-D. 척도=10 μm. A: 세포 양 끝, B-D: 초승달 모양 세포.

Selenastrum bibraianum
Reinsch

이명   *Ankistrodesmus bibraianus* (Reinsch) Korshikov 1953.
       Kirchneriella bibraiana (Reinsch) Williams 1965.
참고문헌   Komárek & Fott 1983, p. 688, pl. 194, fig. 3; 이 등 2017, p. 336, fig. 157.

부유성이며, 세포 2개, 4개, 8개 또는 16개가 군체를 이룬다. 세포는 폭이 넓은 초승달 모양이고, 양
말단으로 갈수록 점차 가늘어지며, 끝이 뾰족하다. 굽은 세포의 바깥 면이 서로 부착해 보통 세포 4
개 또는 8개가 규칙적인 2단으로 배열한다. 많은 세포로 이루어진 군체에서는 세포 배열이 흐트러
지기도 한다. 엽록체는 1개이고, 피레노이드가 1개 있다. 세포 길이는 16-38 μm이고, 폭은 5-8 μm
이다.

생태특성 웅덩이, 저수지, 호수, 평지의 늪, 유속이 느린 하천이나 강 등 다양한 서식처에서 부유성 또
는 수생식물과 혼재해 출현하며(John *et al.* 2011), 우리나라에서는 전국 각지에서 출현한다.
분포 한강수계, 낙동강수계, 영산강·섬진강수계

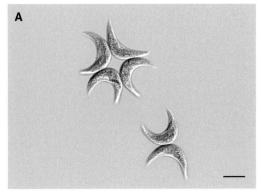

Selenastrum bibraianum. A-B. 척도=10 μm.

Treubaria schmidlei
(Schröder) Fott & Kovácik

기본명	*Polyedrium schmidlei* Schröder.
이명	*Tetraedron schmidlei* (Schröder) Lemmermann.
	Tetraedron hastatum Schmidle 1896.
	Treubaria limnetica (G.M. Smith) Fott & Kovácik 1975.
참고문헌	Yamagishi & Akiyama 1993, 11: 91; Komárek & Fott 1983, p. 266, pl. 78, fig. 3; John *et al.*
	2011, p. 418, pl. 121, fig. N.

조체는 부유성 단세포이다. 세포는 모서리가 3-4개 있지만 드물게 모서리가 4개 이상이거나 구형
도 나타난다. 모서리는 넓은 원형이고, 돌기 1개가 신장한다. 돌기는 투명하고, 가늘고 긴 원뿔형으
로 기부가 두껍고 선단으로 점차 가늘어져 끝이 뾰족하다. 엽록체는 1개 또는 그 이상이며, 각각 피
레노이드가 1개 있다. 세포 직경은 6-19 μm이고, 돌기 길이는 10-50 μm이다. 돌기 길이와 세포 직경
의 비율은 2-3배이다.

생태특성 웅덩이, 저수지, 호수, 유속이 느린 하천이나 강 등 다양한 수체에서 주로 여름철에 부유성으
로 출현한다.
분포 한강수계, 낙동강수계, 영산강·섬진강수계

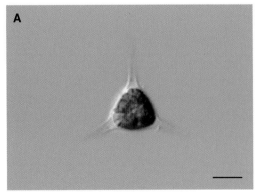
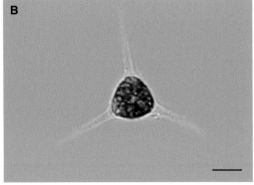

Treubaria schmidlei. A-B. 척도=10 μm.

Treubaria triapendiculata
Bernard

이명   *Polyedrium schmidlei* var. *euryacanthum* Schmidle.
       Tetraedron schmidlei var. *euryacanthum* (Schmidle) Lemmermann.
       Tetraedron triapendiculatum (Bernard) Wille.

참고문헌   Yamagishi & Akiyama 1987, 6: 95; Komárek & Fott 1983, p. 266, pl. 79, fig. 1; John *et al.* 2011, p. 418, pl. 121, fig. O.

조체는 단세포 부유성이고, 세포는 대개 모서리가 3개 있는 피라미드형이지만, 드물게 모서리가 4개 이상인 것과 편평해 모서리가 평면상에 배열한 것도 있다. 모서리는 둥글고, 측변은 약간 오목하다. 각 모서리에 투명한 긴 자상돌기가 1개 있다. 돌기 기부는 두껍고 선단으로 갈수록 점차 가늘어져 끝이 뾰족하다. 엽록체는 1-4개이고, 세포벽을 따라 만곡한 얇은 판상으로, 각각 피레노이드가 1개 있다. 세포 직경은 6-13 μm이고, 돌기 길이는 14-40 μm이다.

생태특성 전 세계에 분포하며 산성화되지 않은 작은 호소에서 부유종으로 출현한다(Komárek &Fott 1983). 우리나라에서는 웅덩이, 저수지, 호수, 유속이 느린 하천이나 강 등 다양한 수체에서 주로 여름철에 부유성으로 출현한다.

분포 한강수계, 낙동강수계, 금강수계

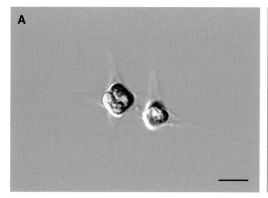
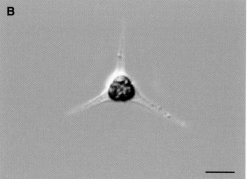

Treubaria triapendiculata. A-B. 척도=10 μm.

Klebsormidium subtile (Kützing) Mikhailyuk, Glaser, Holzinger & Karsten

기본명	*Ulothrix subtilis* Kützing 1845.
이명	*Chlorhormidium subtile* (Kützing) Starmach 1972.
	Chlorhormidium subtilissimum (Rabenhorst) Fott 1971.
	Hormidium subtile (Kützing) Heering.
	Hormiscia subtilis (Kützing) De Toni 1889.
	Hormiscia subtilis var. *subtilissima* (Rabenhorst) Hansgirg.
	Hormidium subtilissimum (Rabenhorst) Mattox & Bold 1962.
	Klebsormidium subtilissimum (Rabenhorst) Silva, Mattox & Blackwell 1972.
	Lyngbya thompsonii (Harvey) Hassall 1845.
	Melosira thompsonii Harvey 1841.
	Stichococcus subtilis (Kützing) Klercker 1896.
	Ulothrix subtilis subsp. *subtilissima* (Rabenhorst) Hansgirg 1886.
	Ulothrix subtilis var. *subtilissima* (Rabenhorst) Rabenhorst 1868.
	Ulothrix subtilis var. *variabilis* Kirchner.
	Ulothrix subtilissima Rabenhorst 1857.
참고문헌	Prescott 1962, p. 99, pl. 6, figs 7-8.

사상체는 매우 길게 나타나고, 세포는 폭이 넓은 원통형으로 각 세포의 연결 부위에 요입이 없이 반듯하다. 엽록체는 긴 타원형으로 세포 측연에 위치하며 피레노이드가 1개 있다. 세포 직경은 5-8 μm이고 길이는 7-20 μm이다.

생태특성 기중 환경에서 흔히 서식한다.

분포 한강수계, 영산강·섬진강수계

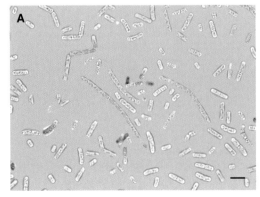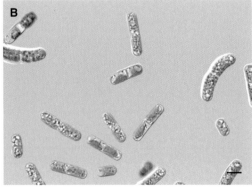

Klebsormidium subtile. A-B. 척도=25 μm(A), 10 μm(B).

Actinastrum aciculare
Playfair

참고문헌   Komárek & Fott 1983, p. 744, pl. 208, fig. 1.

군체는 세포 4-8개 또는 16개로 구성된다. 군체 중앙부에서 바깥쪽으로 방사상으로 배열해 별 모양 정수군체를 이룬다. 세포는 긴 방추형이며 만곡되었고, 기부는 폭이 넓은 원형이며, 바깥쪽 끝부분은 침상으로 뾰족하다. 엽록체는 세포 기부를 중심으로 분포하고 끝부분에는 분포하지 않으며, 피레노이드가 1개 있다. 세포 길이는 20-25 μm이고, 폭은 1.5-3 μm이다.

생태특성 담수에서 보편적으로 출현한다(Guiry & Guiry 2020).
분포 한강수계, 금강수계

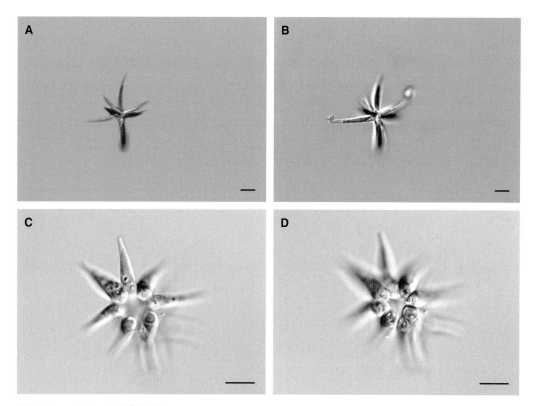

Actinastrum aciculare. A-D. 척도=10 μm.

Actinastrum gracillimum
Smith

참고문헌 Komárek & Fott 1983, p. 746, pl. 208, fig. 3; 이 등 2017a, p. 246, pl. 111, figs. A-D.

부유성이며, 세포 4개, 8개 또는 16개가 군체를 이룬다. 세포는 군체 중앙에서 방사상으로 배열해 정수군체를 이룬다. 세포는 양쪽 끝부분이 둥근 직선형이다. 엽록체는 판상이고, 피레노이드가 1개 있다. 세포 길이는 15-20 μm이고, 세포 폭은 2-4 μm이며, 군체 직경은 35-50 μm이다.

생태특성 부유성으로 저수지, 호수, 유속이 느린 강 등 다양한 담수 서식처에서 보편적으로 출현한다 (Komárek & Fott 1983).

분포 한강수계, 금강수계, 영산강·섬진강수계

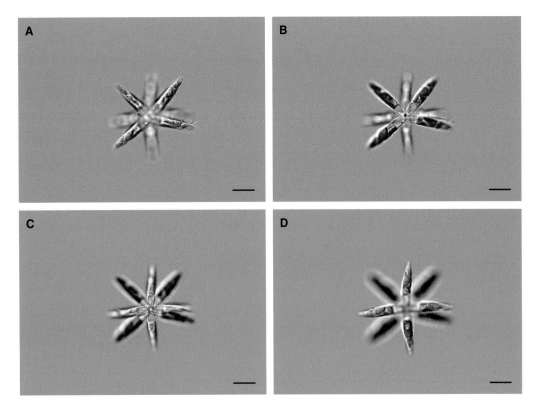

Actinastrum gracillimum. A-D. 척도=10 ㎛.

Actinastrum hantzschii Lagerheim

참고문헌 Komárek & Fott 1983, p. 742, pl. 207, fig. 2; Yamagishi & Akiyama 1987, 7: 1; John *et al.* 2011, p. 475, pl. 105, fig. H.

조체는 세포 4개, 8개 또는 16개가 한쪽 끝에서 중심부 기질에 접착해 방사상으로 배열한 부유성 정수군체이며, 가끔 자생포자에서 형성된 작은 딸군체가 떨어지지 않고 복합군체를 형성하는 것도 있다. 세포는 가늘고 긴 방추형이며, 양 끝은 둥글다. 엽록체는 1개이고, 세포벽을 따라 만곡한 얇은 판상으로 피레노이드가 1개 있다. 세포 직경은 3-6 *μm*이고, 길이는 10-26 *μm*이다.

생태특성 영양염이 풍부한 웅덩이, 수로, 저수지, 호수, 유속이 느린 하천이나 강 등 다양한 서식처에서 연중 보편적으로 출현하며(John *et al.* 2011), 우리나라에서는 전국 각지에서 출현한다.
분포 한강수계, 낙동강수계, 금강수계, 영산강·섬진강수계

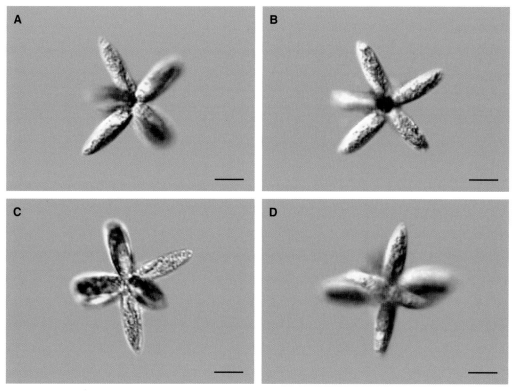

Actinastrum hantzschii. A-D. 척도=10 *μm*.

Actinastrum hantzschii var. *subtile*
Woloszynska

참고문헌   Komárek & Fott 1983, p. 742, pl. 207, fig. 3.

조체는 세포 8개 또는 16개가 한쪽 끝에서 접착해 방사상으로 배열한 부유성 정수군체이며, 가끔 자생포자에서 형성된 작은 딸군체가 떨어지지 않고 복합군체를 형성하는 것도 있다. 세포는 가늘고 긴 방추형이며, 바깥쪽 선단은 가늘고 뾰족하며, 절두형의 안쪽 말단이 서로 접착해 방사상 군체를 이룬다. 엽록체는 1개이고, 세포벽을 따라 만곡한 얇은 판상으로 피레노이드가 1개 있다. 세포 직경은 2-3.5 μm이고, 길이는 25-30 μm이다.

생태특성 주로 중영양에서 부영양의 웅덩이, 저수지, 호수, 유속이 느린 강 등 다양한 서식처에서 보편적으로 출현하며, 우리나라에서는 전국 각지에서 출현한다.

분포 한강수계, 낙동강수계, 금강수계, 영산강·섬진강수계

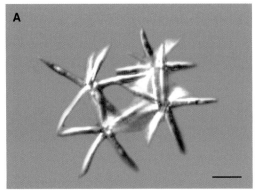
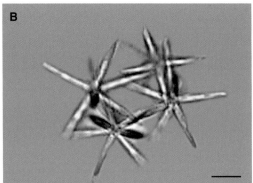

Actinastrum hantzschii **var. *subtile*.** A–B. 척도=10 μm.

Chlorella vulgaris
Beyerinck

이명   *Chlorella candida* Shihira & Krauss 1965.
         Chlorella communis Artari 1906.
         Chlorella pyrenoidosa var. *duplex* (Kützing) West.
         Chlorella terricola Gollerbach 1936.
         Chlorella vulgaris var. *viridis* Chodat 1913.
         Pleurococcus beijerinckii Artari 1892.
참고문헌   Komárek & Fott 1983, p. 594, pl. 168, fig. 2.

세포는 단독 또는 작은 군체를 이루기도 한다. 세포는 넓은 타원형 또는 구형이며, 자생포자는 대체로 타원형이고 드물게는 구형 또는 불규칙한 형태를 보인다. 세포벽은 얇고, 엽록체는 컵 모양이고, 깊은 절개면이 2개 있는 넓은 밴드 모양이며, 발생 초기에는 옆으로 긴 구유 모양을 띠기도 한다. 피레노이드는 1개로 뚜렷하며, 간혹 2개가 나타나기도 한다. 세포 2개, 4개, 8개, 16개로 방출, 증식되며, 모세포벽은 상당기간 남는다. 세포는 직경이 1-10 *μm*에 이른다.

생태특성 다양한 상태의 담수에서 흔히 출현한다.
분포 한강수계, 낙동강수계, 금강수계, 영산강·섬진강수계

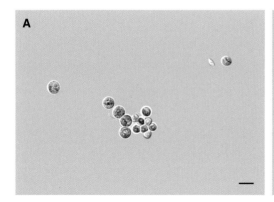 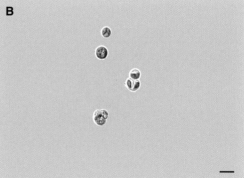

Chlorella vulgaris. A–B. 척도=10 μm.

Micractinium pusillum
Fresenius

이명   *Crucigenia multiseta* (Schmidle) Schmidle.

        Golenkinia botryoides Schmidle 1896.

        Micractinium eriense Tiffany & Ahlstrom.

        Micractinium pusillum var. *longisetum* Tiffany & Ahlstrom.

        Micractinium pusillum var. *mucosa* Korshikov.

        Richteriella botryoides (Schmidle) Lemmermann.

        Staurogenia multiseta Schmidle.

        Tetrastrum multisetum (Schmidle) Chodat 1902.

참고문헌 Komárek & Fott 1983, p. 322, pl. 97, fig. 1; Hindak 1984, p. 41, pl. 13, figs 1-2; John *et al.* 2002, p. 365, pl. 89, fig. L.

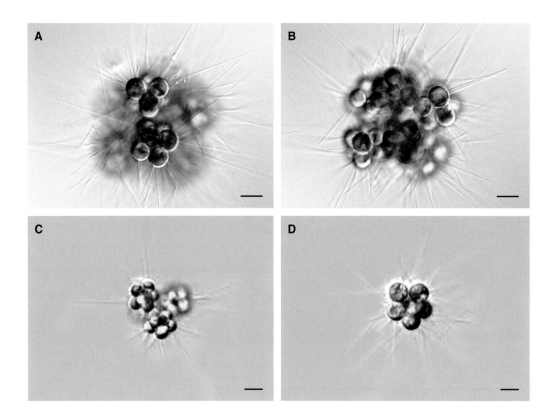

군체는 보통 세포 4개로 이루어지며, 간혹 피라미드형이나 사각형이 아닌 불규칙한 모양 군체를 이루기도 하며, 이럴 경우에는 세포 8-32(-700)개로 이루어진다. 세포는 구형이며, 단독 세포로 분포하지 않고, 주로 군체로 분포한다. 엽록체는 컵 모양으로 길쭉한 피레노이드가 1개 있다. 각 세포에는 매우 가는 강모가 2-4-8개 있으며, 간혹 강모 수를 정확하게 파악하기 어렵다. 세포 길이는 3-7 *μm*이고, 강모 길이는 40-60(-100) *μm*이다.

생태특성 주로 중영양의 웅덩이, 저수지, 호수, 유속이 느린 하천이나 강 등 다양한 수체에서 부유성으로 출현하거나 수생식물과 혼재해 출현하며, 중영양 수체의 지표종으로 간주된다(John *et al.* 2011).

분포 한강수계, 낙동강수계, 금강수계, 영산강·섬진강수계

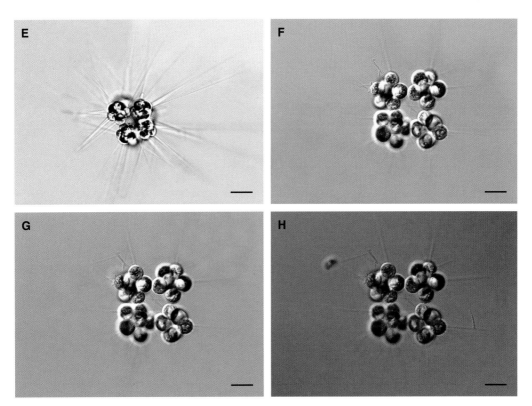

Micractinium pusillum. A-H. 척도=10 μm. A-B: 강모 및 구형 세포.

Micractinium quadrisetum
(Lemmermann) Smith

기본명	*Richteriella quadriseta* Lemmermann.
이명	*Richteriella botryoides* var. *quadriseta* (Lemmermann) West.
	Tetrastrum rocklandense B.M. Griffiths.
참고문헌	Komárek & Fott 1983, p. 326, pl. 97, fig. 2; Yamagishi & Akiyama 1987, 7: 39; John *et al.* 2011, p. 490, pl. 121, fig. K.

조체는 세포 4개로 이루어진 부유성 정수군체로, 세포 4개가 한 평면상에 십자형으로 배열, 상호 접착해 중앙에 4변형의 간극이 있다. 종종 세포 16개가 접착해 복합군체를 이룬다. 세포는 난형 내지 거의 구형이고, 각각 기부의 양 끝에서 서로 접착해 있다. 세포 외벽에 가늘고 긴 강모가 1-4개 있다. 엽록체는 1개이고, 컵 모양이며, 피레노이드가 1개 있다. 세포 직경은 4-7 μm이고, 길이는 8-10 μm이며, 강모 길이는 20-50 μm이다.

생태특성 웅덩이, 저수지, 수로, 일시적인 웅덩이, 유속이 느린 강에서 드물게 출현한다(John *et al.* 2011).

분포 한강수계, 낙동강수계, 금강수계, 영산강·섬진강수계

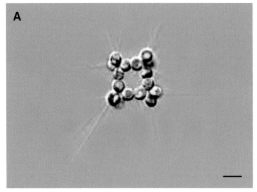 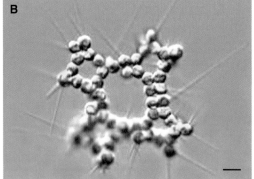

Micractinium quadrisetum. A-B. 척도=10 μm.

Micractinium valkanovii
Vodenicarov

참고문헌 Komárek & Fott 1983, p. 324, pl. 98, fig. 1.

생장 초기 군체는 세포 (4-)8-16개로 이루어진 사각형이며, 후에 성숙하면 군체 여러 개가 결합해 정육면체를 이루고, 군체 측면에 간극이 있다. 엽록체는 큰 피레노이드가 1개 있다. 세포 표면은 미세한 강모로 덮인다. 세포 길이는 6-12 μm, 강모 길이는 100 μm까지 자란다.

생태특성 얕고 작은 웅덩이에 부유성으로 서식한다(Komárek & Fott 1983).
분포 한강수계, 금강수계

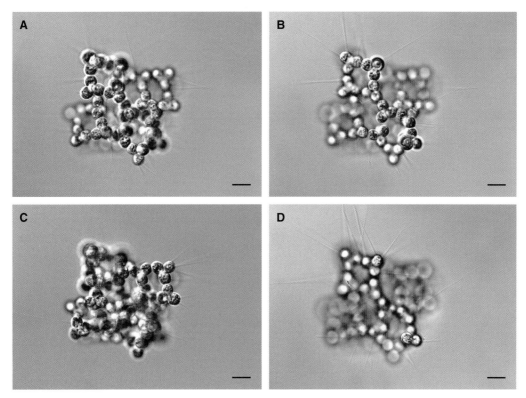

Micractinium valkanovii. A-D. 척도=10 μm.

Nephrocytium limneticum
(Smith) Smith

기본명   *Gloeocystopsis limneticus* G.M. Smith.
참고문헌   Komárek & Fott 1983, p. 537, pl. 157, fig. 3; Yamagishi & Akiyama 1998, 20: 51; John *et al.* 2011, p. 491, pl. 108, fig. C.

조체는 부유성으로 세포 4개, 8개 또는 16개가 군체를 이루고, 군체는 구형 내지 타원형이며, 약간 견고한 한천질에 싸였다. 어린 세포는 직선상 또는 양 끝이 가늘고 약하게 굽은 초승달 모양이지만, 성숙한 세포는 폭이 넓은 소시지 모양을 이룬다. 엽록체는 1개이고, 평판상이며, 피레노이드가 1개 있다. 세포 직경은 4-10 *㎛*이고, 길이는 10-25 *㎛*이다.

생태특성 대개 웅덩이, 저수지 및 호수 등에서 부유성으로서 수생식물과 혼생해 출현한다.
분포 낙동강수계, 영산강·섬진강수계

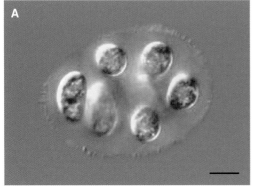
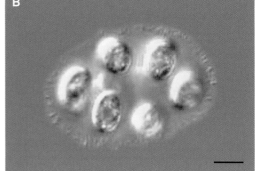

Nephrocytium limneticum. A–B. 척도=10 ㎛.

Oocystis parva West & West

이명   *Oocystella parva* (West & West) Hindák 1988.
           Oocystis planctonica Chodat 1931.
참고문헌 John *et al.* 2011, p. 493, pl. 92. fig. J.

세포는 단독으로 존재하거나 또는 세포 2-8개가 군체를 이루며, 이는 세포의 장축이 서로 연접해 모세포에서 방출된다. 세포는 타원형부터 세포 양단이 둥근 방추형으로 길이는 폭에 비해 1.5-2배 길다. 엽록체 1개, 피레노이드 1개가 있다. 세포 길이는 3.2-17 ㎛이고, 폭은 1.5-10 ㎛이다.

생태특성 전 세계에 분포하며, 부유성 또는 부착성으로 강, 호소, 늪지 등에서 출현한다(John *et al.* 2011).
분포 한강수계, 금강수계

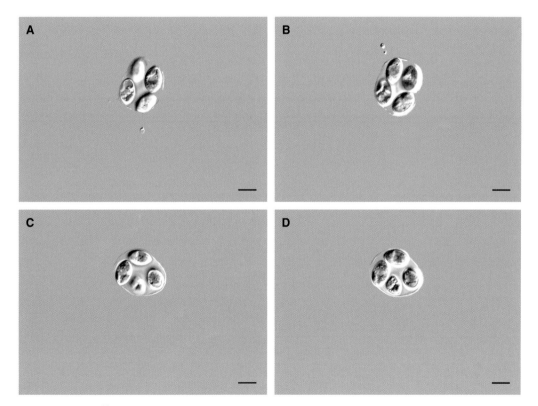

Oocystis parva. A–D. 척도=10 ㎛.

Stichococcus deasonii
Neustupa, Eliá & Šejnohová

이명   *Hormidium marinum* Deason 1969.
        Klebsormidium marinum (Deason) Silva, Mattox & Blackwell 1972.
참고문헌 Neustapa *et al.* 2007, p. 60, fig. 1.

세포는 양 끝이 둥근 원통형이며, 주로 단세포 또는 세포 2개가 연결되어 나타난다. 사상체는 세포 4-10개로 이루어지며, 간혹 20개까지 자라기도 한다. 엽록체는 1개로 세포 측연에 분포하며, 전분초가 있는 피레노이드가 1개 관찰된다. 세포 길이는 4-11.8 μm이고, 폭은 2.5-4.2 μm이다.

생태특성 주로 기중성 종으로 수피, 선태류와 함께 서식하며, 담수에서도 출현한다.

분포 한강수계

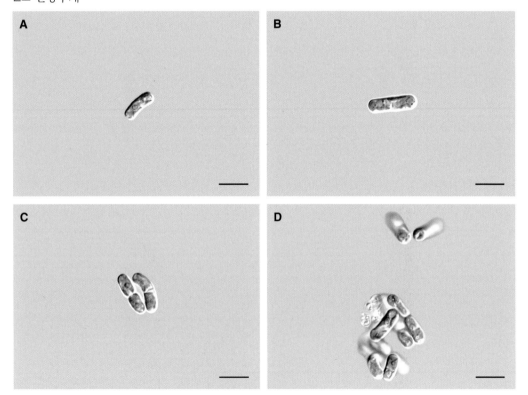

Stichococcus deasonii. A-D. 척도=10 μm. A-D: 원통형 세포 및 피레노이드 관찰.

Botryococcus braunii
Kützing

이명   *Botryococcus giganteus* Reinsch 1877.
        Thallodesmium wallichianum Turner 1893.

부유성 종이며, 많은 세포가 모여 불규칙한 군체를 이룬다. 구형, 타원형 등으로 이루어진 포도송이 모양의 작은 군체가 견고한 한천질상 축상체로 서로 연결되어 큰 군체를 이룬다. 세포는 타원형 또는 난형이고, 16, 32개 또는 그 이상의 세포가 투명하고 견고한 한천질상 점액질에 방사상으로 매몰되었고, 작은 군체가 표층에 방사상으로 배열한다. 엽록체는 1개이고, 얇은 판상이다. 군체는 녹색, 황록색 또는 적갈색을 띤다. 세포 직경은 3-6 μm이고, 길이는 6-11 μm이다.

본 종은 액체 탄화수소를 생성하는 특징이 있어 재생 탄화수소 연료 재료로 사용된다(Weiss *et al*. 2010).

생태특성 호소, 늪지, 작은 도랑 등 다양한 담수역에서 흔히 출현한다(John *et al*. 2011).
분포 한강수계, 낙동강수계, 금강수계

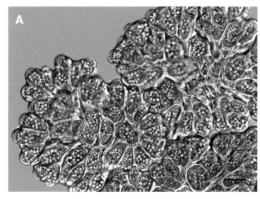 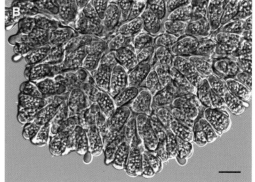

Botryococcus braunii. A–B. 척도=10 ㎛.

Crucigenia tetrapedia
(Kirchner) Kuntze

기본명   *Staurogenia tetrapedia* Kirchner 1880.
이명   *Pediastrum tetras* var. *quadratum* Playfair 1913.
          Pediastrum tetras var. *tetrapedia* (Kirchner) Playfair 1913.

군체는 세포 4개가 사각형을 이루며, 각 세포는 판상을 이룬다. 군체 모서리는 뭉툭하며, 세포 4개가 서로 인접해 간극이 없다. 다만 군체 중앙부에 아주 작은 간극이 있으며, 군체 중심부에 짧은 세포벽 연결부가 있다. 세포는 삼각형이며 세포 바깥쪽 측연은 직선이거나 약간 오목하다. 엽록체는 세포 전체에 차 있고, 피레노이드는 없다. 세포 길이는 5-7 μm이고, 폭은 3-5 μm이며, 군체 직경은 6-12 μm이다.

생태특성 다양한 담수역에서 흔히 출현하는 부유성이다(Komárek & Fott 1983).
분포 금강수계, 영산강·섬진강수계

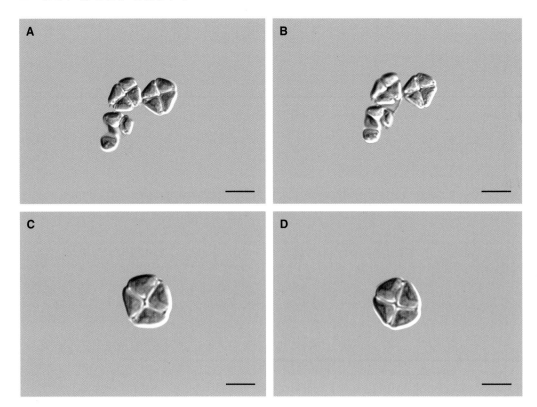

Crucigenia tetrapedia. A-D. 척도=10 ㎛.

Lemmermannia triangularis
(Chodat) Bock & Krienitz

기본명   *Staurogenia triangularis* Chodat 1900.
이명   *Crucigenia triangularis* (Chodat) Schmidle 1900.
         Tetrastrum triangulare (Chodat) Komárek 1974.
참고문헌   Komárek & Fott 1983, p. 767, pl. 213, fig. 3.

군체는 사각형으로 중앙부에 서로 판상으로 모이고 작은 간극이 있다. 세포 외부 측연은 약간 볼록
하고 세포는 십자배열한다. 세포벽은 평활하고 강모가 없다. 엽록체에는 피레노이드가 있으며 부푼
외각 쪽에 두껍게 편재한다. 세포 직경은 2-8 *μm*이고, 군체 직경은 5-17.5 *μm*이다.

생태특성 담수에서 출현한다.

분포 한강수계

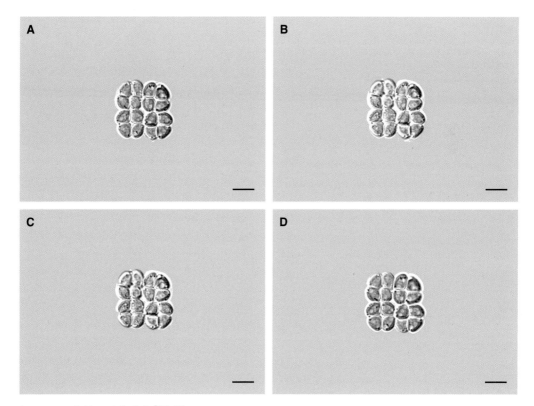

Lemmermannia triangularis. A–D. 척도=10 μm.

윤조류

CHAPTER 4

돌말류

대롱편모조류

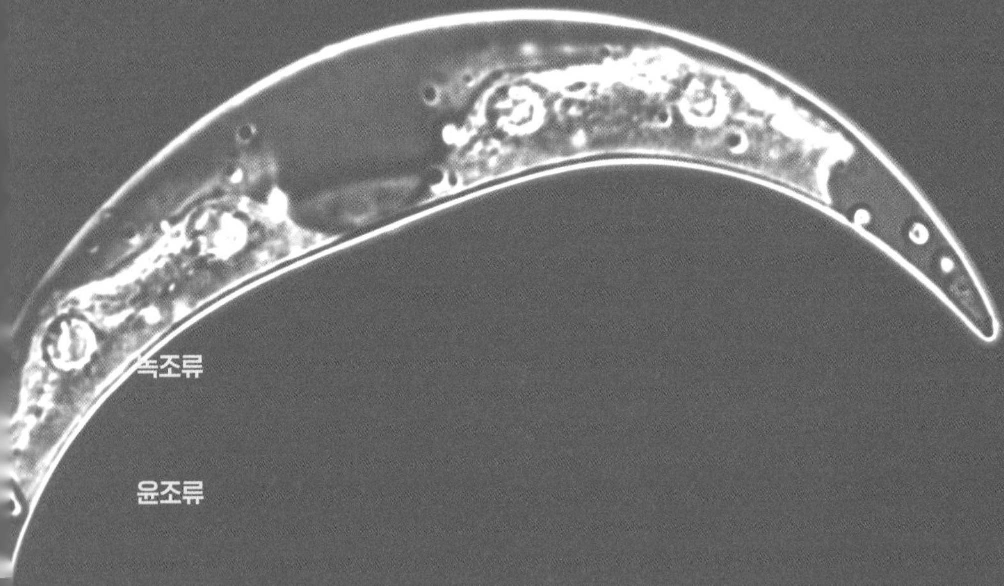

녹조류

윤조류

남조류

와편모조류

은편모조류

CHAROPHYTA

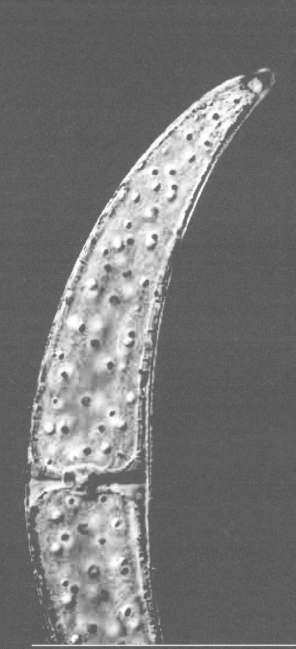

Closterium acerosum Ehrenberg ex Ralf

참고문헌 West & G.S. West. 1904, p. 146, pl. 18. figs 2-5; Prescott *et al.* 1975, 27, pl. 13, figs 9-11; Růžička 1977, p. 154, pl. 18. figs 1-4; Förster 1982, p. 62, pl. 7, figs 1, 2; Coesel & Meesters 2007, p. 38. pl. 11, figs 1, 2; Brook & Williamson 2010, p. 255, pl. 117, figs 1-3, 5-9, pl. 118. figs 1-4, 6, 9-10.

세포는 크고, 길이는 폭의 9-14배이다. 세포 외측면은 약간 볼록하고, 내측면은 거의 직선이거나 약간 오목하며, 중앙부 양 측면은 평행하고, 양 말단을 향해서 점차 가늘어지며, 내측 선단부는 바깥쪽으로 굽는다. 세포벽은 무색 평활하거나 가끔 미세한 줄무늬가 있고, 황갈색을 띤다. 진정한 둘레띠는 없으며, 간혹 헛둘레띠가 있기도 하다. 엽록체는 세로축을 따라 융기되었고, 중앙에 피레노이드 7-11개가 일렬로 배열한다. 세포 길이는 300-500 μm이고, 폭은 30-50 μm이다.

생태특성 다양한 수체에서 보편적으로 출현하나, 부영양화된 중성에서 약알칼리성의 얕은 저수지, 늪, 웅덩이 등에서 빈번하게 출현한다(Palmer 1969).

분포 한강수계, 낙동강수계, 영산강·섬진강수계

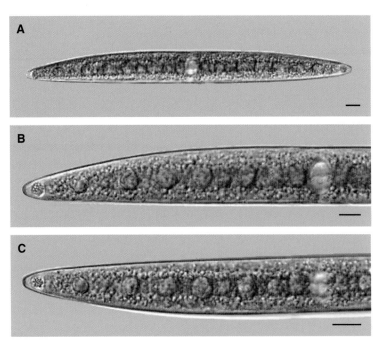

Closterium acerosum. A-C. 척도=10 ㎛.

Closterium acutum
Brébisson

이명   *Closterium tenerrimum* Kützing ex Ralfs 1848.
참고문헌   Hirose *et al.* 1977, p. 483, pl. 165, fig. 4.

세포는 가늘고 길이는 폭의 20-30배이며, 뚜렷한 곡선을 형성하지 않는다. 세포 중앙부에서 양 말
단으로 갈수록 점차 가늘어져 세포 끝은 뾰족하다. 세포벽은 무색이며, 매끄럽고 띠가 없다. 세포 길
이는 200-250 *μm*, 폭은 7-12 *μm*이며, 양단 세포 폭은 2-3 *μm*이다.

생태특성 영양염이 풍부한 담수에서 출현한다.
분포 한강수계, 영산강·섬진강수계

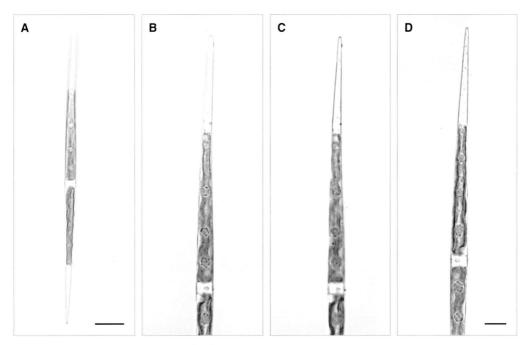

Closterium acutum. A–D. 척도=25 ㎛(A), 10 ㎛(B–D).

Closterium calosporum Wittrock

참고문헌   West & G.S. West 1904, p. 138. pl. 16, figs 1-4; Prescott *et al.* 1975, p. 38. pl. 36, figs 8, 15; Růžička 1977, p. 129, pl. 12, figs 24-27; Coesel & Meesters 2007, p. 41, pl. 14, figs 7-9.

세포는 소형이고, 길이는 폭의 8-11배로, 상당히 심하게 만곡한다(110-120°). 세포 복측부는 균등하게 만곡하고, 중앙부에서 팽창하지 않으며, 선단을 향해서 점차 가늘어지고, 선단은 절두상이며, 액포가 있다. 세포벽은 둘레띠가 없으며, 무색에서 갈색을 띠고 평활하다. 세포 길이는 78-95 *㎛*이고, 폭은 8.5-10.3 *㎛*이다.

생태특성   호산성 종으로 보고되어 왔으나(Růžička 1977), 약산성에서 약알칼리성 범위의 수체에서도 일반적으로 출현하며(Brook & Williamson 2010). 우리나라 낙동강수계에서도 채집되었다.
분포   낙동강수계

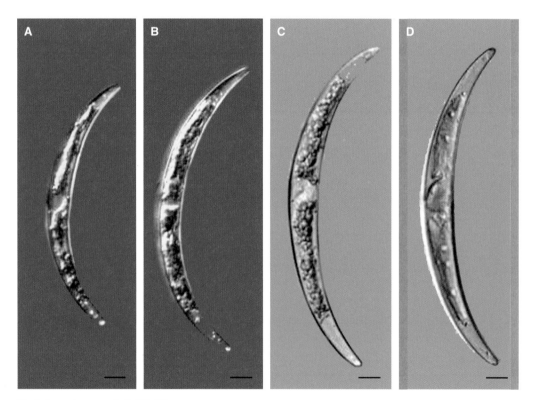

Closterium calosporum. A-D. 척도=10 ㎛.

Closterium cornu
Ehrenberg ex Ralfs

세포 길이는 폭보다 12-24배 이상 더 길며, 세포는 약간 구부러져 있고, 바깥의 호는 20-60° 이다. 세포 중앙부의 내부 측연은 부풀지 않았고 편평하며 직선이고, 바깥 측연 중앙부는 불룩하게 나와 있다. 세포는 양 끝으로 갈수록 점점 폭이 좁아지며 양 끝은 둥근 절형이다. 세포벽은 평활하고 무색 이며, 엽록체는 피레노이드 2-5개가 일렬로 배열한다. 세포 양 끝에는 과립이 1개 있는 액포가 있 다. 세포 길이는 90-100 μm이고, 폭은 5-10 μm이며, 선단부 폭은 1.5-3.5 μm이다.

생태특성 물이끼 늪지, pH 4.5-6.3인 산성 수역에서 주로 출현하며, 열대 수역에서는 좀 더 염기성 수 역에서 출현한다(Prescott *et al.* 1975).

분포 금강수계

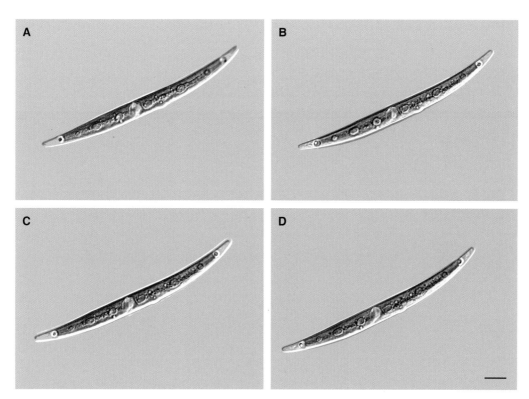

Closterium cornu. A-D. 척도=10 ㎛.

Closterium ehrenbergii
Meneghini ex Ralfs

이명　*Closterium robustum* Hastings 1892.
참고문헌　West & G.S. West 1904, p. 143, pl. 17, figs 1-4; Prescott *et al.* 1975, p. 49, pl. 21, figs 8, 9;
　　　　 Förster 1982, p. 78. pl. 11, figs 5, 6; Coesel & Meesters 2007, p. 43, pl. 16, figs 1, 2; Brook &
　　　　 Williamson 2010, p. 288. pl. 136, figs 1-5.

세포는 중정도에서 심하게 만곡하고, 길이는 폭의 4-7배이다. 세포 복측면 중앙부는 명확히 팽윤
되고, 말단을 향해서 균등하게 점차 가늘어지며, 선단부 바로 아래 말단부는 약간 바깥쪽으로 굽고,
선단은 넓은 둥근형이며, 외원은 110-120°이다. 세포벽은 둘레띠가 없고, 무색이며 미세한 줄무늬
가 있거나(14-17줄/10 ㎛) 평활하게 보인다. 피레노이드는 엽록체 전반에 산재한다. 세포 길이는
210-880 ㎛이고, 폭은 40-172 ㎛이며, 선단부 직경은 7-19 ㎛이다.

생태특성 호산성 종으로 보고되어 왔으나(Ružicka 1977), 약산성에서 약알칼리성 범위의 수체에서도
일반적으로 출현한다(Brook & Williamson 2010).
분포 한강수계, 낙동강수계, 영산강·섬진강수계

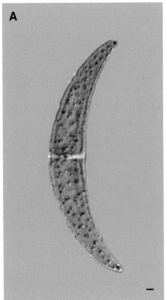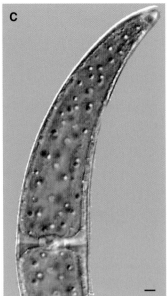

Closterium ehrenbergii. A-C. ㎛. 척도=10 ㎛.

Closterium gracile
Brébisson ex Ralfs

이명   *Closterium robustum* Hastings 1892.

참고문헌   West & G.S. West 1904, p. 136, pl. 15, figs 28-30; Prescott *et al.* 1975, p. 53, pl. 36, figs 5, 6; Förster 1982, p. 81, pl. 8. figs 11, 12; Coesel & Meesters 2007, p. 45, pl. 13, figs 3, 4; Brook & Williamson 2010, p. 309, pl. 147, figs 1-7.

세포 길이는 폭의 20-50배 이상이며, 세포는 가늘고 긴 형태로 세포 끝부분을 제외하고 대부분 반듯한 원통형이다. 세포 끝부분은 25-35°로 안쪽으로 갈수록 점차 폭이 좁아진다. 세포 양 끝은 둥근 절형이고, 세포벽에는 때로 둘레띠가 있기도 하다. 엽록체에는 피레노이드 4-7개가 일렬로 배열하고, 세포 끝부분의 액포에는 과립이 1-5개 있다. 세포 길이는 150-200 μm이고, 폭은 3-5 μm이며, 선단부 폭은 1-3 μm이다.

생태특성 남극을 포함한 전 세계에 분포하며, 물이끼 늪지, pH 8.8의 서식처 또는 고산지대에서 출현했다(Prescott *et al.* 1975).

분포 한강수계, 낙동강수계, 금강수계, 영산강·섬진강수계

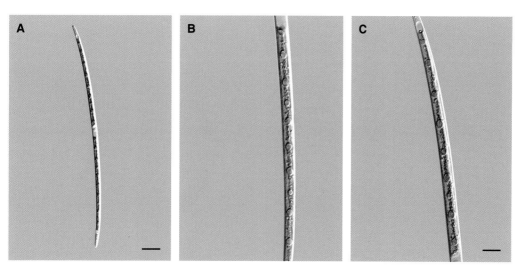

Closterium gracile. A: 20 um. 척도 B–C:10 um.

Closterium incurvum
Brébisson

이명   *Closterium venus* var. *incurvum* (Brébisson) Krieger 1937.
참고문헌   West & G.S. West 1904, p. 136, pl. 15, figs 28-30; Prescott *et al.* 1975, p. 53, pl. 36, figs 5, 6; Förster 1982, p. 81, pl. 8, figs 11, 12; Coesel & Meesters 2007, p. 45, pl. 13, figs 3, 4; Brook & Williamson 2010, p. 309, pl. 147, figs 1-7.

세포는 거의 반원형이다. 세포 중앙에서 양 말단으로 갈수록 강하고 균등하게 가늘어지며, 선단은 가는 둥근형이고, 말단부 구멍은 거의 관찰되지 않으며, 외원은 175-200° 이다. 세포벽은 둘레띠가 없고, 무색 평활하다. 세포 길이는 30-105 *μm*이고, 폭은 4-15 *μm*, 길이 대 폭의 비율은 4.5-8배이다.

생태특성 중영양에서 부영양의 알칼리성 수체에서 일반적으로 출현한다.

분포 낙동강수계

Closterium incurvum. A-D. 척도=10 *μm*.

Closterium kuetzingii Brébisson

참고문헌 Prescott *et al.* 1975, p. 57, pl. 31, figs 6, 7, 15; Růžička 1977, p. 207, pl. 30, figs 9-14; Coesel & Meesters 2007, p. 46, pl. 17, figs 3, 4; Brook & Williamson 2010, p. 172, pl. 68. figs 1-3.

세포는 중앙부가 방추형이고, 길이는 폭의 15-40배이며, 길게 신장된 무색의 부리 같은 말단이 있고, 매우 약하게 굽거나 거의 직선형이다. 중앙부 배측부는 복측면만큼 만곡하고, 부리와 같은 무색의 말단은 색소가 있는 중앙부의 길이와 거의 같고, 긴 직선형을 이루며, 선단 가까이에서만 만곡하고, 선단은 둥글거나 둥근 절두형이다. 세포벽은 둘레띠가 없고, 갈색을 띠며, 조밀한 줄무늬(8-12 줄/10 μm)가 있으며, 선단 부근에서는 불명확한 세점이 있다. 세포 길이는 200-700 μm이고, 폭은 13-28 μm이다.

생태특성 pH가 낮은(pH 4.5) 이탄 습지에서 출현하기도 하나 일반적으로 약산성에서 중성 수체에 널리 분포하고, 빈영양에서 중영양의 저수지, 호수 및 습지에서 플랑크톤으로 출현한다.

분포 낙동강수계

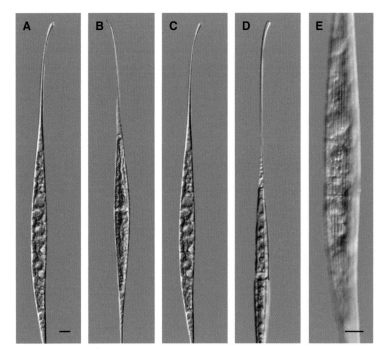

Closterium kuetzingii. A-E. 척도=10 µm.

Closterium limneticum Lemmermann

참고문헌 Prescott *et al*. 1975, p. 62; Růžička 1977, p. 171, pl. 21, figs 9-11; Coesel &Meesters 2007, 46, pl. 9, figs 11, 12; Brook & Williamson 2010, p. 187, pl. 77, figs 1-6; John *et al*. 2011, p. 628, pl. 156, fig. l.

세포는 신장되고, 길이는 폭의 22-27배이다. 세포 길이 대부분은 직선상이며, 원통형이고, 선단은 약하게 굽고 점차 가늘어진다. 세포벽은 무색이고 평활하다. 세포 길이는 135-220 μm이고, 폭은 5.5-6 μm이다.

생태특성 중성에서 알칼리성의 부영양 저수지나 소택지 등에서 부유성으로 드물게 출현한다(Brook & Williamson 2010).

분포 낙동강수계

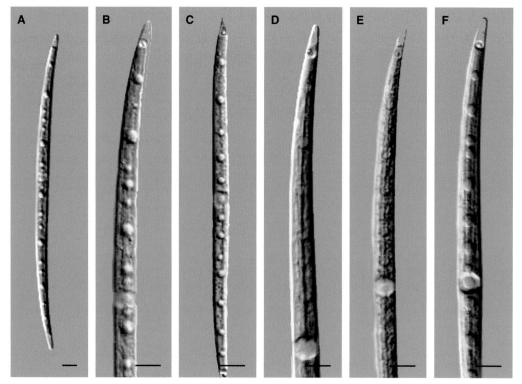

Closterium limneticum. A-F. 척도=10 μm.

Closterium littorale Gay

이명   *Closterium subangulatum* Gutwinski 1896.
Closterium siliqua West & West 1897.

세포 길이는 폭보다 9-11배 이상 길다. 세포는 35-50° 구부러져 있다. 세포 중앙부의 안쪽 측연은 직선이거나 약간 부풀었다. 세포는 양 끝으로 갈수록 점차 폭이 좁아져 양 끝은 폭이 좁고 둥글다. 세포벽은 평활하고 무색이며, 엽록체에는 긴 능선이 6-11개 있으며, 피레노이드 열이 3-10개 있다. 세포 양 끝에는 과립이 1개 있는 액포가 있다. 세포 길이는 150-250 μm이고, 폭은 15-20 μm이며, 선단부 폭은 2-3 μm이다.

생태특성 물이끼 늪지나 부영양 수역 등에서 흔히 출현하는 부유성이다(Prescott *et al.* 1975).
분포 금강수계

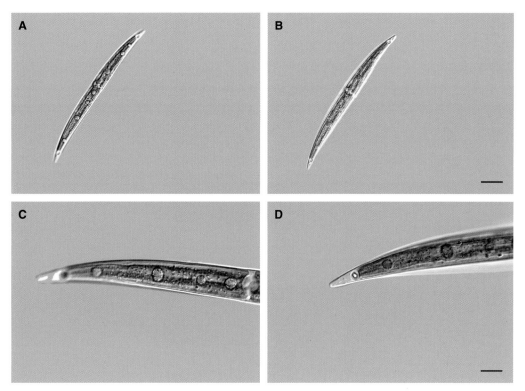

Closterium littorale. A-D. 척도=20 μm(A-B), 10 μm(C-D).

Closterium lunula
Ehrenberg & Hemprich ex Ralfs

이명   *Closterium affine* F. Gay.
         Closterium lunula f. *coloratum* (G.A. Klebs) Kossinskaya 1960.
         Closterium lunula f. *minus* W. & G.S. West 1904.

참고문헌   West & G.S. West. 1904, p. 150, pl. 18. figs 8, 9; Prescott *et al.* 1975, p. 65, pl. 14, figs 3-5;
         Růžička 1977, p. 145, pl. 16, figs 1-3; Förster 1982, p. 89, pl. 8. figs 1-4; Coesel & Meesters
         2007, p. 47, pl. 12, figs 1-3; Brook & Williamson 2010, p. 262, pl. 123, figs 1-3.

세포는 대형이고, 길이는 폭의 5-9.5배이다. 복측면이 거의 직선상이고, 배측면은 약간 볼록하며, 선
단으로 갈수록 점차 가늘어지며, 말단은 종종 역으로 굽는다. 복측면 선단부에서 더욱 심하게 가늘
어지고, 선단은 둥글거나 평탄하다. 세포벽은 둘레띠가 없고, 무색에서 갈색을 띠며, 조밀한 줄무늬
가 있거나 평활하게 보인다. 엽록체는 세로축열 7-15개로 융기되었고, 피레노이드는 엽록체 전체에
산재한다. 세포 길이는 650-750 *μm*이고, 폭은 70-80 *μm*이다.

생태특성 Closterium 속에서 가장 보편적으로 출현하는 종 가운데 하나이며, 작고 산성인 이탄 습지,
물이끼 늪지, 오래된 얕은 저수지 및 빈영양의 소택지 등에서 빈번하게 출현한다.

분포 낙동강수계

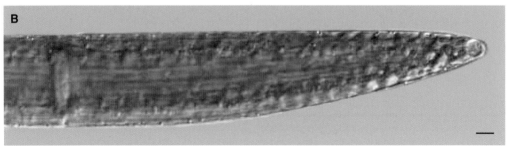

Closterium lunula. A–B. 척도=10 *μm*.

Closterium moniliferum
Ehrenberg ex Ralfs

이명 *Closterium moniliferum* var. *submoniliferum* (*Woronichin*) W. Krieger 1935.

참고문헌 West & G.S. West 1904, p. 142, pl. 16, figs 15, 16; Prescott *et al.* 1975, p. 70, pl. 21, fig. 3; Förster 1982, p. 91, pl. 11, fig. 4; Coesel & Meesters 2007, p. 48. pl. 26, fig. 1; Brook & Williamson 2010, p. 296, pl. 140, figs 1-7.

세포는 심하게 만곡하고, 길이는 폭의 4-8배이다. 세포 중앙부 복측면은 명확히 팽윤되고, 말단을 향해서 균등하게 점차 가늘어지며, 선단부 바로 아래 말단부는 약간 바깥쪽으로 굽는다. 선단은 넓은 둥근형이며, 외원은 100-133°이다. 세포벽은 둘레띠가 없고, 무색에서 갈색이며, 미세한 줄무늬가 있거나(14-20줄/10 µm) 평활하게 보이고, 피레노이드는 축을 따라 중앙에 일렬로 배열한다. 세포 길이는 170-450 µm이고, 폭은 28-70 µm이다.

생태특성 전 세계에서 출현하는 보편종(Prescott *et al.* 1975)이다. 일반적으로 중영양의 알칼리성 수체에서 풍부하게 출현하고, 종종 얕은 저수지나 늪에서 수생식물과 혼생해 출현하거나 일시적인 웅덩이나 고인 도랑 등에서도 종종 출현한다.

분포 한강수계, 낙동강수계, 금강수계

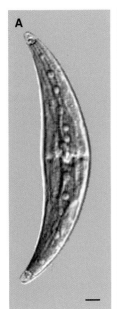
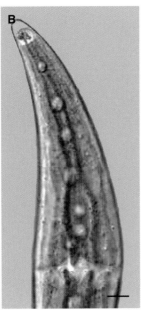

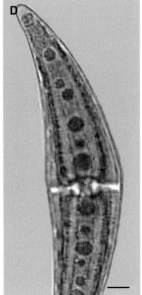

Closterium moniliferum. A-D. 척도=10 µm.

Closterium parvulum
Nägeli

이명   *Closterium venus* f. *major* Ström 1926.

참고문헌   West & G.S. West 1904, p. 133, pl. 15, figs 9-12; Prescott *et al.* 1975, p. 73, pl. 24, figs 18-20; Förster 1982, p. 95, pl. 8. figs 15-17; Coesel & Meesters 2007, p. 49, pl. 13, figs 9, 10; Brook & Williamson 2010, p. 318, pl. 153, figs 1-13, pl. 154, figs 1, 4, 5.

세포는 길이가 폭의 6.6-15배 이상 길며, 110-130°로 강하게 만곡되었다. 세포 내측연은 중앙부가 반듯하거나 굽었고, 세포 선단으로 갈수록 가늘어지며, 선단은 뾰족하게 원형이고 내부 벽이 비후되었다. 세포벽은 평활하고 무색 또는 연갈색을 띠기도 한다. 엽록체는 장축 융기부 5-6개로 구성되고, 피레노이드가 2-6개 있다. 세포 선단에는 액포가 2-8개 있다. 세포 길이는 60-175 ㎛이고, 폭은 7-19.5 ㎛이며, 선단부 폭은 1.5-5 ㎛이다.

생태특성 약산성에서 중성(pH 4-7)의 서식처를 선호하는 종으로 보고되어 왔다(이 등 2017b). 보통 소택지나 웅덩이에서 물이끼와 혼생해 출현하고, 빈영양에서 중영양의 호수나 저수지 가장자리에서 일시 부유성으로 출현하기도 한다.

분포 한강수계, 낙동강수계

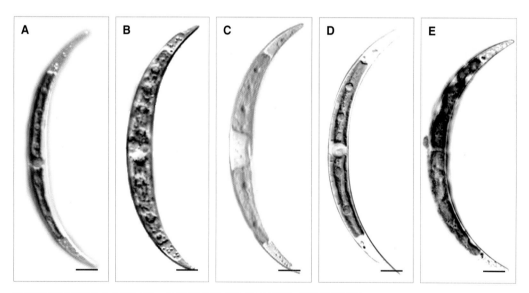

Closterium parvulum. A-E. 척도=10 ㎛. D: 세포의 피레노이드, E: 엽록체의 능선 및 선단의 액포.

Closterium rostratum Ehrenberg ex Ralfs

참고문헌   West & West 1904, p. 188, pl. 26, figs 1-5; Prescott *et al.* 1975, p. 83, pl. 31, figs 3, 12; Förster 1982, p. 101, pl. 12, figs 1-4; Coesel & Meesters 2007, p. 51, pl. 18, figs 1-3; Brook & Williamson 2010, p. 172, pl. 69, figs 1-6.

세포는 중형이고, 길이는 폭의 8.5-20배이다. 전 길이를 따라 약하게 만곡하고, 중앙부는 넓은 방추형이며, 말단은 부리와 같이 가늘게 신장한다. 중앙부의 복측면은 대개 배측면보다 팽대해 있고, 부리 같은 말단은 색소체가 있는 중앙부보다 짧고, 선단부에서 약간 넓어지며, 선단은 둥근 절두형이다. 세포벽은 둘레띠가 없고, 갈색을 띠며, 조밀한 줄무늬(8-15줄/10 μm)가 있으며, 선단 부근에서는 불명확한 세점이 있다. 세포 길이는 240-550 μm이고, 폭은 17-37 μm이다.

생태특성 보통 산성 서식처에서 출현하고, 산지 이탄 습지에서 물이끼와 혼생해 빈번하게 출현한다.
분포 낙동강수계

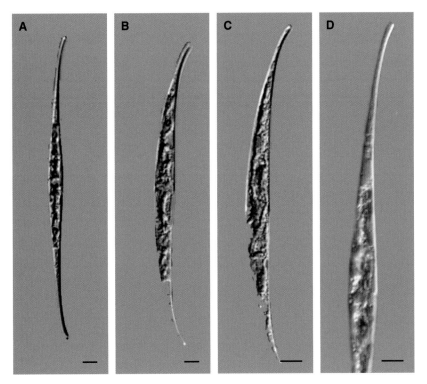

Closterium rostratum. A-D. 척도=10 μm.

Closterium setaceum Ehrenberg ex Ralfs

참고문헌   West & G.S. West 1904, p. 190, pl. 26, figs 9-13; Prescott *et al.* 1975, p. 84, pl. 31, figs 1, 11; Förster 1982, p. 102, pl. 12, figs 9-11; Coesel & Meesters 2007, p. 52, pl. 17, figs 1, 3; Brook & Williamson 2010, p. 172, pl. 69, figs 1-6.

세포는 거의 직선형이고, 길이는 폭의 20-45배이다. 방추형의 중앙부와 길게 신장한 부리 같은 무색 말단이 있고, 중앙부의 배측면은 복측면과 거의 동일하게 강한 만곡을 이룬다. 부리 같은 무색 말단은 색소체가 있는 중앙부 길이와 같거나 더 길며, 직선상으로 뻗고, 선단부에서만 만곡하며, 선단은 둥글거나 둥근 절두형이다. 세포벽은 둘레띠가 없고, 갈색을 띠며, 조밀한 줄무늬(7-13줄 / 10 μm)가 있거나 평활하게 보인다. 세포 길이는 150-610 μm이고, 폭은 6-16 μm이다.

생태특성 빈영양에서 중영양 산지의 산성 습지에서 주로 출현한다.

분포 낙동강수계

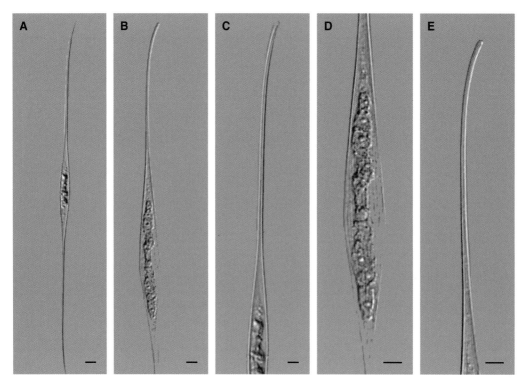

Closterium setaceum. A-E. 척도=10 μm.

Closterium tumidulum
Gay

세포 길이는 폭보다 5.2-8배 길다. 세포는 강하게 구부러진 형태로, 바깥의 호는 139-250°이고, 바깥쪽 측연은 강하게 휘었다. 세포의 안쪽 측연 중앙부는 부풀었다. 세포의 양 끝은 뾰족하며, 세포벽은 평활하고 무색이다. 엽록체에는 능선이 2-3개 있으며, 피레노이드 열이 2-5개 있다. 세포 끝에는 과립이 10-20개 있다. 세포 길이는 80-130 μm이고, 폭은 10-16 μm이며, 선단부 폭은 2-3 μm이다.

생태특성 산성과 염기성 수역에서 모두 출현하며 강한 염기성 수역에서도 출현한다(Prescott *et al*. 1975).

분포 금강수계

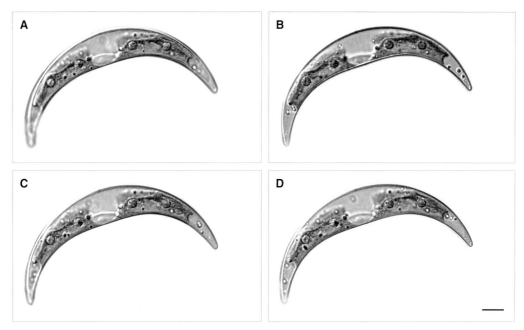

Closterium tumidulum. A-D. 척도=10 μm.

Cosmarium formosulum
Hoff

참고문헌 Hirose *et al.* 1977, p. 598, pl. 189, fig. 14; Prescott *et al.* 1981, sec. 3, p. 140, pl. 228, fig. 2.

중형 종으로 세포 길이보다 폭이 1.2배 정도 길다. 만입부는 깊고 닫혀 있으며, 그 끝은 둥글다. 반세포는 반원형이거나 사다리꼴이며, 측연은 볼록하게 부풀었고 오목한 파상 무늬가 6-7개 있는 것으로 보고되었다. 정변은 편평하고 약한 파상 무늬가 4-5개 있다. 각 파상 무늬에 뾰족한 과립이 2개씩 있다. 세포 정면에 과립이 짝을 이루며 측연 아래 일렬로 배열되었다. 반세포 중앙부는 부풀었으며 작은 과립이 5줄씩 수평으로 배열한다. 반세포 측면관은 원형이고 반세포 모든 변에 과립이 있다. 극면관은 타원형이고 가운데가 부풀었고 역시 과립이 있다. 세포 길이는 25-30 μm이고, 폭은 20-25 μm이며, 협입부 길이는 9-13 μm이다.

생태특성 중영양에서 부영양의 담수에서 출현한다.

분포 한강수계

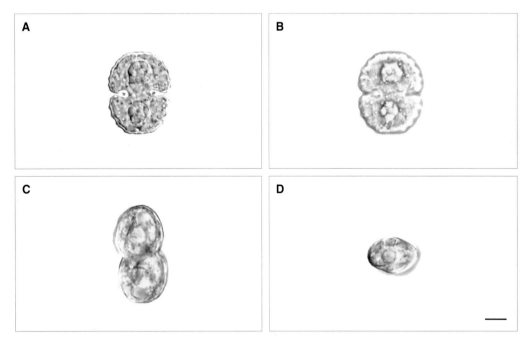

Cosmarium formosulum. A-D. 척도=10 ㎛.

Cosmarium galeritum var. *subtumidum* Borge

참고문헌 Prescott *et al.* 1981, sec. 3, p. 37, pl. 188, figs 5-6.

중형 종으로 세포 길이가 폭보다 1.2배 정도 더 길다. 중앙 협입부는 깊게 함입되었고, 협입부는 닫혀 있다. 반세포는 피라미드형으로 정변 각이 둥글다. 측연은 반듯하거나 약간 부풀었다. 측면관은 원형이고, 극면관은 타원형이다. 세포벽에는 미세한 구멍이 산재하고, 엽록체에는 피레노이드가 2개 있다. 세포 길이는 45-55 μm이고, 폭은 40-47 μm이 며, 협입부 길이는 15-20 μm이다.

생태특성 중영양의 담수에서 출현한다.

분포 한강수계

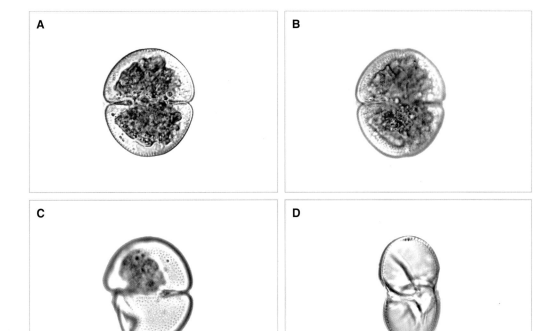

Cosmarium galeritum var. *subtumidum.* A-D. 척도=10 μm.

Cosmarium granatum
Brébisson ex Ralfs

참고문헌   West & G.S. West 1905, p. 186, pl. 63, figs 1-4; Hirose & Yamagishi 1977, p. 558, pl. 183, fig. 21; Prescott *et al.* 1981, 146, pl. 185, figs 1-3; Förster 1982, 205, pl. 22, fig. 5; 66; Yamagishi & Akiyama 1984, pp. 1, 29; Coesel & Meesters 2007, p. 119, pl. 66, figs 22-26.

세포 길이는 폭의 1.5배이고, 중앙의 협입은 깊으며, 선상으로 닫혀 있다. 반세포는 정단이 둥글거나 평탄한 피라미드형이고, 측변 기부는 약간 볼록하거나 평행하다. 위에서 본 반세포는 타원형이고, 세포벽은 평활하거나 가는 세점이 있다. 세포 길이는 23-48 μm이고, 세포 폭은 15-30 μm이며, 협입부 폭은 6-9 μm이다.

생태특성 주로 중영양의 약산성 내지 알칼리성 웅덩이, 저수지, 호수, 유속이 느린 강 등 다양한 서식처에서 보편적으로 출현하며, 우리나라에서는 전국 각지에서 출현한다.
분포 한강수계, 낙동강수계, 영산강·섬진강수계

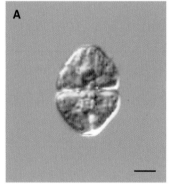 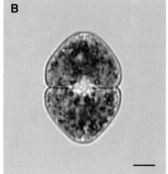 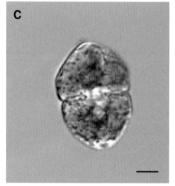

Cosmarium granatum. A-C. 척도=10 ㎛.

Cosmarium hians
Borge

참고문헌 Hirose *et al.* 1977, p. 585, pl. 187, fig. 16; Prescott *et al.* 1981, p. 153, pl. 250, figs. 4-5.

소형 종으로 세포 길이는 폭과 거의 같다. 중앙 협입부는 반 정도로 함입하며, 만곡부 안쪽은 예각이나 바깥쪽은 넓게 열렸다. 반세포는 난형, 장방형으로 정변이 넓고 편평하다. 반세포 측연에는 과립이 있고, 과립은 가로로 4-5열이다. 반세포 축면관은 원형이며, 극면관은 난형이고 측연이 부풀지 않았으며 가장자리 전체에 과립이 있다. 세포 길이는 20-25 *μm*이고, 폭은 16-23 *μm*이며, 협입부는 8 *μm*이다.

생태특성 담수에서 흔히 출현한다(Guiry & Guiry 2020).
분포 한강수계

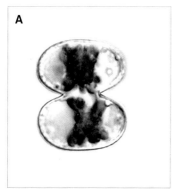
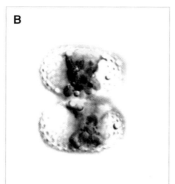
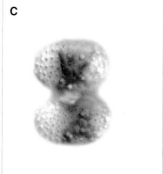
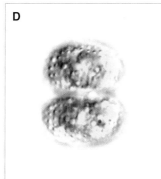
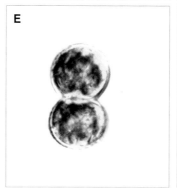
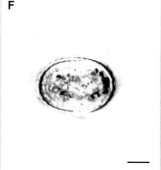

Cosmarium hians. A-F. 척도=10 *μm*. A: 세포 정면관과 협입부, B-D: 세포벽 과립, E: 세포 측면관, F: 세포 극면관.

Cosmarium obsoletum
(Hantzsch) Reinsch

기본명   *Arthrodesmus obsoletus* Hantzsch.
이명   *Staurodesmus obsoletus* (Hantzsch) Teiling 1967.
          Pachyphorium obsoletum (Hantzsch) Palamar-Mordvintseva 1980.
참고문헌   Hirose *et al.* 1977, p. 539, pl. 180, fig. 2; Prescott *et al.* 1981, p. 203, pl. 156, figs. 10-11, pl.
          157, figs. 1, 2, 5.

중형 종으로 세포 폭이 길이보다 1.2배 정도 넓다. 중앙 협입부는 깊고, 만곡부는 안쪽을 제외하고
닫혀 있다. 반세포는 눌린 반원형으로, 정변이 약간 편평하며, 측연 기부에는 유두상 비후부가 있
다. 측면관은 눌린 원형이고, 극면관은 타원형이며 양 끝이 약간 돌출되어 뾰족하다. 세포벽에는 미
세하고 조밀하게 구멍이 산재한다. 반세포당 엽록체에는 피레노이드가 2개 있다. 세포 길이는 40-
50 *μm*이고, 폭은 43-55 *μm*이며, 협입부는 14-16 *μm*이다.

생태특성 빈영양에서 중영양의 산지 이탄 습지에서 주로 출현하며(Coesel & Meesters 2007), 우리
나라에서는 산지 습지 및 저층의 자연 늪에 출현한다.
분포 한강수계, 낙동강수계, 금강수계, 영산강·섬진강수계

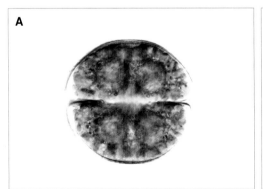 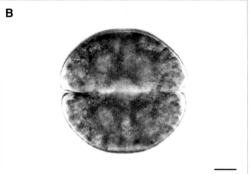

Cosmarium obsoletum. A-B. 척도=10 μm. A: 반세포 기부의 유두상 비후부, B: 세포 정면관.

Cosmarium obtusatum
(Schmidle) Schmidle

기본명　*Cosmarium undulatum* var. *obtusatum* Schmidle 1894.
참고문헌　West & G.S. West 1908, p. 7, pl. 65, figs 13, 14; Hirose & Yamagishi 1977, p. 542, pl. 180, fig.
　　　　31; Prescott *et al.* 1981, p. 204, pl. 234, fig. 5; Förster 1982, p. 228. pl. 28. fig. 10; Yamagishi &
　　　　Akiyama 1986, pp. 5, 25; Coesel & Meesters 2007, p. 128. pl. 77, figs 1-3.

대형 종으로 길이가 폭보다 1.1-1.2배 길다. 만입부는 깊고 닫혀 있으며 끝이 둥글다. 반세포는 반원형에 가까운 피라미드형이며 기부는 둥글다. 측연은 볼록하게 부풀었으며, 8개 이상 파상 무늬가 각각 양쪽 측연에 있다. 정변은 둥글게 볼록하며 측연에 비해 약한 파상 무늬가 있거나 편평하다. 양측연과 정변에 과립이 1-2줄 있다. 세포벽에 뚜렷한 구멍이 산재한다. 반세포 측면관은 타원형이며, 극면관은 직사각형에 가까운 타원형이며, 양 끝에 파상 무늬가 4-5줄 있다. 세포 길이는 38-45 *μm*이고, 폭은 37-50 *μm*이며, 협입부 길이는 12-16 *μm*이다.

생태특성 중영양에서 부영양의 약산성 내지 알칼리성 웅덩이, 저수지, 호수, 유속이 느린 강 등 다양한 서식처에서 보편적으로 출현하며(Prescott *et al.* 1981), 우리나라에서는 전국 각지에서 출현한다.
분포 한강수계, 낙동강수계, 금강수계, 영산강·섬진강수계

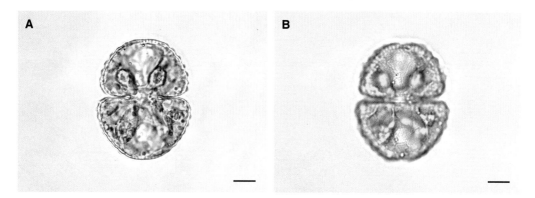

Cosmarium obtusatum. A–B. 척도=10 *μm*.

Cosmarium pseudobroomei
Wolle

참고문헌　Prescott *et al.* 1981, sec. 3, p. 236, pl. 254, figs 5-7.

중형 종으로 길이와 넓이가 비슷하다. 중앙 만입부는 깊고, 협입부는 좁은 선형이며, 끝은 약간 팽창되었다. 반세포체는 직사각형이며 측연 상하부가 약간 둥글다. 측연은 약간 볼록하고, 정변은 일직선이거나 약간 볼록하다. 세포벽은 과립이 밀집되었고, 과립은 작고 분명하며 십자형으로 배열한다. 측면관은 원형이고 극면관은 측연이 평행한 사각형으로 양단이 둥글다. 세포 길이는 30-37 *μm*이고, 폭은 30-34 *μm*이며, 협입부 길이는 7-11 *μm*이다.

생태특성 호수, 늪지 등 담수에서 출현한다.

분포 한강수계

A

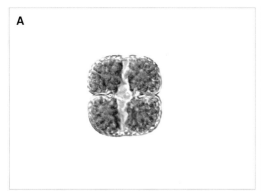

B

C

D

Cosmarium pseudobroomei. A-D. 척도=10 ㎛.

Cosmarium punctulatum
Brébisson

이명   *Cosmarium punctulatum* f. *typicum* Schmidle 1896.
   Cosmarium punctulatum var. *granulusculum* (Roy & Bisset) West & West 1908.
참고문헌   Prescott *et al.* 1981, sec. 3, p. 253, pl. 235, figs 5-6.

중형 종으로 세포 길이가 폭보다 약간 길다. 중앙 협입부는 깊고, 만곡부는 선형으로 닫혀 있다. 반세포는 측연이 부푼 사다리꼴이며, 기부는 둥글다. 정변은 편평하거나 약간 부풀었다. 세포벽에는 일정한 크기의 과립이 세로로 열을 지어 분포한다. 측면관은 원형이며, 극면관은 타원형이며, 중앙부가 약간 부풀어 돌출된다. 세포 길이는 23-28 μm이고, 폭은 23-27 μm이며, 협입부 길이는 7-11 μm이다.

생태특성 빈영양에서 중영양의 담수에서 출현한다.
분포 한강수계, 영산강·섬진강수계

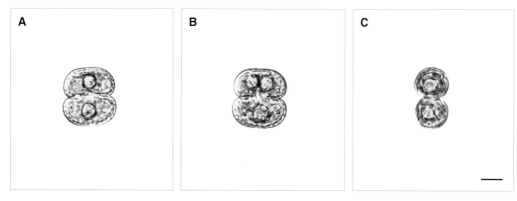

Cosmarium punctulatum. A–C. 척도=10 μm.

Cosmarium subauriculatum var. *truncatum* West

참고문헌　Hirose *et al.* 1977, p. 548, pl. 181, fig. 12.

중형 종으로 세포는 기본종에 비해 작으며, 길이가 폭보다 약간 더 길다. 중앙 협입부는 중간 정도 함입되었고, 만곡부는 예각으로 열렸다. 반세포는 삼각형 같은 반타원형으로 측연 기부에는 과립이 3개 있다. 반세포 측면관은 눌린 원형이고, 극면관은 넓은 타원형으로 양 끝에 과립이 있다. 세포벽 에는 큰 구멍이 있고, 큰 구멍 사이에는 미세한 구멍들이 산재한다. 반세포당 피레노이드가 2개 있 다. 세포 길이는 43-51 *μm*이고, 폭은 43-47 *μm*이며, 협입부는 21-30 *μm*이다.

이 종은 *Cosmarium auriculatum*과 비슷하지만, 반세포 모양과 측연 돌기 수에 따라 구별된다.

생태특성 담수에서 출현하는 부착성이다(Guiry & Guiry 2020).
분포 한강수계

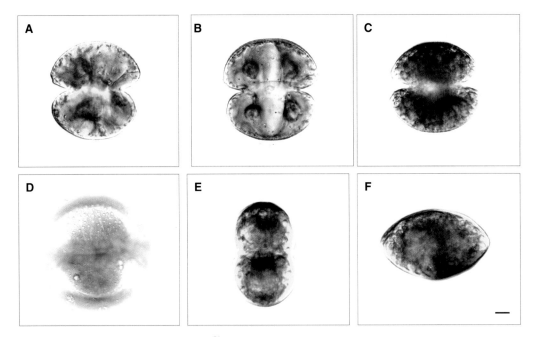

Cosmarium subauriculatum var. *truncatum.* A-F. 척도=10 μm.
A-C: 세포 정면관 및 측연 기부의 과립, D: 세포벽 구멍, E: 세포 측면관, F: 세포 극면관.

Cosmarium subcostatum
Nordstedt

참고문헌   Hirose *et al.* 1977, p. 599, pl. 189, fig. 21; Prescott *et al.* 1981, p. 299, pl. 238, figs. 6, 8.

중형 종이며, 세포 길이는 폭보다 1.2배 이상 더 길다. 중앙 협입부는 깊고, 만곡부는 좁게 닫혀 있다. 반세포는 사다리꼴로, 측연은 부풀고, 정변은 편평하며 파상 무늬가 6개 있다. 측연에는 톱니 같은 파상 무늬가 6개 있고, 기부의 파상 무늬 2개는 좀 더 작다. 반세포 측연에는 동심원상 과립열이 4열 있으며, 측연에 가장 가까운 과립열은 쌍으로 나타나고, 반세포 중앙부에는 수직열로 이루어진 원형 돌출부가 4-5개 있다. 측면관은 반세포가 난형이고 기부가 부풀었다. 극면관은 좁은 난형이고, 양 측연 중앙부에 돌출부가 있으며, 돌출부에는 유두상 과립이 3개 있다. 세포 길이는 26-30 *μm*이고, 폭은 20-27 *μm*이며, 협입부는 6-9 *μm*이다.

생태특성 담수에서 출현한다(Guiry & Guiry 2020).
분포 한강수계

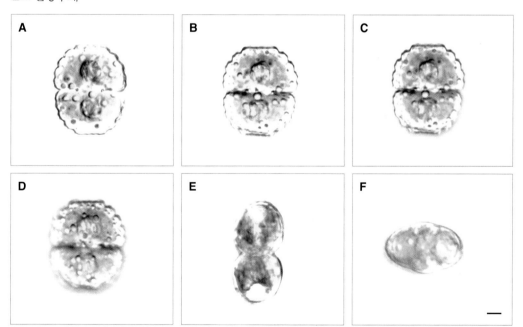

Cosmarium subcostatum. A–F. 척도=10 *μm*.
A, C: 세포 정면관, B: 세포벽의 과립열, D: 세포 협입부, E: 세포 측면관, F: 세포 극면관.

Cosmarium subprotumidum Nordstedt

참고문헌   Prescott *et al.* 1981, sec. 3, p. 309, pl. 275, fig. 4.

중형 종으로 세포 길이와 폭은 거의 같다. 만입부은 깊고 닫혀 있다. 반세포는 사다리꼴에 가까운 반원형이다. 측연에 파상 무늬가 3개 있는데 기부와 가까운 가장 아래쪽 파상 무늬가 가장 넓다. 정변에는 파상 무늬가 2-4개 있다. 각 파상 무늬에는 과립이 2개 있다. 세포 중앙에는 과립 4-5개가 3열로 배열한다. 반세포 측면관은 원형이며 양 측연의 기부가 부풀었다. 극면관은 타원형이고 중앙부가 부풀었다. 과립 3개가 배열하며, 양 측연에는 작고 뾰족한 돌기가 배열한다. 세포 길이는 28-30 *μm*이고, 폭은 25-27 *μm*이며, 협입부 길이는 6-10 *μm*이다.

생태특성 산성의 빈영양 담수에서 흔히 출현한다.
분포 한강수계

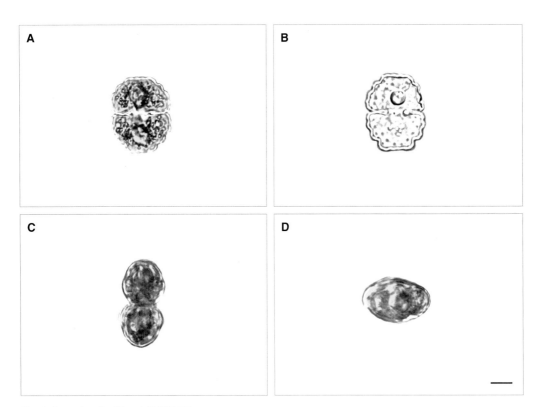

Cosmarium subprotumidum. A-D. 척도=10 ㎛.

Cosmarium trilobulatum
Reinsch

참고문헌 Prescott *et al.* 1981, sec. 3, p. 331, pl. 138, figs 11-13, pl. 221, fig. 8.

소형 종으로 세포 길이가 폭보다 약 1.3배 길다. 중앙 협입부는 깊고, 만곡부는 닫혀 있다. 반세포는 사다리꼴이며, 측연 상부는 오목하게 들어가 있고, 측연 하부는 둥글게 돌출된다. 측면관과 극면관은 모두 타원형이다. 세포벽에는 작은 구멍이 산재한다. 세포 길이는 25-32 μm이고, 폭은 15-22 μm이며, 협입부 길이는 5-9 μm이다.

생태특성 빈영양에서 중영양의 담수에서 출현한다.

분포 한강수계

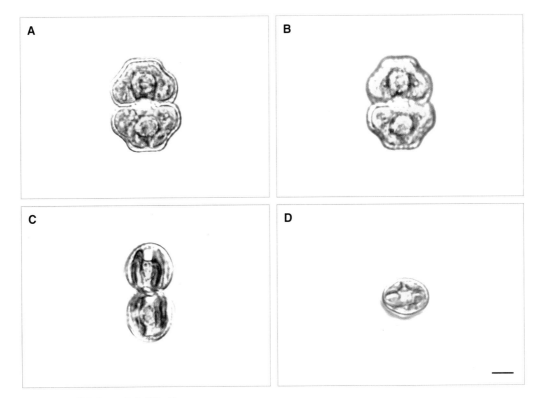

Cosmarium trilobulatum. A-D. 척도=10 μm.

Cosmarium turpinii var. *eximium*
West & West

참고문헌 West & G.S. West 1908, p. 189, pl. 82, figs 16, 17, pl. 83, fig. 1; Prescott *et al.* 1981, p. 338. pl. 275, figs 5, 7; Förster 1982, p. 288. pl. 36, fig. 4; Coesel & Meesters 2007, 148. pl. 78. fig. 1.

세포는 중형이고, 길이는 폭보다 약간 길다. 중앙의 협입은 깊고, 선상으로 닫혀 있다. 반세포는 신장된 사다리꼴이고, 측변에는 약간 압축된 타원형으로 볼록하고, 정변은 거의 평탄하다. 기부의 모서리에 작은 유두상돌기가 있고, 돌기 부분의 세포벽은 두껍다. 반세포 측면관은 원형이고, 정면관(頂面觀)은 마름모형이다. 세포벽에는 작은 구멍이 있다. 세포 길이는 35-50 μm이고, 세포 폭은 45-53 μm이며, 협입부 폭은 20-25 μm이다.

생태특성 빈영양에서 중영양의 산지 이탄 습지에서 주로 출현하며, 우리나라에서는 산지 습지 및 저층의 자연 늪에서 출현한다.

분포 한강수계, 낙동강수계

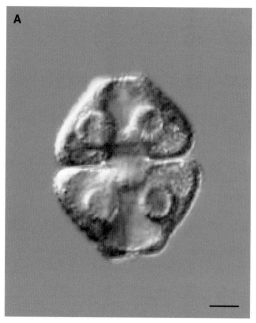
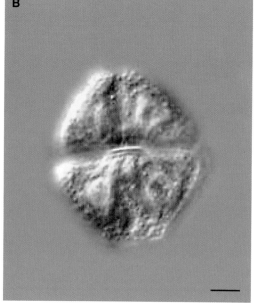

Cosmarium turpinii var. *eximium*. A–B. 척도=10 μm.

Cosmarium vexatum var. *lacustre*
Messikommer

참고문헌 Prescott *et al*. 1984. p. 348, pl. 277, fig. 8.

대형 종으로 세포 길이가 폭보다 약간 길다. 협입부는 깊고, 만곡부는 거의 닫혀 있다. 반세포는 정변이 반듯한 피라미드형이며, 반세포 측연 기부는 기본종보다 더 둥글고, 측연은 볼록하며 파상 무늬가 7-9개 있다. 파상은 측연 기부에서 정변 기부로 올라갈수록 커진다. 정변은 기본종보다 더 분명한 직선이다. 협입부 바로 위 세포 중앙부에 과립이 불규칙하게 배열한다. 반세포 측면관은 원형이거나 원형에 가깝고, 극면관은 길쭉한 타원형이다. 세포 길이는 45-50 μm이고, 넓이는 35-42 μm이며, 협입부 길이는 14-18 μm이다.

생태특성 담수에서 출현한다.
분포 한강수계

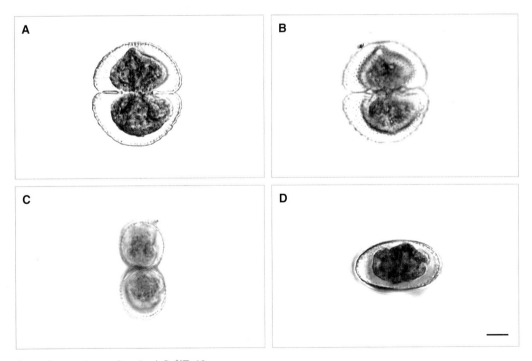

Cosmarium vexatum var. *lacustre*. A-D. 척도=10 ㎛.

Euastrum spinulosum var. *inermius*
(Nordstedt) Bernard

기본명   *Euastrum spinulosum* subsp. *inermius* Nordstedt 1880.
이명   *Euastrum inermius* (Nordstedt) Turner 1893.
참고문헌   Prescott *et al.* 1977, sec. 2, p. 107, pl. 82, figs 6-6b; 정준 1993, p. 418, fig. 693.

이 변종은 원형으로 기부 열편이 기본종보다 더 절형으로 둥근 점이 다르다. 측연 상부 열편은 절형이고, 측연 상부 열편과 정면 각 사이의 협입부는 좁고 닫혀 있다. 정변 열편은 짧고 중앙부가 요입되었다. 세포벽은 측연을 따라 과립이 거칠게 배열하며 중앙 돌출부의 과립은 기본종보다 더 크다. 측면관은 난형으로, 양단은 넓고 잘린 형태로 과립이 분포하며 중앙부가 강하게 돌출된다. 세포 길이는 49-81 *μm*이고, 폭은 42-67 *μm*이며, 협입부 길이는 17-27 *μm*이다.

생태특성 담수에서 출현한다.
분포 한강수계, 낙동강수계, 금강수계, 영산강·섬진강수계

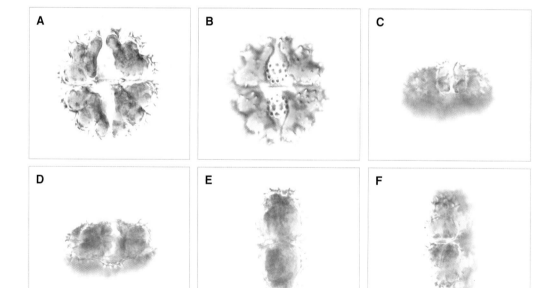

Euastrum spinulosum var. *inermius*. A-F. 척도=10 µm.

Euastrum sublobatum
Brébisson ex Ralfs

이명   *Cosmarium sublobatum* (Ralfs) Archer 1861.
        Euastrum sublobatum var. *pileolatum* Brébisson 1856.
참고문헌   Prescott *et al*. 1977, sec. 2, p. 110, pl. 62, fig. 6, pl. 69, fig. 10; 정준 1993, p. 419, fig. 696.

소형 종으로 장구말속과 유사하게 형태가 단순한 종이다. 반세포는 사각형으로 측연 기부 각이 넓게 둥글고 매끈하며, 측연 상부는 오목하다. 정변은 편평하나 중앙부가 오목하다. 세포 정면의 저변에 돌출부가 있으며, 세포벽은 평활하고 협입부는 닫혀 있다. 측면관은 상부가 절형인 난형이며 기부에 약한 팽창부가 있다. 극면관은 양단이 둥글게 튀어나온 사각형으로 측연 중앙부가 돌출된다. 세포 길이는 18-48 *μ*m이고, 폭은 20-39 *μ*m이며, 협입부 길이는 5-12 *μ*m이다.

생태특성 담수와 기중 환경에서 출현한다.
분포 한강수계, 낙동강수계, 금강수계, 영산강·섬진강수계

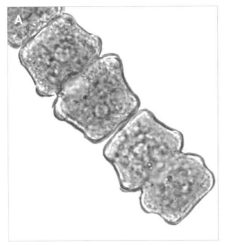
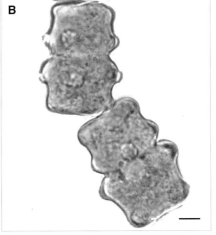

Euastrum sublobatum. A-B. 척도=10 μm.

Pleurotaenium nodosum
(Bailey ex Ralfs) Lundell

기본명 *Docidium nodosum* F. M. Bailey ex Ralfs 1848.
참고문헌 Krieger 1937, p. 436, pl. 47, fig. 1; West & G.S. West 1904, p. 214, pl. 31, figs 3-6; Prescott *et al.* 1975, p. 125, pl. 44, figs 1-3; Růžička 1977, p. 285, pl. 44, figs 1-5.

세포는 비교적 크고, 중앙 협입부는 명확하다. 반세포는 기부에서 선단으로 점차 가늘어지고, 선단은 둥근 절두형을 이룬다. 선단에는 원추형 치상돌기 6-10개가 왕관 형태를 이루는데, 측면관에서는 4-5개가 보인다. 각 환에 결절 6-10개로 이루어진 간격이 같은 환상열이 4열 있다. 세포벽은 평활하거나 세점이 있다. 세포 길이는 230-300 μm이고, 폭은 45-50 μm이며, 협입부 폭은 23-33 μm이고, 길이는 폭의 6-8배이다.

생태특성 주로 오래된 저수지, 늪, 산지의 이탄 습지에서 출현한다.
분포 한강수계, 낙동강수계, 금강수계, 영산강·섬진강수계

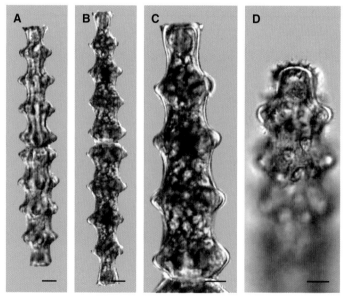

Pleurotaenium nodosum. A-D. 척도=10 ㎛.

Pleurotaenium trabecula
Nägeli

이명   *Closterium trabecula* Ehrenberg 1832.
       Docidium ehrenbergii var. (*delpontei*) f. *constricta* Playfair.
       Docidium trabecula (Ehrenberg) Reinsch 1866.
       Pleurotaenium trabecula f. *granulatum* West 1899.

참고문헌   West & G.S. West 1904, p. 209, pl. 30, figs 11-13; Prescott *et al.* 1975, p. 133, pl. 40, figs 1-5;
       Růžička 1977, 265, pl. 38. figs 1-5; Yamagishi & Akiyama 1985, pp. 3, 76; Coesel & Meesters
       2007, p. 69, pl. 32, figs 11-13; John *et al.* 2011, p. 696, pl. 155, fig. F.

중형 종으로 길이는 폭의 10-18배 이상 길다. 반세포 기부에는 약하지만 분명한 팽창부가 1-3개 있으며, 반세포 중앙부는 약간 부풀었고, 선단으로 갈수록 약간 좁아지며, 선단은 둥근 절형이다. 세 포벽에는 구멍이 산재하고 엽록체는 장축의 띠 모양 3-4개로, 피레노이드가 산재한다. 세포 길이는 283-700 *μm*이고, 폭은 24-48 *μm*이다.

생태특성 주로 약산성 내지 약알칼리성의 오래된 연못이나 습지에서 출현한다.
분포 한강수계, 낙동강수계, 금강수계, 영산강·섬진강수계

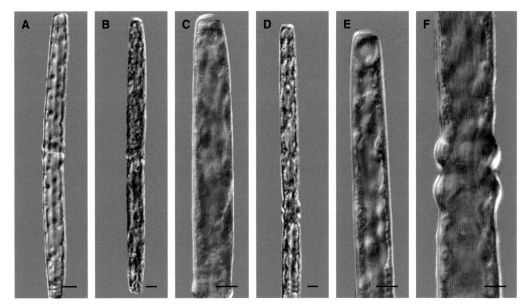

Pleurotaenium trabecula. A-F. 척도=10 ㎛.

Micrasterias crux-melitensis Ralfs

이명   *Micrasterias crux-melitensis* f. *superflua* (W.B. Turner) Croasdale.
        Micrasterias crux-melitensis var. *superflua* W.B. Turner 1885.

참고문헌   West & G.S. West 1905, p. 116, pl. 53, figs 1-3; Prescott *et al.* 1977, p. 148, pl. 113, figs 1-3;
        Hirose *et al.* 1977, p. 667, pl. 205, fig. 1; Förster 1982, p. 366, pl. 53, figs 1-3; Yamagishi &
        Akiyama 1984, pp. 2, 52; Coesel & Meesters 2007, p. 86, pl. 57, figs 3, 4.

세포는 중형이고, 길이가 폭보다 약간 길며, 중앙 협입부는 깊고, 외측으로 점차 넓게 열린다. 정면관
(vertical view)은 마름모형으로 양 말단은 가늘어지고 선단은 뾰족하다. 측면관은 기부가 팽창되고,
양 말단은 점차 가늘어진다. 세포벽은 평활하거나 세점이 있다. 반세포는 열편 5개로 나뉘고, 극열부
하단부는 양측이 거의 평행하고, 상부에서 갑자기 넓어진다. 정단면은 오목하고, 모서리는 신장되며,
선단은 2분지 되어 가는 침상으로 돌출하고, 상반부는 측열부보다 현저히 돌출했다. 측열부는 상하
로 나뉘고, 길이와 폭은 다양하며, 각 협입이 작은 2차 측열부로, 소엽 4개로 나뉜다. 소엽은 각 선단
이 2개로 나뉘어 짧은 가시로 된다. 세포 길이는 90-130 μm이고, 폭은 80-120 μm이며, 협입부 폭은
16-20 μm이다.

생태특성 주로 소택지, 늪, 산지 이탄 습지, 오래되고 얕은 저수지 등에서 출현한다(Coesel &
Meesters 2007). 2015년 5월 28일 월곡 생태 습지에서 출현했다.

분포 한강수계, 낙동강수계, 금강수계, 영산강·섬진강수계

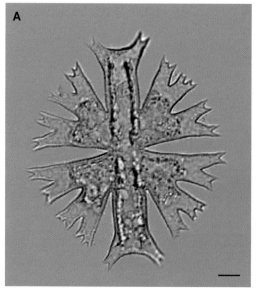 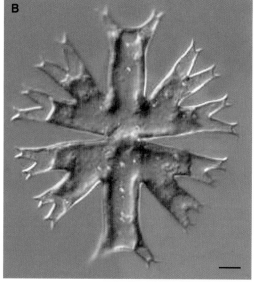

Micrasterias crux-melitensis. A-B. 척도=10 μm.

Micrasterias decemdentata (Nägeli) Archer

기본명   *Euastrum decemdentatum* Nägeli
이명   *Micrasterias itzigsohnii* Braun 1856.
          Micrasterias decemdentata var. *angusta* De Toni 1889.
          Micrasterias truncata var. *australica* Playfair 1908.
          Micrasterias truncata var. *decemdentata* (N:geli) Playfair
참고문헌   Hirose *et al.* 1977, p. 649, pl. 199, fig. 22; Prescott *et al.* 1977, p. 151, pl. 94, figs. 7-11.

소형 종으로, 세포는 넓은 타원형이며 폭이 길이보다 다소 넓다. 정변 열편은 넓은 원추형으로, 정변은 편평하고, 정변 측연의 신장부에는 긴 강모가 1개 있다. 측연 열편은 정변 열편에 비해 짧으며, 수평 방향으로 뻗어 1번 또는 2번 나뉘며 끝에는 긴 강모가 있다. 측연 상부의 절개부는 넓은 각도로 깊게 갈라지므로 결과적으로 측연 상부 소열편이 수평 방향에 있다. 중앙 협입부는 매우 깊고, 만곡부는 안쪽의 1/2 또는 1/3 길이로 닫혀 있고, 나머지 부분은 넓게 열렸다. 극면관은 양 측연이 부푼 방추형이고, 측면관은 기부가 부푼 타원형이다. 세포벽에는 미세한 과립이 산재한다. 세포 길이는 48-55 *μm*이고, 폭은 47-50 *μm*이며, 협입부는 9-11 *μm*이다.

이 종은 수평으로 뻗은 측연 열편이 비교적 짧은 점에서 유사한 종들과 구별된다. 실내 배양 시 반세포 측연 열편 절개부의 함입 부분이 점점 약하게 나타나는 형태 변이를 보인다.

생태특성 중영양 수역에서 출현하며, 약산성 수역에서는 매우 드물게 출현한다(Coesel & Meesters 2007).

분포 한강수계, 낙동강수계, 금강수계, 영산강·섬진강수계

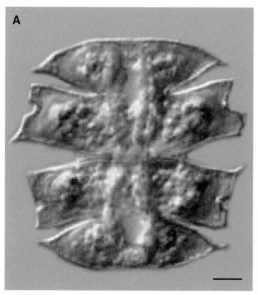
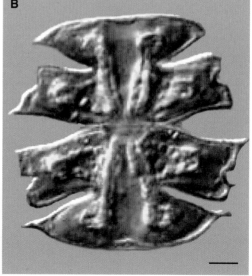

Micrasterias decemdentata. A–B. 척도=10 μm.

Micrasterias mahabuleshwarensis var. *wallichii* (Grunow) West & West

기본명   *Micrasterias wallichii* Grunow 1865.

참고문헌   West & G.S. West 1905, p. 122, pl. 54, figs 7, 8, pl. 55, figs 1-3; Prescott *et al.* 1977, p. 166, pl. 145, figs 1, 2, 4, 5; Hirose & Yamagishi 1977, p. 665, pl. 204, fig. 2; Förster 1982, p. 379, pl. 57, fig. 4; Růžička 1981, pp. 593, 602, pl. 100, figs 5-13; Yamagishi & Akiyama 1987, pp. 6, 45; Coesel & Meesters 2007, p. 88, pl. 58. figs 4, 5.

세포는 중형이고, 길이가 폭보다 약간 길며, 중앙 협입부는 깊고, 만은 예각으로 열린다. 반세포는 열편 3개로 나뉘고, 정면관은 마름모형이며, 양 측면의 중앙부에 작은 돌기가 있다. 극열부는 기부가 길게 신장되고, 정단 모서리는 팔과 같은 긴 돌기(완상돌기)로 신장하며, 선단에 작은 가시가 있다. 정단부에 짧은 완상돌기 2개는 비대칭적으로 하나는 앞면에, 다른 하나는 뒷면에서 돌출한다. 측열부는 2분지하고, 선단에 작은 가시가 있으며, 2차 분지된 소열편 측연에 치상돌기가 있고, 정변 내측에 그보다 큰 치상돌기열이 있으며, 협입부 상부에 과립상 소돌기가 있다. 세포 길이는 150-160 μm이고, 폭은 120-150 μm이며, 협입부 폭은 17-30 μm이다.

생태특성 빈영양에서 중영양의 얕은 저수지, 소택지, 하천의 보 등에서 출현한다.

분포 한강수계, 낙동강수계, 금강수계, 영산강·섬진강수계

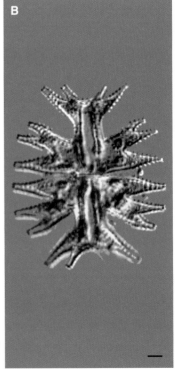

Micrasterias mahabuleshwarensis var. *wallichii*. A-B. 척도=10 µm.

Micrasterias pinnatifida
Ralfs

참고문헌   West & G.S. West 1905, p. 80, pl. 41, figs 7-11; Hirose & Yamagishi 1977, p. 662, pl. 203, fig. 8. Förster 1982, p. 383, pl. 49, figs 1-3, p. 66; Růžička 1981, 571, pl. 93, figs 1-3; Yamagishi & Akiyama 1985, pp. 3, 58. Coesel & Meesters 2007, p. 89, pl. 52, fig. 3.

세포는 소형이고, 길이는 폭과 유사하며, 중앙 협입부는 깊고, 외측으로 삼각형처럼 열린다. 반세포는 열편 3개로 나뉘고, 측면관은 좁은 피라미드형이다. 극열부는 기부가 좁고 위쪽으로 갑자기 넓어지며, 정단은 편평하거나 약간 볼록하고, 모서리가 짧은 침 모양으로 2개로 갈라진다. 극열부와 측열부 사이의 협입부는 넓은 원형을 이룬다. 측열부는 수평으로 신장하고, 전체가 방추형으로 선단이 가늘어지며 차상분지한다. 세포 길이는 50-70 μm이고, 폭은 50-60 μm이며, 협입부 폭은 12-15 μm이다.

생태특성 보통 산성의 이탄 습지나 중영양의 오래된 평지의 저수지나 습지에서 빈번하게 출현한다 (John *et al.* 2011).

분포 한강수계, 낙동강수계, 금강수계, 영산강·섬진강수계

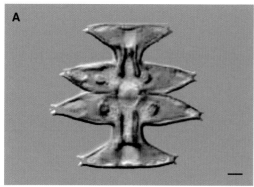
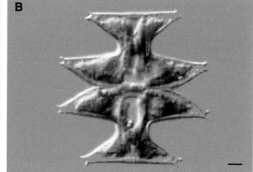

Micrasterias pinnatifida. A-B. 척도=10 μm.

Spondylosium moniliforme
Lundell

참고문헌   Hirose *et al.* 1977, p. 749, pl. 221, fig. 3; Croasdale *et al.* 1983, p. 20, pl. 457, figs. 1-4.

소형 종이며 반세포는 삼각형 같은 반원형이다. 세포는 폭보다 1.5-2배 길다. 협입부는 깊고, 안쪽 각은 둥글며, 바깥쪽은 넓게 열렸다. 측면 기부는 거의 편평하고, 측연 상부는 볼록하다. 정변은 삼각형으로 중앙부는 좁고 편평하다. 극면관은 삼각형으로 측연이 오목하다. 엽록체는 중축 구조 열편으로 구성된다. 군체는 사상체이며, 점액질초가 있고, 약간 휘었다. 세포 길이는 31 μm이고, 폭은 19 μm이며, 협입부는 6 μm이다.

생태특성 담수에서 출현한다(Guiry & Guiry 2020).
분포 한강수계, 낙동강수계, 금강수계, 영산강·섬진강수계

Spondylosium moniliforme. A–B. 척도=10 ㎛.

Staurastrum arctiscon
(Ehrenberg ex Ralfs) Lundell

기본명   *Xanthidium arctiscon* Ehrenberg ex Ralfs 1848.
참고문헌   Prescott *et al.* 1982, sec. 4, p. 129, pl. 410, fig. 6.

대형 종으로, 돌기를 제외한 세포 길이는 폭의 약 1.5배이다. 중앙 협입부는 깊고, 만곡부는 외측을 향해 예각으로 열렸다. 반세포는 넓은 타원형 또는 난형이고, 완상돌기가 2열 있다. 아래쪽 열에는 수평으로 배열한 완상돌기가 9개 있고, 위쪽 열에는 위쪽으로 뻗은 완상돌기가 6개 있다. 모든 돌기는 마디를 이루고, 마디에는 작은 가시가 있으며, 말단에는 뾰족한 가시가 3개 있다. 극면에서 볼 때 반세포는 원형을 이루고, 측변 아래쪽 돌기 9개와 위쪽 돌기 6개가 중첩되어 보인다. 돌기를 제외한 세포 길이는 80-120 μm이고, 폭은 90-110 μm이며, 협입부 길이는 25-40 μm이다.

생태특성 담수에서 드물게 출현한다.
분포 한강수계, 낙동강수계, 금강수계, 영산강·섬진강수계

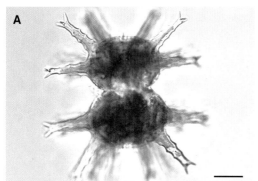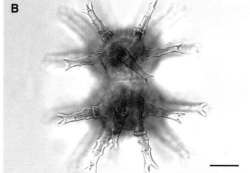

Staurastrum arctiscon. A–B. 척도=50 μm.

Staurodesmus dickiei
(Ralfs) Lillieroth

기본명   *Staurastrum dickiei* Ralfs 1848.
이명   *Staurastrum dickiei* var. (*dickiei*) f. *punctatum* West 1892.
          Staurodesmus dickiei var. *dickiei* Lillieroth 1950.
          Staurodesmus convergens f. *dickei* (Ralfs) Thomasson 1955.

세포는 중형이고, 가시를 제외한 길이와 폭은 비슷하다. 중앙 협입부는 깊고, 예각으로 열렸다. 반세포는 타원형 또는 방추형이고, 측연 모서리에는 아래쪽을 향한 짧은 가시가 있다. 반세포 측연 위쪽과 아래쪽은 약간 볼록하나 아래쪽 측연이 덜 볼록하다. 극면에서 볼 때 반세포는 삼각형이고, 측연은 오목하고, 모서리는 둥글게 돌출되었으며 짧은 가시가 있다. 가시를 제외한 세포 길이는 30-35 μm 이고, 폭은 27-29 μm 이며, 협입부 폭은 8-9 μm 이다.

생태특성 약산성 빈영양 수체에서 출현하고, 전 세계에 분포한다(Prescott *et al.* 1982).
분포 한강수계, 낙동강수계, 금강수계, 영산강·섬진강수계

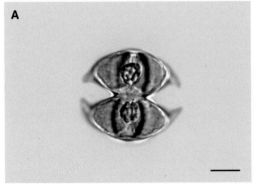 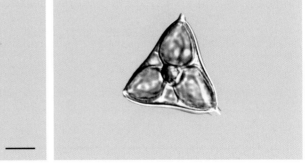

Staurastrum dickiei. A–B. 척도=10 μm.

Staurastrum gracile
Ralfs ex Ralfs

세포는 소형으로, 완상돌기를 포함한 세포 길이 대 폭은 같다. 중앙 협입부는 얕고 U자형으로 열렸다. 반세포는 타원형이며 반세포 정면은 약간 돌출되었거나 선형이며 정변은 돌출된다. 완상돌기는 평행하며 끝에 강모가 4개 있다. 작은 과립이 세포벽 전체에 산재한다. 극면에서 볼 때 삼각형이며 측연이 약간 오목하거나 편평하다. 세포 길이는 10-15 μm이고, 완상돌기를 포함한 세포 폭은 15-18 μm이며, 협입부는 4-7 μm이다.

생태특성 담수에서 출현하는 부유성이다(Prescott *et al*. 1982).
분포 한강수계, 낙동강수계, 금강수계, 영산강·섬진강수계

Staurastrum gracile. A-D. 척도=10 μm.

Staurastrum hantzschii
Reinsch

참고문헌 Prescott *et al.* 1982, sec. 4, p. 218, pl. 386, figs 7-8.

중형 종으로 세포 길이와 폭이 거의 같다. 중앙 협입부는 깊고 만곡부는 예각으로 열렸다. 반세포는 난형 같은 오각형으로, 기부가 부풀고 짧으며 절상돌기가 뻗는다. 돌기 끝에 가시가 3개 있다. 정변 양단에는 짧고 가시가 있는 돌기 2개가 위를 향해 나고 2열로 배열한다. 극면에서 볼 때 측연 돌기 사이의 면이 오목하고 바깥쪽으로 돌기 9개, 안쪽으로 돌기 6개가 배열한다. 돌기를 제외한 세포 길이는 38-41 μm, 폭은 38-42 μm이다.

생태특성 중영양의 담수에서 출현한다(Prescott *et al.* 1982).
분포 한강수계, 낙동강수계, 금강수계, 영산강·섬진강수계

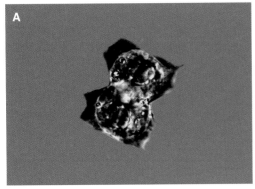
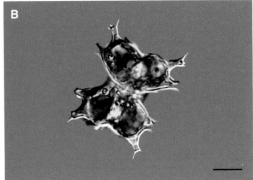

Staurastrum hantzschii. A–B. 척도=10 µm.

Staurastrum lapponicum
(Schmidle) Grönblad

기본명   *Staurastrum punctulatum* f. *lapponicum* Schmidle 1898.
이명   *Staurodesmus lapponicus* (Schmidle) Akin & Meyer 1996.

세포는 소형에서 중형이며, 세포 길이와 폭은 비슷하다. 중앙 협입부는 깊고, 끝은 예각으로 열렸다. 반세포는 긴 타원형으로 측연 중앙부는 볼록하고, 세포 정단부는 넓고 불룩하다. 세포벽에는 전체적으로 과립이 있으며, 중앙부에서부터 동심원 형태로 배열한다. 극변 세포는 삼각형으로 각 모서리는 둥글며, 측연 중앙부는 오목하다. 세포 길이는 32-34 μm이고, 폭은 31-36 μm이며, 협입부 폭은 9 μm이다.

생태특성 담수에서 출현하는 부유성이다(Prescott *et al.* 1982).
분포 한강수계, 낙동강수계, 금강수계, 영산강·섬진강수계

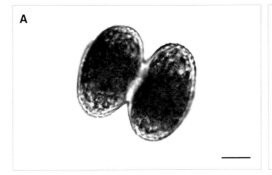

Staurastrum lapponicum. A–B. 척도=10 μm.

Staurastrum margaritaceum var. *gracilius*
Scott & Grönblad

참고문헌 Prescott *et al.* 1982, section 4, p. 249, pl. 391, fig. 3.

기본종은 소형 종으로 길이와 폭이 거의 같거나 약간 길다. 중앙 협입부는 얕고, 만곡부는 열렸다. 반세포는 컵 모양으로 기부가 부풀고 정변을 향해 벌어졌다. 정변 돌기는 굵고 강하며 수평으로 뻗는다. 이 변종은 기본종에 비해 크기가 작고 길이가 긴 편이다. 정변은 편평하고 측연 돌기는 좁고, 수평 방향으로 뻗는다. 세포에는 과립이 산재하고 돌기에는 수직 방향으로 과립열이 3열 있다. 세포 길이는 13-18 μm이고, 폭은 돌기를 포함해 13-18 μm이며, 협입부 길이는 6-8 μm이다.

생태특성 중영양의 담수에서 출현한다.

분포 한강수계, 낙동강수계, 금강수계, 영산강·섬진강수계

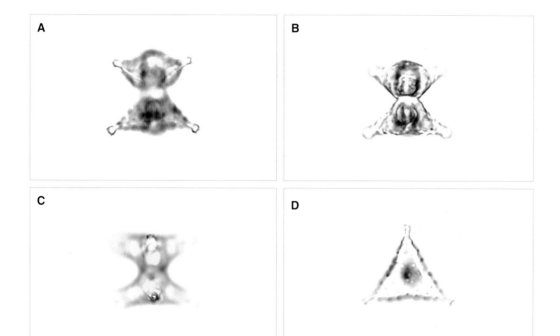

Staurastrum margaritaceum var. *gracilius.* A-D. 척도=10 ㎛.

Staurastrum paradoxum
Meyen ex Ralfs

이명　*Staurastrum anatinum* f. *paradoxum* Brook 1959.
참고문헌　Coesel & Meesters 2013, p. 130, pl. 90, figs. 1-10.

세포 폭은 길이보다 약간 넓거나 같다. 협입부는 깊게 함입되었으며, 만곡부는 넓게 열렸고 내측은 예각을 형성한다. 반세포는 종 모양이나 컵 모양으로 정변 모서리에는 길고 강한 팔이 바깥쪽을 향해 뻗는다. 팔 끝에 짧은 강모가 3-4개 있고, 뾰족한 과립이 동심원상으로 배열한다. 반세포에는 정변 부분에만 과립이 산재한다. 극면관에서는 팔이 3-4개 있으며 측연은 반듯하고 내측연 가장자리에 과립열이 1열 있다. 세포 길이는 29-51 *μm*이고, 폭은 30-60 *μm*이다.

생태특성 저서성으로 출현하거나, 산성의 빈영양호 수역에서는 일시적 부유성으로 분포한다(Coesel & Meesters 2013).
분포 한강수계, 낙동강수계, 금강수계, 영산강·섬진강수계

A　　　　　　　　　　　**B**

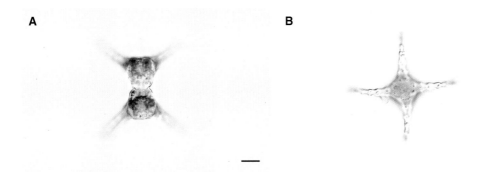

Staurastrum paradoxum. A–B. 척도=10 *μm*. A: 세포 협입부, B: 세포 극면관 및 측연 과립열.

Gonatozygon kinahanii
(Arcr) Rabenhorst

이명   *Leptocystinema kinahanii* W. Archer 1858.

참고문헌   West & G.S. West 1904, p. 34, pl. 2, figs 1-3; Růžička 1977, p. 45, pl. 1, figs 1-4; Huber-Pestalozzi 1982, p. 45, pl. 2, fig. 10; Coesel & Meesters 2007, p. 28. pl. 5, figs 1, 2; Brook & Williamson 2010, p. 126, pl. 53, figs 1-4, 7, pl. 55, figs 1-5.

세포는 긴 원통형이고, 길이가 폭의 12-30배이다. 선단은 팽창하지 않고, 절두형이며, 세포벽은 평활하다. 엽록체는 띠 모양이고, 피레노이드가 4-10개 있다. 세포 길이는 150-500 μm이고, 폭 10-18 μm이다.

생태특성 중영양에서 부영양, 약산성에서 약알칼리성 수체에서 보편적으로 출현한다.

분포 한강수계, 낙동강수계, 금강수계, 영산강·섬진강수계

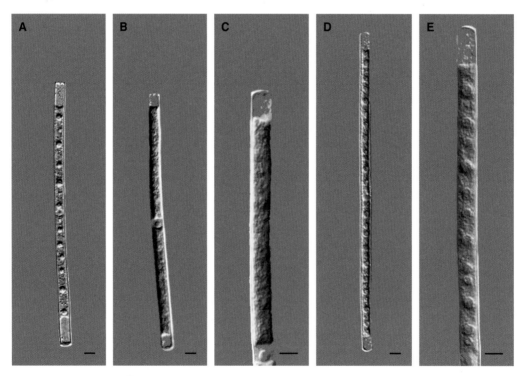

Gonatozygon kinahanii. A–E. 척도=10 ㎛.

Gonatozygon monotaenium
De Bary

이명   *Gonatozygon ralfsii* de Bary 1858.
Gonatozygon asperum (Brébisson) Rabenhorst 1863.

참고문헌   West & G.S. West 1904, p. 30, pl. I. figs 1-7; Růžička 1977, p. 46, pl. 1, figs 5-7; Huber-Pestalozzi 1982, p. 46, pl. 2, figs 5, 6; Coesel & Meesters 2007, p. 28. pl. 6, figs 1-3; Brook & Williamson 2010, p. 127, pl. 53, figs 1-4.

세포는 가늘고 긴 원통형으로, 곧거나 약간 굽고, 길이가 폭의 10-25배이며, 양 끝은 약간 넓어지고 끝은 평탄하다. 세포벽에는 과립이 조밀하게 분포하며, 이 과립은 형태가 다양하거나 간혹 불명확하고, 잘 발달해 가시처럼 되거나 유두 모양을 이루기도 한다. 엽록체는 가늘고 긴 판상으로 2개 있으며, 각각 피레노이드가 6-9개 있다. 세포 길이는 83-284 μm이고, 폭 7.5-11.5 μm이며, 양 말단의 폭은 8.6-12.5 μm이다.

생태특성 pH 4.5-8.4의 강산성에서 약알칼리성, 빈영양에서 중영양의 다양한 수체에서 주로 관찰된다.
분포 한강수계, 낙동강수계, 금강수계, 영산강·섬진강수계

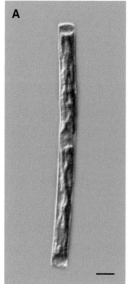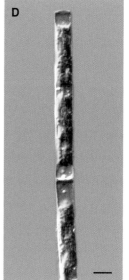

Gonatozygon monotaenium. A-D. 척도=10 μm.

Penium margaritaceum
Brébisson ex Ralfs

참고문헌   West & G.S. West 1904, p. 83, pl. 8. figs 32-35; Huber-Pestalozzi 1982, p. 52, pl. 2, fig. 14; Coesel & Meesters 2007, p. 30, pl. 7, figs 10-12; Brook & Williamson 2010, p. 140, pl. 63, figs 1-6.

세포는 크고, 긴 원통형이며, 길이는 폭의 4-10배이다. 세포 중앙부는 약간 협입되고, 둥근 선단을 향해 약간 가늘어지며, 가끔 둘레띠가 있다. 세포벽은 갈색을 띠고, 오래된 부분은 어두우며, 수직 또는 나선상으로 다소 규칙적이게 배열한 거친 과립이 있다. 엽록체는 각 반세포(세포가 길 때)에 2개가 있으며, 축을 따라 방사상 판 10개와 피레노이드가 1개 또는 2개 있다. 세포 길이는 70-200 μm, 폭은 15-28 μm이며, 정단부 폭은 7.5-18 μm이다.

생태특성 전 세계 분포하고, 작은 웅덩이나 산성의 이탄 습지에서 다른 먼지말류와 혼재해 출현한다.
분포 한강수계, 낙동강수계, 금강수계, 영산강·섬진강수계

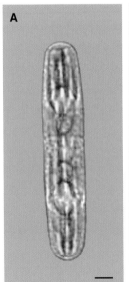
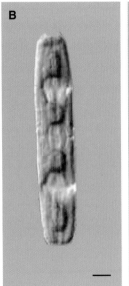
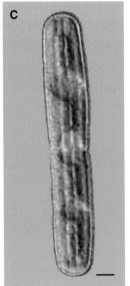
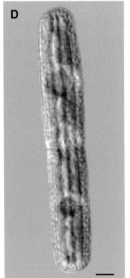

Penium magaritaceum. A-D. 척도=10 μm.

Penium spirostriolatum
Barker

참고문헌 West & G.S. West 1904, p. 88. pl. 9, figs 1-8. Coesel & Meesters 2007, p. 30, pl. 7, figs 1, 2;
Brook & Williamson 2010, p. 141, pl. 65, figs 1-6.

세포는 크고, 길이가 폭의 5-11배이다. 중앙부에서 약간 협입되고, 원주형에 가까우며, 정단을 향해
약간 가늘어진다. 정단은 평탄하거나 둥근 절두형이고, 가끔 확장되며, 둘레띠는 명확하다. 세포벽은
황갈색을 띠며, 대개 나선상으로 꼬인 세로 줄무늬가 10 *μm*에 4-6개 있다. 세로 줄무늬는 간혹 결합
되거나 정단에서 세점으로 변형되고, 무늬 사이에 세점이 1열 있다. 엽록체는 각 반세포에 대개 2개
있으며, 각기 하나 이상 피레노이드가 있다. 세포 길이는 77-400 *μm*이고, 폭은 15-38 *μm*이며, 정단
부 폭은 13.5-16 *μm*이다.

생태특성 작은 웅덩이, 오래된 저수지, 자연 늪, 산지 습지 등 다양한 수체에서 다른 먼지말류와 혼재
해 출현한다.

분포 한강수계, 낙동강수계, 금강수계, 영산강·섬진강수계

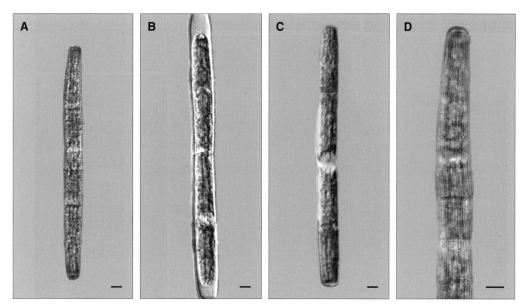

Penium spirostriolatum. A-D. 척도=10 μm.

Cylindrocystis brebissonii
(Ralfs) De Bary

기본명   *Penium brebissoniia* Ralfs 1848.

이명   *Cylindrocystis brebissonii* var. *curvata* Rabanus 1923,
        Cylindrocystis brebissonii f. *curvata* (Rabanus) Kossinskaja 1952,
        Cylindrocystis brebissonii var. *minor* Westet G.S. West 1902.

참고문헌   de Bary 1858, p. 74, pl. 7, figs E, 1-22; Krieger 1937, p. 207, pl. 6, figs 4-7; Förster 1982, p. 32,
         pl. 1, figs 1-4; Coesel & Meesters 2007, p. 22, pl. 2, figs 11, 12; Brook & Williamson 2010, p.
         29, pl. 2, figs 1-23.

세포는 장타원형이고, 길이가 폭의 약 2-3배이며, 중앙부가 협입되지 않고, 양 말단은 둥글다. 엽록체는 2개이고, 방사상으로 융기된 마름모형을 이룬다. 세포는 길이 43-55 μm이고, 폭 15-18 μm이다.

생태특성 산지 이탄 습지에서 빈번하게 출현한다.

분포 한강수계, 낙동강수계, 금강수계, 영산강·섬진강수계

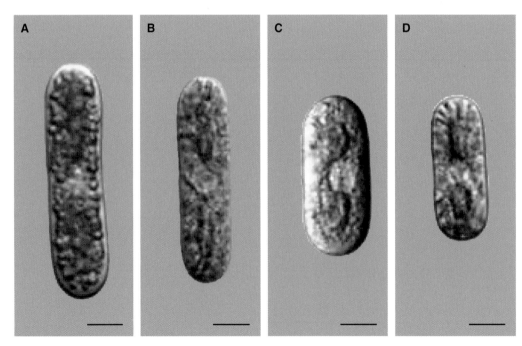

Cylindrocystis brebissonii. A-D. 척도=10 ㎛.

Netrium digitus
(Brébisson ex Ralfs) Itzigsohn & Rothe

기본명　*Penium digitus* Brébisson ex Ralfs 1848.
참고문헌　West & G.S. West 1904, p. 64, pl. 6, figs 14-16; Růžička 1977, p. 214, pl. 7, fig. 1, pl. 8. fig. 1;
　　　　　Huber-Pestalozzi 1982, p. 34, pl. 1, fig. 7; Coesel & Meesters 2007, p. 22, pl. 3, figs 1, 2; Brook
　　　　　& Williamson 2010, p. 53, pl. 18. fig. 1.

세포는 넓은 방추형으로 선단은 넓고 둥글며, 길이는 폭의 3-6배이다. 세포벽이 평활하고, 엽록체는
세포 당 2개이며, 세로로 융기된 능선 5-6개를 이루며, 각 능선의 가장자리는 톱니 모양으로 함입된
다. 세포 길이는 140-400 μm이고, 폭은 30-80 μm이며, 말단부 폭은 18-20 μm이다.

생태특성 빈영양에서 중영양의 산성 생육지에서 보편적으로 출현한다.
분포 한강수계, 낙동강수계, 금강수계, 영산강·섬진강수계

Netrium digitus. A–B. 척도=10 μm.

Netrium digitus var. *lamellosum*
(Brébisson ex Kützing) Grönblad

기본명   *Penium lamellosum* Brebisson ex Kützing 1849.
이명   *Penium digitus* var. *constrictum* West 1892.
        Netrium digitus var. *constrictum* Westet G.S. West 1904.
참고문헌   Huber-Pestalozzi 1982, p. 35, pl. 1, fig. 8; Yamagishi & Akiyama 1985, pp. 3, 61; Brook & Williamson 2010, 54, pl. 18. fig. 2.

세포는 기본종보다 가늘고 길며, 길이는 폭의 5-8배이다. 양 측연은 직선상으로 평행하며, 선단 부근에서 폭이 급하게 좁아지고, 양 말단은 약간 둥글다. 세포 길이는 140-416 μm이고, 폭은 32-60 μm이며, 말단부 폭은 18-20 μm이다.

생태특성 이탄 습지에서 일반적으로 출현한다.
분포 한강수계, 낙동강수계, 금강수계, 영산강·섬진강수계

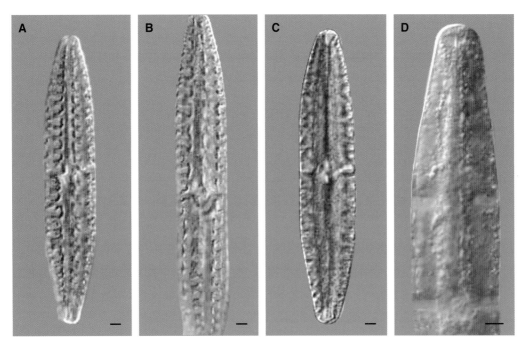

Netrium digitus var. *lamellosum*. A-D. 척도=10 μm.

Netrium naegelii
(Brébisson ex Archer) West & West

기본명 *Penium naegelii* Brébisson ex W. Archer in Pritchard 1861.
이명 *Netrium digitus* var. *naegelii* (Brébisson ex W. Archer) W. Krieger 1933.
참고문헌 West & G. S. West 1904, p. 66, pl. 7, figs 4, 5; Brook & Williamson 2010, p. 55, pl. 20, figs 1-8.

세포는 타원형 또는 방추형이며, 길이가 폭의 4-5배이다. 양 측연은 직선상이거나 약간 볼록하며, 선단 부근에서 약간 가늘어져 말단은 약간 둥글고, 세포벽은 평활하다. 엽록체는 가장자리가 깊이 파인 방사상 판이 4-6개 있는 중축형이고, 종종 과립이 여러 개 있는 말단 액포가 있다. 세포 길이는 100-200 μm이고, 폭은 25-36 μm이다.

생태특성 이탄 습지에서 일반적으로 출현하며, 국내에서는 주로 산지 습지에서 출현한다.
분포 한강수계, 낙동강수계, 금강수계, 영산강·섬진강수계

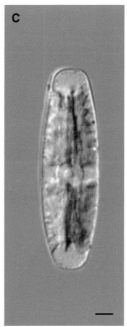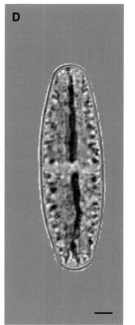

Netrium naegelii. A-D. 척도=10 μm.

남조류

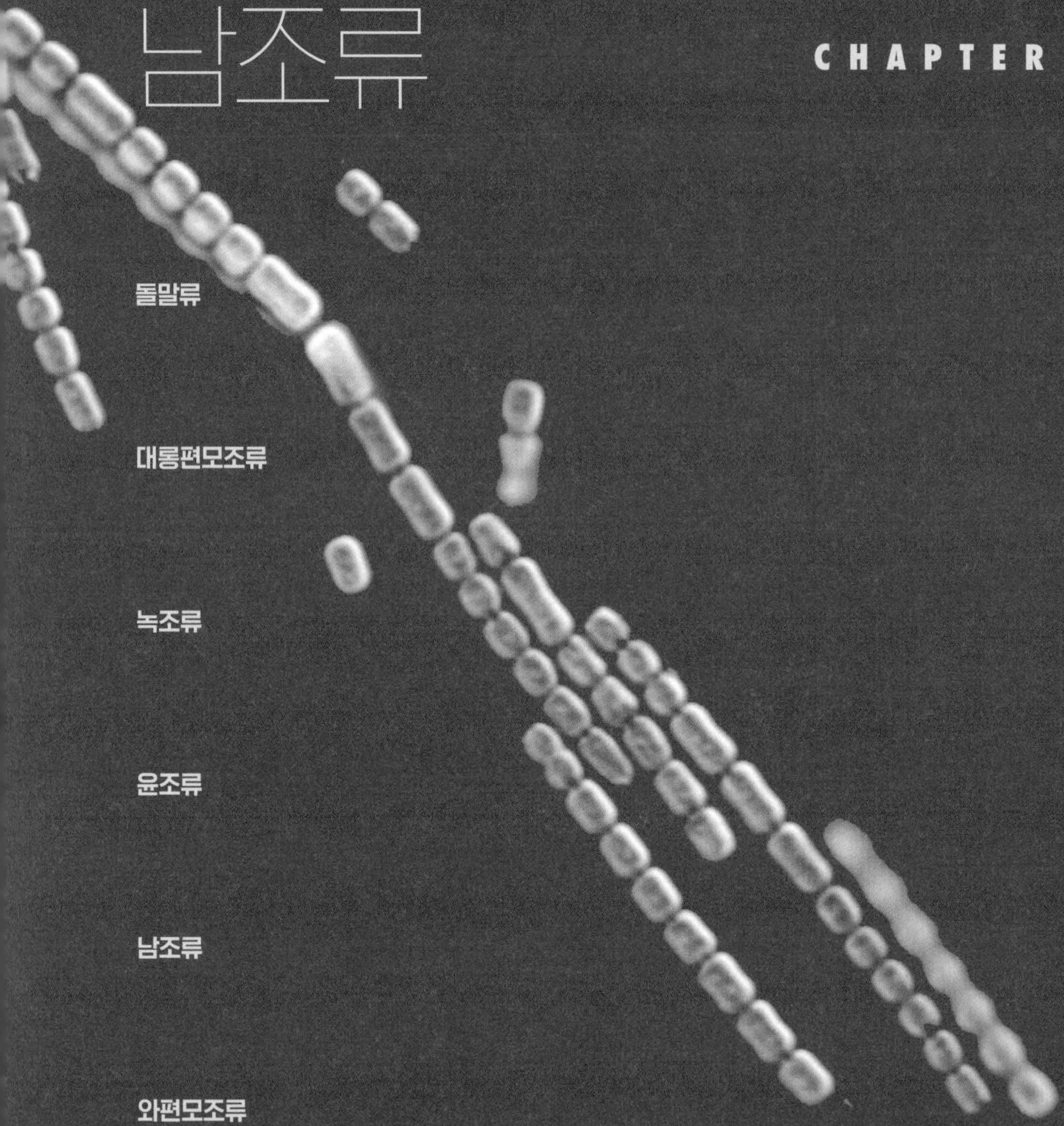

CHAPTER 5

돌말류

대롱편모조류

녹조류

윤조류

남조류

와편모조류

은편모조류

CYANOPHYTA

BACILLARIOPHYTA

OCHROPHYTA

CHLOROPHYTA

CHAROPHYTA

CYANOPHYTA

DINOPHYTA

CRYPTOPHYTA

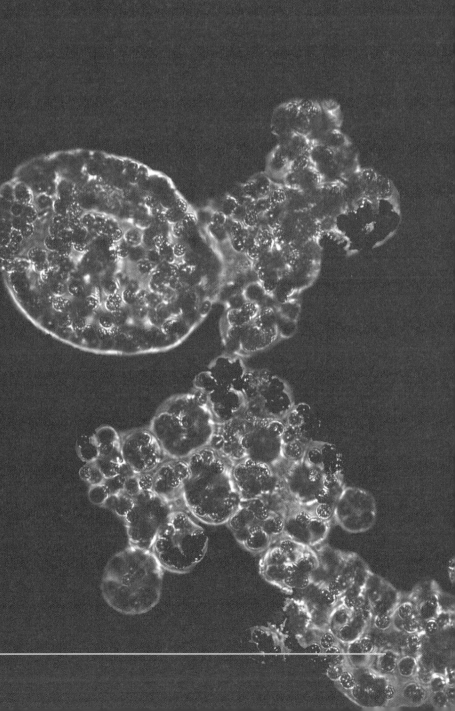

Microcystis aeruginosa
(Kützing) Kützing

기본명 *Micraloa aeruginosa* Kützing 1833.
이명 *Anacystis cyanea* (Kützing) Drouet & Daily 1952.
Cagniardia cyanea (Kützing) Trevisan.
Clathrocystis aeruginosa (Kützing) Henfrey 1856.
Clathrocystis aeruginosa var. *major* Unknown authority.
Diplocystis aeruginosa (Kützing) Trevisan 1848.
Microcystis aeruginosa f. *aeruginosa* Kützing.
Palmella cyanea Kützing 1843.
Polycystis aeruginosa (Kützing) Kützing 1849.

부유성으로 군체를 이루며, 군체는 점액질에 싸였고, 600-900 μm이다. 군체는 구형, 불규칙한 타원형, 렌즈 모양, 구멍이 있는 네트 모양 등 형태가 다양하다. 점액질은 무색이며 형태가 없고, 때때로 뚜렷하게 나타나며, 세포에서 5-8 μm 떨어져 있다. 세포는 구형이고 때때로 타원형이며, 많은 가스포가 있고, 크기는 4-6 μm이다.

생태특성 부영양화된 여름철 담수 수계에서 빈번히 녹조 현상을 유발하는 종이다(John *et al*. 2011).
분포 한강수계, 낙동강수계, 금강수계, 영산강·섬진강수계

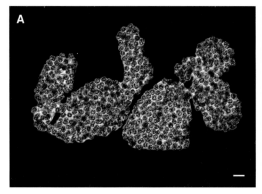 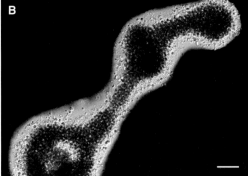

Microcystis aeruginosa. Indian ink 염색. A–B. 척도=20 ㎛(A), 50 ㎛(B). A: 세포 형태, B: 길어진 군체.

Microcystis flos-aquae
(Wittrock) Kirchner

기본명 *Polycystis flosaquae* Wittrock 1879.
이명 *Microcystis aeruginosa* f. *flosaquae* (Wittrock) Elenkin 1938.

군체는 부유성이며, 구형 또는 불규칙한 구형으로 군체 내 세포가 매우 조밀하게 뭉쳐 있다. 발생 말기에는 불분명한 간극이 관찰된다. 점액질은 무색으로 미세하며, 세포 주변으로 매우 좁고 불분명한 경계를 형성한다. 세포는 구형 또는 불규칙한 구형이며 많은 가스포가 있다. 세포 직경은 3.5-5 ㎛ 이다.

생태특성 담수역에서 출현하며, 녹조 현상을 일으키는 종으로 알려졌다(John *et al.* 2011).
분포 한강수계, 금강수계

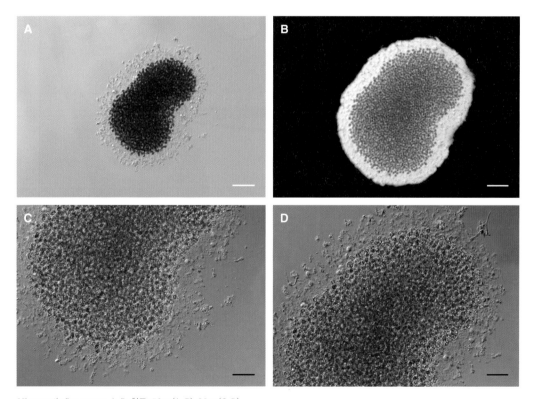

Microcystis flos-aquae. A-D. 척도=50 ㎛(A-B), 20 ㎛(C-D).

Microcystis ichthyoblabe
(Kunze) Kützing

기본명   *Granularia ichthyoblabe* Kunze.
이명   *Diplocystis ichthyoblabe* (Kunze) Trevisan 1848.

군체는 다소 불규칙한 구형으로, 보통은 소군체로 이루어진다. 소군체는 넓고 분명한 투명 점액질 속에 분포하며, 때로 서로 연결된다. 성숙하면 무정형 세포 집합체로 나뉘어 소군체로 남는다. 세포 직경은 2-3.2 μm이다.

생태특성 중영양, 부영양 수계에서 빈번히 출현하나, 오염 수계에서는 출현하지 않는다(Park 2012). 독성이 있으며, 일본에서는 흔하게 관찰된다(Komárek 1991; Komárek & Angnostidis 1998).
분포 한강수계, 낙동강수계, 금강수계, 영산강·섬진강수계

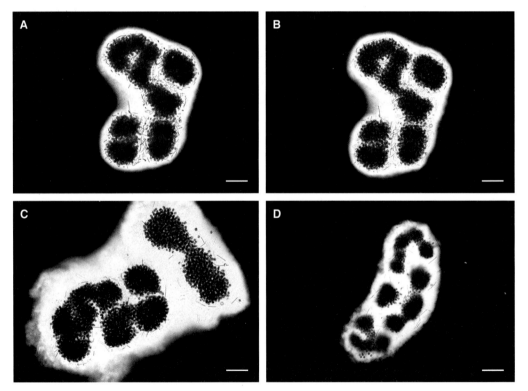

Microcystis ichthyoblabe. Indian ink 염색. A-D. 척도=50 ㎛. A-B: 군체 형태, C: 넓고 분명한 점액질, D: 성숙 시 소군체 형성.

Microcystis novacekii
(Komárek) Compère

기본명   *Diplocystis novacekii* Komárek 1958.

이명   *Microcystis aeruginosa* f. *marginata* (Meneghini) Elenkin 1938.

   Anacystis montana f. *montana* Drouet & Daily 1956.

군체는 대부분 구형으로, 외측연은 신장되거나 물결 모양을 나타낸다. 오래된 군체는 여러 개 소군체로 구성되고 각 소군체에는 많은 세포가 밀집한다. 점액질은 무색이지만 매우 드물게 옅은 노란빛을 띠며 점액질 경계에서 빛이 굴절되지 않는다. 세포는 구형이고, 세포 직경은 2.5-5.5 μm이다.

생태특성 담수역에서 출현하며 주로 부영양 수역에서 녹조 현상을 일으킨다(John *et al.* 2011).

분포 금강수계

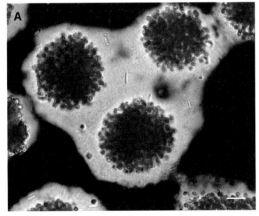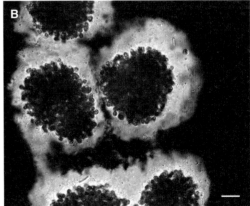

Microcystis novacekii. A-B. 척도=20 ㎛(A).

Microcystis smithii
Komárek & Anagnostidis

이명   *Palmella pulchra* Kützing 1849.
Aphanocapsa pulchra (Kützing) Rabenhorst 1865.
Microcystis pulchra (Kützing) Stein 1976.

군체는 부유성으로 구형 또는 약간 불규칙한 형태를 보이며, 내부에 간극이 생기지 않는다. 군체 내 세포배열은 느슨하고 균질하며, 조밀하게 얽혀 있지 않다. 점액질은 무색으로 미세하며, 경계가 뚜렷하다. 점액질 경계 부분에서 빛이 굴절되지 않는다. 세포는 밝은 청록색 또는 짙은 녹갈색이고 구형이다. 세포는 일반적으로 단독으로 나타나고, 분열 시 쌍으로 나타난다. 각 세포에는 가스포가 한 개 또는 여러 개 있다. 세포 직경은 3-4.8 ㎛이다.

생태특성 담수역에서 출현한다(Komárek & Anagnostidis 1998).
분포 금강수계

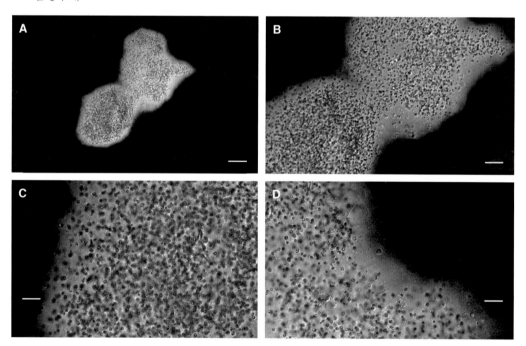

Microcystis smithii. A–D. 척도=100 ㎛(A), 50 ㎛(B), 20 ㎛(C–D).

Microcystis viridis
(Braun) Lemmermann

기본명   *Polycystis viridis* Braun 1865.
이명   *Microcystis aeruginosa* f. *viridis* (Braun) Elenkin 1938.
          Diplocystis viridis (Braun) Komárek 1958.

군체는 부유성이며, 둥근 정육면체로 3차원적인 구조다. 소군체는 불규칙한 구형 또는 길쭉한 형태로 소수 세포들이 밀집해 이루어진다. 점액질은 무색이고, 세포 집합체 가까이 혹은 다소 멀리까지 넓게 발달하고, 점액질 경계는 세포를 따라 약간 굴절된다. 세포 직경은 4-7 μm이다.

생태특성 전 세계에 분포하며, 부유성으로 부영양 수역에서 출현하고, 때로 녹조 현상을 일으키기도 한다(Komárek & Anagnostidis 1998).

분포 한강수계, 금강수계

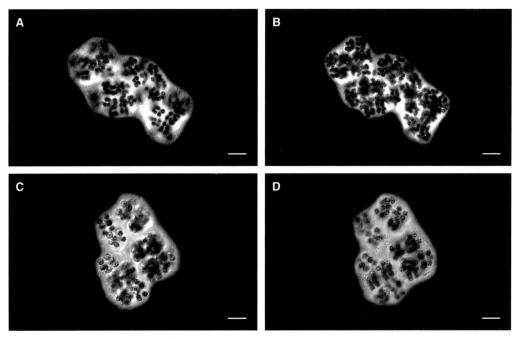

Microcystis viridis. Indian ink 염색. A–D. 척도=20 μm.
A–B: 정육면체 구조의 군체, C–D: 소군체의 작은 패킷 및 측연이 굴절된 점액질 막.

Microcystis wesenbergii
(Komárek) Komárek ex Komárek

기본명 *Diplocystis wesenbergii* Komárek.
참고문헌 Komárek & Anagnostidis 1998, p. 232, fig. 305; John *et al.* 2011, p. 69.

성장 초기의 군체는 구형이다. 성숙하면 길어지며 열편으로 나뉘고 뚜렷한 구멍이 있는 망상 구조로 발달하며, 때로 소군체로 구성되기도 하고 육안으로 보이는 크기까지 자란다(~6 mm). 성장 초기 군체에서는 세포가 불규칙하게 배열하고 밀집하지 않는다. 점액질은 무색, 무정형이고 뚜렷한 경계가 있으며, 경계는 평활하고 뚜렷한 구조로 세포를 따라 굴절된다. 점액질 초는 세포 집합체에서부터 3-6 μm 두께로 발달한다. 세포는 구형이고, 타원형으로 발달하며, 가스포가 있다. 세포 직경은 4-7 μm이다.

생태특성 부영양 수역에서 흔히 출현하는 부유성으로, 수화 현상을 일으키는 우점종은 아니다 (Komárek & Anagnostidis 1998).
분포 한강수계, 낙동강수계, 금강수계, 영산강·섬진강수계

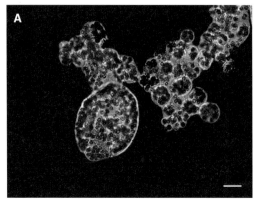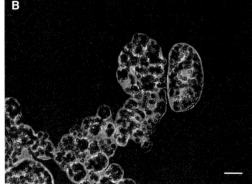

Microcystis wessenbergii. A–B. 척도=20 μm.

Anagnostidinema acutissimum
(Kufferath) Strunecký, Bohunická, Johansen & Komárek

기본명   *Oscillatoria acutissima* Kufferath 1914.
이명   *Geitlerinema acutissimum* (Kufferath) Anagnostidis 1989.
   Phormidium acutissimum (Kufferath) Komárek & Anagnostidis 1988.

조체는 막성 구조이고 점액질이 있으며, 청록색 사상체 다발로 구성된다. 다만 단독 사상체가 부유하기도 한다. 사상체는 직선형이고, 청록색을 띠며, 반시계 방향으로 운동하고, 세포 간 격벽의 함입이 있거나 없다. 사상체 선단세포는 뾰족해지며(세포 1-2개), 구부러진다. 세포는 격벽 부분에 뚜렷한 남조소 과립이 있고, 정단세포는 굽었으며, 뾰족하게 둥글다. 세포 길이는 3-7 μm이고, 폭은 1.5-2.5 μm이다.

생태특성 담수에서 서식하는 종으로, 수심이 얕은 정체 수역에서 저서성으로 출현한다(Komárek & Anagnostidis 2005).

분포 한강수계

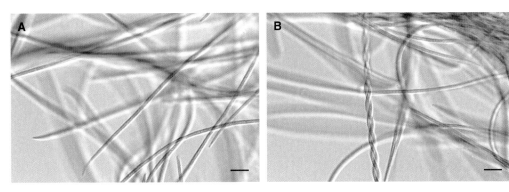

Anagnostidinema acutissimum. A–B. 척도=10 μm. A: 사상체의 구부러진 선단세포, B: 사상체 다발.

Anagnostidinema amphibium
(Agardh ex Gomont) Strunecký, Bohunická, Johansen & Komárek

기본명   *Oscillatoria amphibia* Agardh ex Gomont.
이명   *Lyngbya amphibia* Hansgirg ex Gomont 1892.
       Phormidium amphibium (Agardh ex Gomont) Anagnostidis & Komárek 1988.
       Geitlerinema amphibium (Agardh ex Gomont) Anagnostidis 1989.

조체는 주로 밝은 색에서 진한 청록색, 때로는 연녹색을 띠며, 반듯하고 평행한다. 세포는 신장되어 크고 얇은 매트를 형성하며, 활주운동을 한다. 투명한 격벽 부근에는 함입 부분이 없고, 격벽 한쪽 또는 양쪽에 남조소 과립이 1-4개 있다. 선단세포는 반구형이며, 뾰족해지지 않고, 투명한 갓과 비후된 부분이 없으며 평균 길이 750 *μm*까지 자란다. 세포 길이는 폭보다 더 길며, 길이는 3-9 *μm*이고, 폭은 2-3 *μm*이다.

생태특성 기수역의 진흙 같은 정체 수역에서 저서성으로 출현하며, 담수의 호소나 강에서 일시적 부유성으로 보고되기도 했다(Komárek & Anagnostidis 2005).
분포 한강수계, 영산강·섬진강수계

 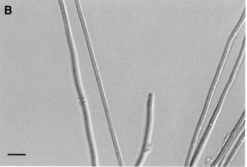

Anagnostidinema amphibium. A-B. 척도=10 *μm*.

Geitlerinema splendidum
(Greville ex Gomont) Anagnostidis

기본명 *Oscillatoria splendida* Greville ex Gomont 1892.
이명 *Lyngbya gracillima* (Kützing) Hansgirg 1892.
Lyngbya leptotricha (Kützing) Hansgirg 1884.
Oscillaria gracillima Kützing 1843.
Oscillaria leptotricha Kützing 1845.
Oscillatoria gracillima Kützing 1843.
Oscillatoria leptotricha var. *splendida* (Greville) Cooke 1884.
Oscillatoria leptotrichoides Hansgirg 1885.
Porphyrosiphon splendidus (Greville) Drouet 1968.
Phormidium splendidum (Greville ex Gomont) Anagnostidis & Komárek 1988.

엽상체는 작은 다발로 이루어진 밝은 청남색 혹은 황록색 얇은 막을 형성한다. 사상체는 직선이거나 끝으로 갈수록 점차 좁아지며, 간혹 나선형이나 고리형으로 나타나고, 빠르게 진동하거나 시계 방향으로 회전하는 운동성을 보인다. 끝부분의 세포는 눈에 띄게 좁아지고 갈고리 모양으로 굽었으며, 보통 말단은 구형이다. 세포 간 격벽에 함입이 없지만 드물게 과립이 나타나기도 한다. 세포 내에는 두드러진 시아노피신 과립이 있으며, 때때로 세포 간 격벽에 위치한다. 세포 길이는 6-8 μm이고, 폭은 2-3 μm이며, 군체 말단의 폭은 1-2 μm이다.

생태특성 담수에서 서식한다.
분포 한강수계

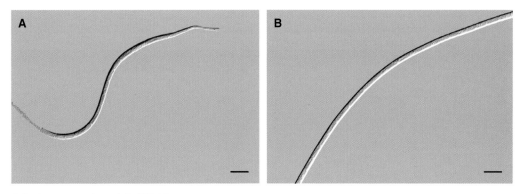

Geitlerinema splendidum. A-B. 척도=10 μm.

Kamptonema animale
(Agardh ex Gomont) Strunecký, Komárek & Smarda

기본명   *Oscillatoria animalis* Agardh ex Gomont 1892.

이명   *Porphyrosiphon animalis* (Agardh) Drouet 1968.

Phormidium animale (Agardh ex Gomont) Anagnostidis & Komárek 1988.

사상체 다발은 옅은 청록색이다. 사상체는 곧게 뻗으며 폭은 3-4.5 *μm*이고, 시계 방향으로 회전하면서 빠르게 움직인다. 세포 간 격벽은 함입되지 않았고 과립이 없으며, 사상체 끝으로 갈수록 좁아지면서 약간 굽는다. 점액질 초는 매우 드물게 나타나며 얇고 확산되어 보인다. 대부분 세포는 길이가 폭보다 짧으나 간혹 길이가 폭보다 길거나 같은 경우도 있다. 세포에는 연쇄체와 때때로 큰 시아노피신 과립이 있다. 정단세포의 끝부분은 원뿔형이며, 갓(calyptra)이 없거나 두꺼운 세포 외부벽이 있다.

생태특성 젖은 흙과 정체된 담수의 수역에서 발견되는 종이다(Komárek & Anagnostidis 2005).

분포 금강수계, 영산강·섬진강수계

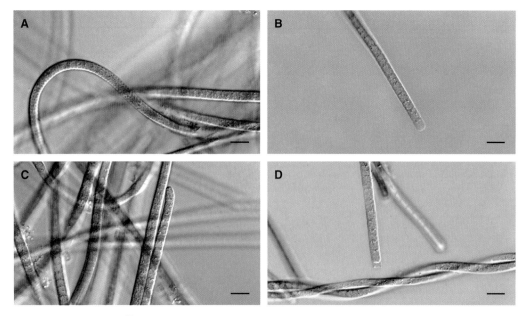

Kamptonema animale. A-D. 척도=10 μm.

Kamptonema chlorinum
(Kützing ex Gomont) Strunecký, Komárek & Smarda

기본명   *Oscillatoria chlorina* Kützing ex Gomont 1892.
이명   *Oscillaria chlorina* Kützing 1843.
   Lyngbya chlorina Hansgirg 1885.
   Lyngbya amoena var. *chlorina* Hansgirg ex Forti 1907.
   Phormidium chlorinum (Kützi ng ex Gomont) Umezaki & Watanabe 1994.

사상체는 청록색으로 직선이거나 약간 굽었다. 세포 간 격벽은 함입되지 않았고, 과립이 없으며, 간혹 세포 표면에 줄무늬가 수직으로 나타난다. 점액질 초는 없거나 불분명하다. 세포는 폭보다 약간 길거나 짧으며, 가스포가 없다. 정단세포는 넓고 둥글며, 드물게 아치형으로 나타난다. 세포 길이는 3.5-6.8 μm이고, 폭은 2.2-2.8 μm다.

생태특성 하천, 연못, 담수역, 기수역 등에서 저서성으로 출현한다(Komárek & Anagnostidis 2005).
분포 금강수계

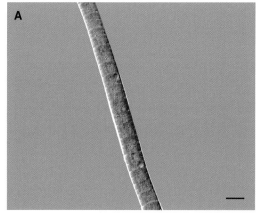 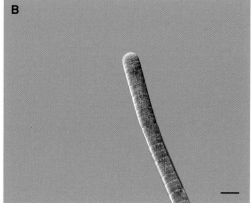

Kamptonema chlorinum. A–B. 척도=10 μm.

Kamptonema formosum
(Bory ex Gomont) Strunecký, Komárek & Smarda

기본명   *Oscillatoria formosa* var. *australica* Playfair 1915.
이명   *Oscillatoria formosa* Bory ex Gomont 1892.
   Oscillatoria tenuis var. *formosa* (Bory) Kützing ex Gomont 1892.
   Phormidium formosum (Bory ex Gomont) Anagnostidis & Komárek 1988.

엽상체는 칙칙한 청록색에서 짙은 녹색을 띤다. 사상체는 곧거나 휘었으며, 밝은 청록색이나 때때로 황록색, 회녹색, 연두색을 띤다. 빠르게 진동하거나 시계 방향으로 회전하는 운동성을 보인다. 세포 간 격벽에 함입과 뚜렷한 과립이 나타나지만 간혹 나타나지 않는 경우도 있으며, 사상체 끝부분에서 살짝 좁아지며 휘어진다. 점액질 초는 얇고 거의 발달하지 않았기 때문에 잘 관찰되지 않는다. 세포 내에는 작은 과립들이 분포하며, 간혹 커다란 시아노피신 과립이 나타난다. 끝부분 세포는 끝이 무디거나 둥근 원뿔형 혹은 완전히 둥근 형태이지만, 갓(calyptra)이나 두꺼워진 세포 외벽(thickened outer cell wall)은 나타나지 않는다. 세포 길이는 3-4 *μm*이고, 폭은 3-4 *μm*이다.

생태특성 담수에서 서식한다.
분포 한강수계, 영산강·섬진강수계

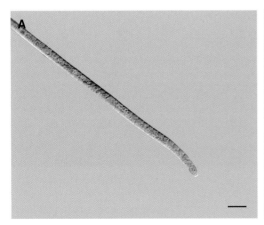

Kamptonema formosum. A–B. 척도=10 μm.

Kamptonema okenii
(Agardh ex Gomont) Strunecký, Komárek & Smarda

기본명   *Oscillatoria okenii* Agardh ex Gomont.

이명   *Lyngbya okenii* (Agardh) Hansgirg 1884.

               Phormidium okenii (Agardh ex Gomont) Anagnostidis & Komárek 1988.

조체는 어두운 청록색 또는 검정색 매트를 형성한다. 사상체는 길고 반듯하지만 약간 구부러지고, 점차적으로 폭이 좁아지며 약간 파상 형태를 띠거나 간혹 나선형으로 꼬이기도 한다. 밝은 청록색을 띠기도 하며, 얇고 불분명하며 무색인 점액질로 싸였다. 투명한 격벽 부근에 과립이 있거나 없기도 하며 뚜렷하게 함입되었다. 세포에는 소과립이 있거나 없다. 선단세포는 약간 뭉툭하거나 둥근 원추형이며 투명한 갓이 없고 뾰족하다. 세포 폭과 길이가 거의 같으며, 길이는 2.5-6 *μm*이고, 끝세포 길이는 5.5-8.5 *μm*이며, 세포 폭은 5-8 *μm*이다.

생태특성 전도도가 높은 담수역과 기수역 등에서 출현한다 (Komárek & Anagnostidis 2005).

분포 한강수계

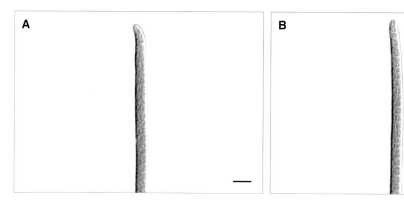

Kamptonema okenii. A–B. 척도=10 *μm*.

Oscillatoria curviceps
Agardh ex Gomont

조체는 밝은 청록색에서 어두운 청록색 매트를 형성한다. 사상체는 청록색으로 반듯하고 길며, 운동성이 있어 왼쪽 방향으로 운동한다. 과립이 있는 격벽 부근에는 함입이 없고, 선단세포는 굽었거나 나선형으로 약간 꼬여 있으며, 폭이 약간 좁아지거나 또는 좁아지지 않는다. 선단세포는 편평하게 둥글고, 투명한 갓이 없으며 세포벽이 약간 비후되기도 한다. 세포 길이는 폭의 1/3-1/6로 짧으며, 세포 길이는 2-5 μm이고, 폭은 10-17 μm이다.

생태특성 정체 수역과 유수역의 담수에서 출현하며, 기수역이나 해양 수역에서도 서식한다. 식물 부착성이거나 단일 조체로 부유하기도 한다(Komárek & Anagnostidis 2005).

분포 한강수계

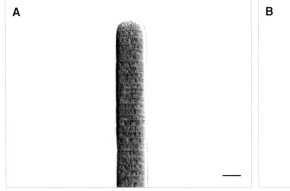 

Oscillatoria curviceps. A-B. 척도=10 µm. A-B: 선단세포.

Oscillatoria princeps
Vaucher ex Gomont

이명 *Trichophorus princeps* (Vaucher) Desvaux 1809.
Oscillatoriella princeps (Vaucher) Gaillon 1833.
Lyngbya princeps (Vaucher ex Gomont) Hansgirg 1893.

조체는 어두운 청록색 또는 어두운 녹색 층을 이루는 매트를 형성한다. 또는 부유성이나 단독 세포로는 분포하지 않으며 소형 군체를 형성하지도 않는다. 사상체는 어두운 녹갈색, 녹갈색, 어두운 청록색, 회녹색 등으로 색이 다양하다. 사상체는 반듯하거나 약간 굽었고, 파동성이 있고 왼쪽으로 돌며, 활주한다. 과립이 없는 격벽 부분은 함입되지 않았고, 선단부를 향해서 폭이 약간 좁아진다. 세포는 얇고 뚜렷한 점액질 초가 있으며, 원판형으로 길이가 짧으며, 길이는 폭의 1/11-1/4이다. 세포에는 미세 과립이 있고, 선단세포는 둥글거나 눌린 반구형으로 선단세포벽은 약간 비후하거나 그렇지 않다. 세포 길이는 2.5-6.5 μm이고, 폭은 20-50 μm이다.

생태특성 하천, 연못, 습지 등 담수역에 저서성으로 출현하는 종으로, 진흙이나 바위 표면에 부착해 서식한다(Komárek & Anagnostidis 2005).

분포 한강수계, 금강수계

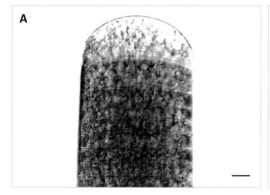 

Oscillatoria princeps. A: 척도: 10 um, B: 척도: 50 um. A: 세포 선단부, B: 어두운 녹색 사상체.

Aphanizomenon flos-aquae
Ralfs ex Bornet & Flahault

이명
Aphanizomenon americanum Reinhard 1896.
Aphanizomenon cyaneum Ralfs ex Bornet & Flahault 1888.
Aphanizomenon holtsaticum Richter 1891.
Byssus flos-aquae Linnaeus 1753.
Conferva flosaquae (Linnaeus) Roth 1806.
Limnochilde flosaquae (Linnaeus) Kützing 1843.
Micraloa flosaquae (Linnaeus) Trevisan 1845.
Nostoc flosaquae (Linnaeus) Lyngbye 1819.
Nostoc papyraceum S.F. Gray 1821.
Oscillatoria flosaquae (Linnaeus) Agardh 1812.
Sphaerozyga flosaquae (Linnaeus) Corda 1836.
Trichormus flosaquae (Linnaeus) Ralfs 1850.

사상체는 부유성으로, 평행하고, 양 끝이 가늘어지며, 육안으로 보이는 수 개에서 수백 개 다발을 이룬다. 세포는 직경이 5-6 μm이고 길이는 8-12 μm이다. 이형세포는 원통형으로 사상체 내에 흩어져 있고, 직경은 7 μm, 길이는 12-20 μm이다. 고니디아(Gonidia)는 원통형으로 사상체 중앙에 위치하지만 이형세포와는 떨어져 있다. 직경은 8 μm, 길이는 60-77 μm이다.

생태특성 담수성으로, 여름철에 녹조 현상을 유발하는 유해 4속 남조류 중 한 속으로 알려졌다. 질소원이 많은 부영양 수계에서 잘 성장한다(Komárek & Anagnostidis1998).
분포 한강수계, 낙동강수계, 금강수계, 영산강·섬진강수계

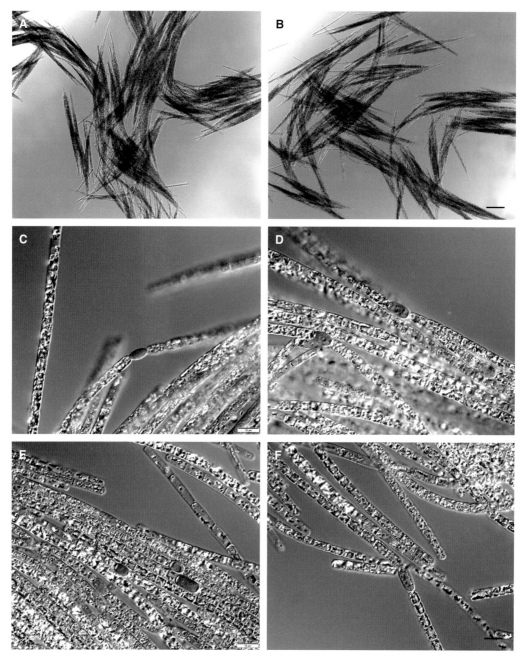

Aphanizomenon flos-aquae. A-F. 척도=100 ㎛(A-B), 10 ㎛(C-F). A-B: 군체를 형성하는 모습.

Dolichospermum planctonicum
(Brunnthaler) Wacklin, Hoffmann & Komárek

기본명   *Anabaena planctonica* Brunnthaler 1903.
이명   *Anabaena lùnnetica* Smith 1916.
         Anabaena solitaria f. *planctonica* (Brunnth aler) Komárek 1958.

사상체는 직선형이며, 단독으로 부유한다. 세포는 구형 또는 통 모양이다. 이형세포는 구형에 가깝고
아키네트는 양단이 넓은 원형 혹은 원추형이다. 세포 직경은 8-11 μm이고, 이형세포 직경은 6.5-11
μm이다. 아키네트 길이는 21-27 μm이고, 폭은 14-18 μm다.

생태특성 부영양 수역에서 흔히 출현한 부유성으로, 수화 현상을 일으키는 종으로 알려졌다
(Komárek 2013).

분포 금강수계

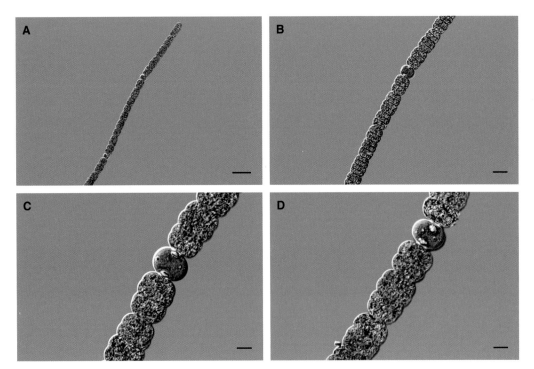

Dolichospermum planctonicum. A-D. 척도=50 ㎛(A), 20 ㎛(B), 10 ㎛(C-D).

Dolichospermum sigmoideum
(Nygaard) Wacklin, Hoffmann & Komárek

기본명 *Anabaena sigmoidea* Nygaard 1950.
이명 *Anabaena augstumnalis* var. *incrassata* (Nygaard) Geitler 1932.
  Anabaena circinalis Rabenhorst ex Bornet & Flahault 1886.
  Anabaena incrassata Nygaard 1929.
  Dolichospermum circinale (Rabenhorst ex Bornet & Flahault) P. Wacklin, L. Hoffmann & J. Komárek 2009.

사상체들은 자유롭게 떠다니고, 단일 개체이거나, 조밀하게 얽혀 있다. 짧고 다양하게 구부러지거나 불규칙한 나선형이며, 끝으로 갈수록 좁아지지 않는다. 나선의 폭은 20-37 μm이다. 세포벽은 교차되었으며 잘록해진다. 세포는 타원형이거나 통 모양이며 보통 폭보다 길이가 좀 더 길다. 세포 길이는 3-4 μm이고, 폭은 4-8 μm이다. 끝세포는 생장세포와 같은 모양이다. 이형세포는 단독으로 세포들 사이에 있으며, 타원형이고 비정상적으로 길다. 이형세포 직경은 5-7.5 μm이다.

생태특성 담수에서 서식한다.
분포 한강수계

Dolichospermum sigmoideum. A-B. 척도=20 ㎛.

Anabaena circinalis
Rabenhorst ex Bornet & Flahault

이명   *Anabaena hassallii* Witrock ex Lemmermann 1907.

부유성이며, 직선상이거나 꼬인 사상체로 관찰된다. 세포는 구형이며, 직경은 8-12 μm이다. 이형세포는 구형이거나 편평하며, 직경은 14-16 μm이다.

생태특성 전 세계 담수에서 흔히 관찰되는 종으로 늦여름에 *Microcystis* spp.와 함께 대발생하기도 한다.

분포 낙동강수계, 영산강·섬진강수계

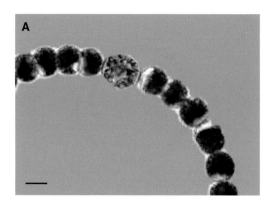

Anabaena circinalis. A. 사상체를 형성하는 모습 및 중간의 이형세포. A. 척도=10 μm.

Anabaena flos-aquae
(Lyngbye) Brébison ex Bornet & Flauhault

이명   *Anabaena flos-aquae* f. *typical* Elenkin 1938,
        Anabaena contorta Bachmann 1921.

참고문헌   Komárek & Zapomělová 2007, p. 7, fig. 5; Prescott 1961, p. 515, pl. 116, fig. 7; Komárek 1958;
          Kondrateva 1968.

사상체는 매우 유연하게 뒤틀려 있다. 세포는 시그모이드형 또는 난형으로, 직경 6-8 *㎛*, 길이 6-10
*㎛*이다. 이형세포는 구형이나 일부 극에서 응축되었으며, 직경 7-9 *㎛*, 길이 6-10 *㎛*이다. 고디니아
(Gonidia)는 원통형으로 이형세포와 인접해 있으며, 직경은 8-12 *㎛*, 길이는 24-30 *㎛*이다.

생태특성 여름철 부영양 수계에서 일반적으로 관찰되며, *Microcystis* spp.와 함께 녹조 현상을 유발
하기도 한다.

분포 한강수계

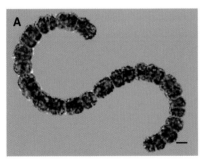
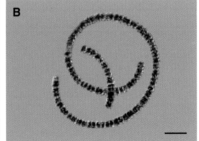
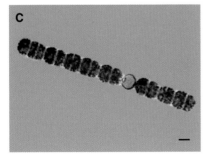

Anabaena flos-aquae. A–C. 척도=10 ㎛(A, C), 50 ㎛(B). A와 B. 사상체를 형성하는 모습. C. 사상체 내에 이형세포.

Nostoc pruniforme
Agardh ex Bornet & Flahault

이명   *Heteractis pruniformis* Kützing 1843.
Nostoc pruniforme var. *andicola* Spegazzini.
Nostoc pruniforme f. *maximum* Rabenhorst.
Nostoc pruniforme f. *olivaceum* Rabenhorst.

군체는 구형, 타원형 또는 난형이며 직경이 1.5 cm까지 나타난다. 군체는 부드러운 외피가 있으며 내부에는 점액질이 있다. 세포는 짙은 녹갈색, 밝은 청록색, 회색 또는 갈색을 띠며 통 모양이다. 세포의 길이는 폭과 거의 같거나 약간 길거나 짧게 나타난다. 이형세포는 구형 또는 타원형이며, 아키네트는 구형으로 드물게 발생한다. 세포 직경은 4-5 μm이고, 이형세포 직경은 5.5-6.5 μm, 아키네트 직경은 약 10 μm이다.

생태특성 담수에서 출현한다(Komárek 2013).
분포 금강수계

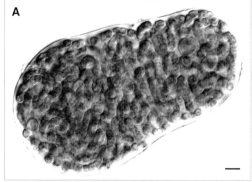

Nostoc pruniforme. A–B. 척도=10 μm.

Tolypothrix distorta
Kützing ex Bornet & Flahault

이명   *Tolypothrix tenella* Gardner 1926.

사상체 다발은 식물의 뿌리처럼 불규칙하게 뭉쳐 자라며, 청록색 또는 갈색 석회질로 싸인 층 구조를 형성하기도 한다. 사상체는 길이 3 μm, 폭 10-15 μm까지 헛분지하며 모체 사상체의 45° 이하 각도로 분지한다. 점액질 초는 얇고 견고하며, 최대 2 μm 폭으로 나타난다. 초기에는 초의 색깔이 무색이지만 시간이 흐를수록 뚜렷하게 황갈색에서 갈색으로 변한다. 사상체는 원통형으로 격벽 부분이 약간 함입되었으며, 끝으로 갈수록 좁아진다. 세포 폭과 길이는 같거나 또는 길이가 폭보다 약간 짧게 나타난다. 세포는 청록색 또는 어두운 녹색이다. 대부분 끝세포는 구형이다. 세포 길이는 2.5-8.5 μm, 폭은 6-12 μm이다. 이형세포는 구형 또는 원통형으로 분지하는 위치에 단독으로 나타나거나, 드물게 쌍으로 나타나며, 매우 드물게 3개까지도 관찰이 된다. 이형세포 길이는 8.5-11 μm, 폭은 약 11.5 μm이다.

생태특성 알칼리성 수계와 유속이 느린 수계에서 발견되며, 기질에 부착해 서식한다(Komárek 2013).

분포 금강수계

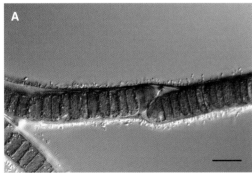
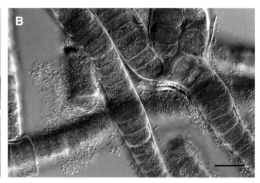

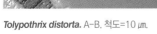

Tolypothrix distorta. A–B. 척도=10 μm.

Woronichinia naegeliana
(Unger) Elenkin

기본명   *Coelosphaerium naegelianum* Unger 1854.
이명   *Gomphosphaeria naegeliana* (Unger) Lemmermann 1907.

군체는 구형, 타원형, 신장형 또는 불규칙한 구형으로 직경이 180 ㎛에 이른다. 간혹 소형 군체가 다소 밀집, 방사형으로 배열하면서 점액질 다발 끝에 서로가 연결된다. 군체 중앙부에는 방사형 층이 형성된다. 군체 주변에 무색 점액질 막이 있고, 때로는 무정형이다. 세포는 난형 또는 타원형으로 수많은 기포가 있으며 청록색을 띤다.

생태특성 담수에서 서식하는 부유성종이다.
분포 한강수계, 낙동강수계, 금강수계, 영산강·섬진강수계

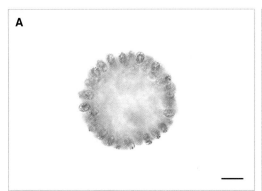
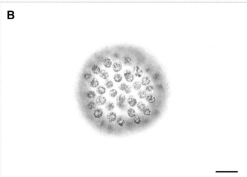

Woronichinia naegeliana. A–D. 척도=10 ㎛(A–C), 20 ㎛(D).

Merismopedia elegans
Braun ex Kützing

군체는 불규칙한 사각형으로 세포 16-4,000개로 이루어진다. 세포 배열은 종·횡렬로 상당히 밀집하고 직사각형이다. 세포 주변에 최대 10 μm 넓이로 뚜렷한 점액질이 있다. 세포는 구형, 타원형 또는 반구형이며 밝은 청록색 또는 녹색을 띤다. 세포 길이는 5-8 μm이고, 폭은 4.5-7 μm이다.

생태특성 담수에서 기수까지 넓은 수계에서 출현한다(Komárek & Anagnostidis 1998, Park 2012).
분포 낙동강수계, 금강수계, 영산강·섬진강수계

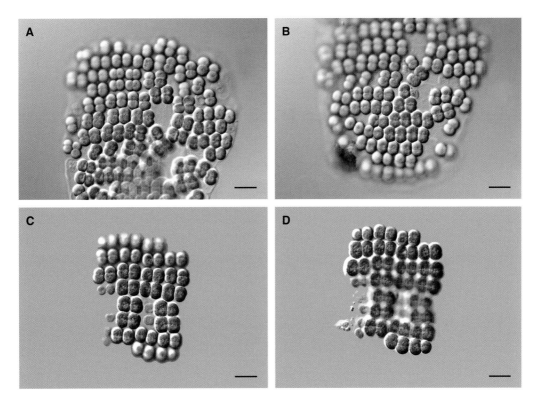

Merismopedia elegans. A-D. 척도=10 μm.

Merismopedia tenuissima
Lemmermann

군체는 세포 8-100개로 이루어지며, 세포 배열은 조밀하고, 평평한 직사각형이다. 간혹 군체는 약간 구부러진다. 점액질은 무색 투명하며 경계가 뚜렷하거나 불분명하다. 세포는 구형, 타원형 또는 반구형이며 옅은 회색 또는 청록색을 띤다. 세포 직경은 0.5-1.8 μm이다.

생태특성 정체된 부영양 수역의 담수와 기수역에서 흔하게 출현한다(Komárek & Anagnostidis 1998).
분포 금강수계, 영산강·섬진강수계

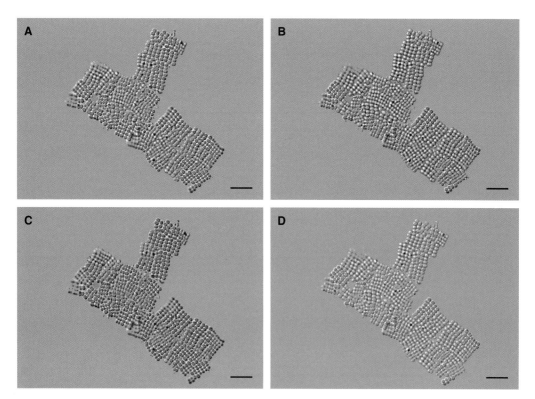

Merismopedia tenuissima. A-D. 척도=10 μm.

Merismopedia tranquilla
(Ehrenberg) Trevisan

기본명   *Gonium tranquillum* Ehrenberg.
이명   *Merismopedia punctata* Meyen 1839.
         Agmenellum tranquillum (Ehrenberg) Trevisan 1842.
         Merismopedia kuetzingii Nägeli 1849.
         Merismopedia convoluta f. *minor* Wille 1922.
         Merismopedia haumanii Kufferath 1942.

군체는 테이블처럼 편평하고, 보통 세포 64개로 이루어지며, 매우 규칙적으로 배열하고, 소군체로 구성되지 않는다. 점액질은 뚜렷하며 무색이다. 세포는 구형이고, 넓은 난형 또는 반구형이며 옅은 청록색이다. 각 세포에는 점액질 막이 없다. 세포 직경은 2-4 μm이다.

생태특성 중영양 수역의 담수에서 출현하는 부유성이다(Komárek & Anagnostidis 1998).
분포 한강수계, 영산강·섬진강수계

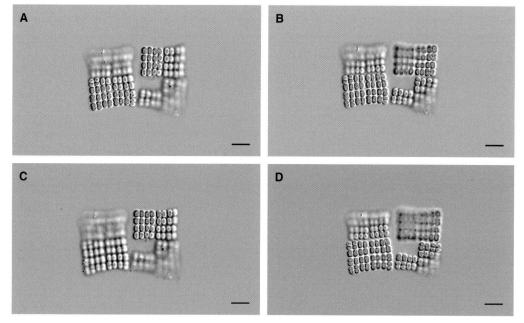

Merismopedia tranquilla. A–D. 척도=10 μm. A–B: 규칙적인 판상 군체, C–D: 군체의 뚜렷한 점액질 막과 세포 형태.

Pseudanabaena amphigranulata
(Goor) Anagnostidis

기본명　*Oscillatoria amphigranulata* Goor.
이명　*Limnothrix amphigranulata* (Goor) Meffert 1988.

조체는 반듯하고 세포 30개까지 사상체를 형성하며, 느린 운동성이 있다. 세포 간 격벽이 분명하게 함입되었고, 격벽 양쪽에 작거나 큰 가스포가 2개 있으며, 사상체는 연한 청록색이며, 선단으로 갈수록 폭이 좁아지지 않는다. 선단세포는 둥글고 가스포가 있으며 투명한 갓이 없다. 길이는 폭보다 2배 정도 길며, 세포 길이는 2-5 *μ*m이고, 폭은 1.4-2.2 *μ*m이다.

생태특성 담수역에서 주로 저서성으로 출현하며, 수생식물 표면에 부착해 서식한다(Komárek & Anagnostidis 2005).

분포 한강수계

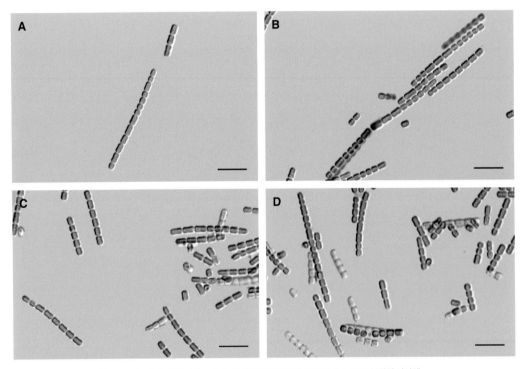

Pseudanabaena amphigranulata. A-D. 척도=10 *μ*m. A-B: 사상체의 격벽 함입 및 선단세포, C-D: 분절된 사상체.

Pseudanabaena catenata
Lauterborn

사상체는 세포 8개 이상으로 이루어지며 황록색에서 남색을 띠고 판상 다발을 형성한다. 정단세포는 둥근 모양이거나 끝이 뭉툭한 원뿔형이다. 세포 분열 시 세포 내부 격벽이 보이지 않으며, 과립도 관찰되지 않는다. 세포와 세포 사이가 잘록하게 함입되어 뚜렷하게 관찰된다. 세포 길이가 폭과 같거나 2배 정도 길다. 세포 길이는 2.2-6.7 *μm*이고, 폭은 2.2-2.9 *μm*이다.

생태특성 담수에서 출현한다(Guiry & Guiry 2019).
분포 금강수계

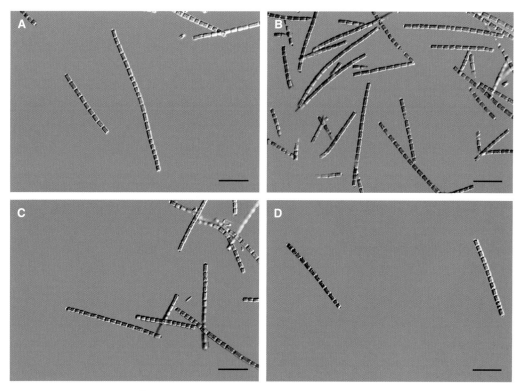

Pseudanabaena catenata. A–D. 척도=10 μm.

Pseudanabaena mucicola
(Naumann & Huber-Pestalozzi) Schwabe

기본명   *Phormidium mucicola* Nauman & Huber-Pestalozzi 1929.
이명   *Lyngbya naumannii* Iltis 1972.

사상체는 직선이거나 약간 굽었으며, 청록색을 띤다. 주로 세포 3-6개로 이루어지고, 단독으로 있거나 사상체 여러 개가 다발을 이루지만 운동성은 없으며, 말단으로 갈수록 좁아지지 않는다. 사상체 길이는 보통 10-30 μm이고, 최대 80 μm까지 나타나며, 폭은 1.3-2 μm이다. 점액질 초는 드물게 나타난다. 세포 간 격벽은 뚜렷하게 함입되었다. 세포는 원통형으로 미세한 과립이 산재하고, 말단세포는 갓(calyptra)이 없으며 원통형, 원뿔형 또는 둥근 모양이다. 세포 길이는 폭보다 2배 정도 길다.

생태특성 다른 조류(예: *Microcystis aeruginosa*)의 점액질에 서식하는 것으로 알려졌다(Komárek & Anagnostidis 2005).
분포 금강수계, 영산강·섬진강수계

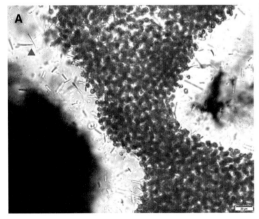
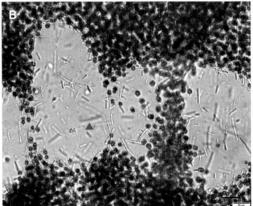

Pseudanabaena mucicola. A-B. 화살촉(▲)은 이 종이 점액질 속에 분포함을 나타냄. 척도=20 μm(A-B).

Synechococcus nidulans
(Pringsheim) Komárek

기본명   *Lauterbornia nidulans* Pringsheim.
이명   *Lauterbornia nidulans* Pringsheim 1968.

세포는 단일 개체로 분포하며 부유성이다. 세포는 연한 청록색이며, 난형 또는 반듯한 막대이지만 때로 S자형이나 아치형도 있다. 점액질이 없고 균질하다. 세포 길이는 1.5-8.5 μm이고, 폭은 1.3-0.2 μm이다.

이 종은 단독으로 분포하기보다는 *Microcystis* 속 점액질에 붙어서 출현한다. 다른 종의 점액질에 붙어 있고 크기가 작아서 단일 개체로 분리하기 어렵다. 배양 시에는 사상체 길이가 35 μm까지 나타나기도 한다.

생태특성 주로 작은 호소에서 부유성으로 출현한다. 큰 수체에서는 드물게 나타나며, 매트를 형성하기도 한다(Komárek & Anagnostidis 1998).

분포 한강수계

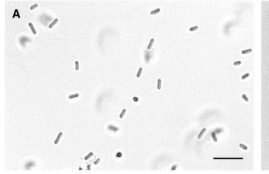
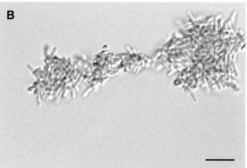

Synechococcus nidulans. A-B. 척도=10 µm. A: 세포 형태, B: 매트 형성.

와편모조류

CHAPTER 6

돌말류

대롱편모조류

녹조류

윤조류

남조류

와편모조류

은편모조류

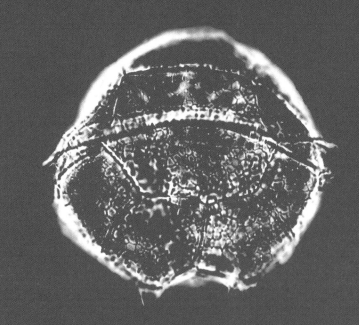

DINOPHYTA

Ceratium hirundinella
(Müller) Dujardin

기본명   *Bursaria hirundinella* O.F. Müller 1841.
이명   *Ceratium tetraceros* Schrank 1793.
          Ceratium macroceras Schrank 1802.
          Ceratium longicorne Perty 1849.
          Ceratium kumaonense Carter 1871.
          Ceratium leptoceras Zacharias 1904.
          Ceratium brevicorne Zacharias 1905.
          Ceratium pumilum Zacharias 1905.
          Ceratium handelii Skuja 1937.

세포는 넓거나 좁은 방추형이며, 뿔의 정도에 따라 분지된다. 세포 길이는 65-80 μm이고, 직경은 25-38 μm이다. 세포의 등배면은 편평하며, 헬멧 모양인 윗덮개는 둘레면으로 보면 긴 뿔을 형성하고 좁다. 둘레띠는 약간 좁고, 아래 덮개는 넓고 짧다. 특히 아래 덮개는 뒤쪽의 뿔 개수에 따라 나뉜다. 대부분 뿔이 3개 있으나 때때로 1개인 경우도 있다. 중앙의 뿔은 끝의 판에 의해 형성되고 가장 길다. 판은 그물형이다. 난형 엽록체는 세포 전체에 분포한다.

생태특성 유럽, 남북미, 북아프리카, 아시아, 호주 등 전 세계 담수역에 매우 넓게 분포하는 종이다 (Carty 2014; Hindák and Hindáková 2016). 우리나라에서도 이명과 정명으로 1968년 이래 현재까지 전국 담수 생태계에서 출현하는 것으로 기록되었다(정영호, 1968).
분포 한강수계, 낙동강수계, 금강수계, 영산강·섬진강수계

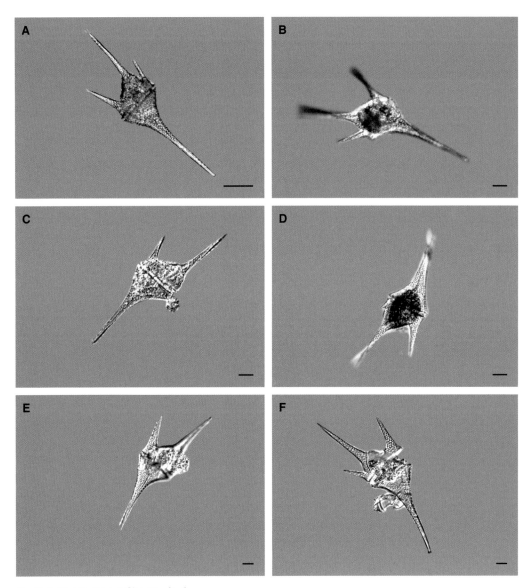

Ceratium hirundinella. A–F. 척도=10 μm(A–F).

Peridinium cinctum
(Müller) Ehrenberg

기본명   *Vorticella cincta* O.F. Müller.

이명   *Peridinium cinctum* f. *angulatum* (Lindemann) Lefévre.

Peridinium westii Lemmermann 1905.

Peridinium meandricum Brehm 1907.

Peridinium cinctum var. *lemmermannii* West 1909.

Peridinium tabulatum var. *meandrica* Lauterborn 1910.

Peridinium cinctum var. *laesum* Lindemann 1918.

Peridinium cinctum var. *regulatum* Lindemann 1918.

Peridinium cinctum var. *irregulatum* Lindemann 1918.

Peridinium cinctum var. *angulatum* Lindemann 1918.

Peridinium cinctum f. *ovoplanum* Lindemann 1918.

Peridinium cinctum var. *carinatum* Steinecke & Lindemann 1923.

Peridinium cinctum f. *regulatum* (Lindemann) Lefévre 1932.

Peridinium cinctum f. *tuberosum* (Meunier) Lefévre 1932.

세포는 대체로 구형이나 타원형, 난형이고, 복부면으로 보면 편평하다. 세포 직경은 34-42 ㎛이고, 길이는 54-62 ㎛이다. 등배면으로 보면 둘레띠는 왼쪽 방향 나선형으로 있고 때때로 가장자리 쪽에 있다. 세로 홈은 윗덮개의 1/3 부분까지 신장되고, 아래 덮개에는 배점이 있다. 윗덮개의 불규칙하게 배열된 판은 아래 덮개의 판보다 크다.

생태특성 러시아, 네덜란드 등 유럽 및 북미, 남미, 아시아, 아프리카 등 전 세계에 분포한다(Spector *et al*. 1981; Hindák and Hindáková 2016). 국내 호수 및 하천에서 가장 흔하게 관찰되는 와편모조류로 봄, 여름철에 주로 출현하며, 부영양화 지표종이다(이 등 2013).

분포 한강수계, 낙동강수계, 금강수계, 영산강·섬진강수계

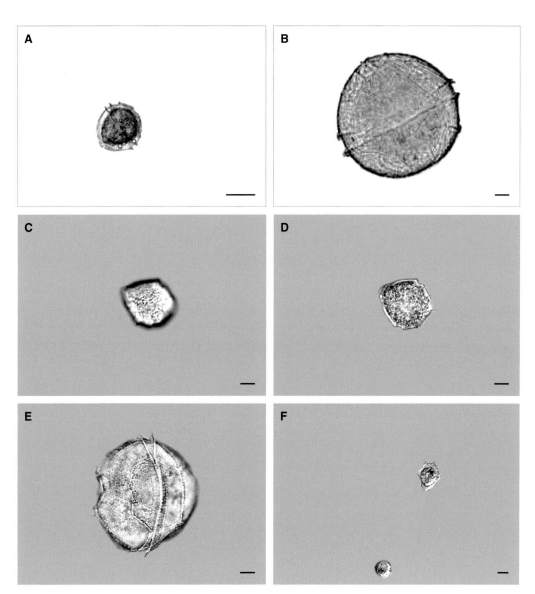

Peridinium cinctum. A–F. 척도=50 ㎛(A), 10 ㎛(B–F).

은편모조류

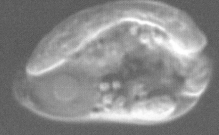

CRYPTOPHYTA

Cryptomonas curvata
Ehrenberg

이명   *Cryptomonas rostrata* Troitzkaja 1922.
           Cryptomonas rostrata Skuja 1948.
           Cryptomonas rostratiformis Skuja 1950.
           Cryptomonas lilloensis Conrad & Kufferath 1954.

세포 형태는 난형, 타원형이며, 비대칭 구조이다. 세포 길이는 19.79 ± 0.79 μm(최소 17.89 μm, 최대 20.69 μm), 폭은 13.26 ± 1.67 μm(최소 11.08 μm, 최대 15.66 μm)이다. 엽록체는 갈색, 녹갈색을 띠며, 세포막 주변부에 위치한다. 녹말 알갱이로 둘러싸인 피레노이드 여러 개가 양쪽에 쌍으로 관찰된다. 인후부 주변에 방출기관인 사출체(arrow)가 8-9개씩 4열 이상 나열되며 인후부 길이는 세포의 1/2 정도이다. 세포 정단부에서 수축포(double arrow)가 관찰된다. 인후부 주변에 채광체가 2개 나타난다. 점액질 속에 세포가 모이는 팔멜로이드기가 관찰된다. 팔멜로이드기의 크기는 22.18 ± 2.08 μm(최소 18.94 μm, 최대 25.28 μm)이다.

생태특성 웅덩이나 저수지, 호수 등 다양한 담수 생태계에서 관찰된다. 우리나라에서는 전국 각지에서 출현한다(Choi *et al.* 2013).

분포 한강수계

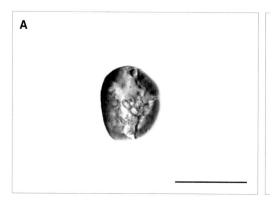
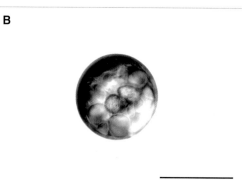

Cryptomonas curvata. A–B. 척도=20 μm. A: 세포질 내 채광체 2개, B: 팔멜로이드기 세포.

Cryptomonas obovata
Skuja

세포는 난형 또는 길쭉한 타원형이다. 세포 앞쪽이 뒤쪽에 비해 원형이며 뒤쪽은 약간 날카로운 형태이다. 배쪽은 편평하며, 등쪽은 둥글다. 세포 길이는 15.39±1.40 *μm*(최소 13.99 *μm*, 최대 18.07 *μm*), 폭은 11.23±0.93 *μm*(최소 9.50 *μm*, 최대 12.66 *μm*)이다. 엽록체는 갈색을 띠며, 세포벽 주변부에 위치한다. 인후부 주변에 방출기관인 사출체가 4-5개씩 3열로 나열되며 인후부 길이는 세포의 1/3 정도이다. 세포 정단부에서 수축포가 관찰된다. 세포 후미에 핵과 핵인이 관찰된다.

생태특성 웅덩이나 저수지, 호수, 강 등 다양한 담수 생태계에서 관찰된다.
분포 한강수계, 낙동강수계, 영산강·섬진강수계

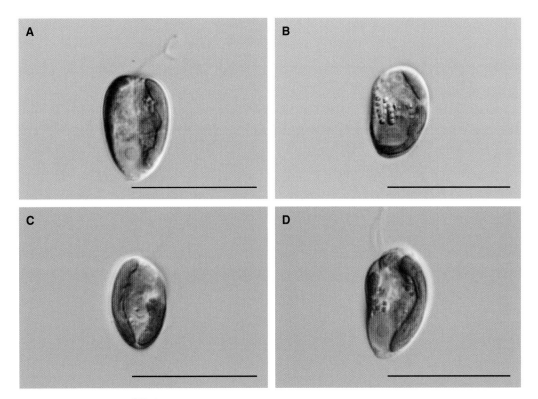

Cryptomonas obovata. A–D. 척도=20 ㎛.
A: 세포막 주변부에 위치한 엽록체, B: 인후부 주변의 사출체, C: 세포 정단부의 이완된 수축포, D: 세포 후미의 핵과 핵인.

Cryptomonas obovoidea Pascher

이명   *Cryptomonas lucens* Skuja 1948.
Cryptomonas navicula Schiller 1957.
Cryptomonas postunquis Schiller 1957.
Cryptomonas comma Schiller 1957.
Cryptomonas pusilla var. bilata Ettl 1968.
Cryptomonas rapa Ettl 1968.
Pseudocryptomonas parrae Bicudo & Tell 1988.
Cryptomonas parrae (Bicudo & Tell) Hoef-Emden & Melkonian 2003.

세포 형태는 난형, 타원형이며, 비대칭 구조이다. 세포 길이는 17.24±1.74 ㎛(최소 14.08 ㎛, 최대 19.62 ㎛), 폭은 9.57±1.12 ㎛(최소 8.14 ㎛, 최대 12.20 ㎛)이다. 엽록체는 갈색, 녹갈색을 띠며, 세포막 주변부에 위치한다. 인후부 주변에 방출기관인 사출체가 6-7개씩 5열 이상 나열되며 인후부 길이는 세포의 1/3 정도이다. 세포 정단부에서 수축포가 관찰된다. 세포질에서 녹말 알갱이가 다수 발견되기도 한다.

생태특성 웅덩이나 저수지, 호수, 강 등 다양한 담수 생태계에서 관찰되며, 우리나라에서는 각지에서 출현한다(Choi *et al.* 2013).
분포 한강수계

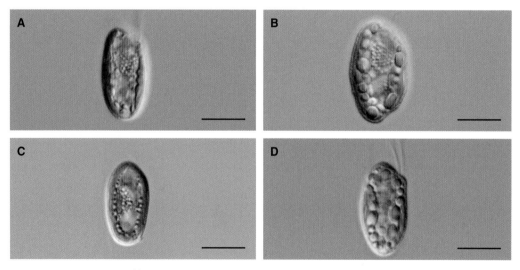

Cryptomonas obovoidea. A–D. 척도=10 ㎛.
A–B: 세포막 주변부에 위치한 엽록체와 인후부 주변의 사출체, C: 세포 정단부의 이완된 수축포, D: 세포질 내 녹말 알갱이.

Cryptomonas phaseolus
Skuja

세포 형태는 난형 또는 타원형이며, 배쪽과 등쪽 모두 편평하다. 세포 길이는 16.40±1.16 μm(최소 14.23 μm, 최대 18.66 μm), 폭은 10.23±0.85 μm(최소 8.79 μm, 최대 11.92 μm)이다. 엽록체는 갈색을 띠며, 세포벽 주변부에 위치한다. 인후부 주변에 방출기관인 사출체가 4-8개씩 3열 이상 나열되며 인후부 길이는 세포의 1/2-1/3이다. 엽록체 안쪽 양쪽에서 녹말 알갱이와 피레노이드가 관찰된다. 세포질 내에 주황색 알갱이가 자주 관찰된다.

생태특성 웅덩이나 저수지, 호수, 강 등 다양한 담수 생태계에서 관찰되며, 우리나라에서는 전국 각지에서 출현한다(Choi *et al.* 2013).

분포 한강수계

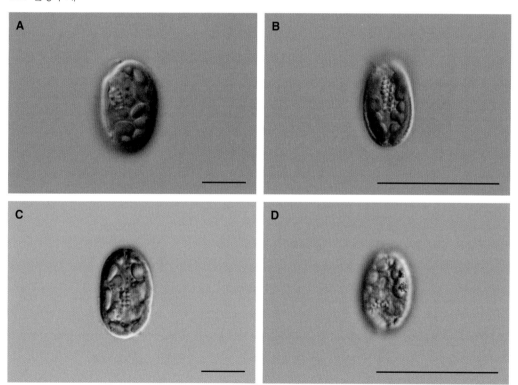

Cryptomonas phaseolus. A-D. 척도=10 μm(A, C), 20 μm(B, D).
A: 세포 측면, B: 인후부 주변의 사출체, C: 녹말에 둘러싸인 피레노이드, D: 세포질 내 다수의 주황색 색소 알갱이.

Phylum Bacillariophyta 돌말식물문

Class Coscinodiscophyceae Round & Crawford 체돌말강
Order Aulacoseirales Crawford 대롱돌말목

1. *Aulacoseira ambigua* (Grunow) Simonsen
2. *Aulacoseira ambigua* f. *japonica* (Meister) Tuji & D.M. Williams
3. *Aulacoseira granulata* (Ehrenberg) Simonsen
4. *Aulacoseira granulata* var. *angustissima* (O. Müller) Simonsen
5. *Aulacoseira subarctica* (O. Müller) Haworth

Order Melosirales Crawford 원통돌말목

6. *Melosira moniliformis* (O.F. Müller) C. Agardh
7. *Melosira nummuloides* C. Agardh
8. *Melosira varians* C. Agardh

Class Mediophyceae Medlin & Kaczmarska
Order Thalassiosirales Glezer & Makarova 끈원반돌말목

9. *Conticribra weissflogii* (Grunow) Stachura-Suchoples & D.M. Williams
10. *Thalassiosira lacustris* (Grunow) Hasle
11. *Skeletonema potamos* (Weber) Hasle
12. *Cyclostephanos dubius* (Hustedt) Round
13. *Cyclotella atomus* Hustedt
14. *Cyclotella meneghiniana* Kützing
15. *Cyclotella radiosa* (Grunow) Lemmermann
16. *Discostella pseudostelligera* (Hustedt) Houk & Klee
17. *Discostella stelligera* (Cleve & Grunow) Houk & Klee
18. *Discostella woltereckii* (Hustedt) Houk & Klee
19. *Lindavia fottii* (Hustedt) Nakov, Guillory, Julius, Theriot & Alverson
20. *Stephanodiscus hantzschii* Grunow
21. *Stephanodiscus hantzschii* f. *tenui*s (Hustedt) Håkansson & Stoermer
22. *Stephanodiscus parvus* Stoermer & Håkansson

Class Bacillariophyceae Haeckel 윷돌말강
Order Fragilariales Silva 김돌말목

23. *Ctenophora pulchella* (Ralfs) D.M. Williams & Round
24. *Fragilaria crotonensis* Kitton
25. *Fragilaria mesolepta* Rabenhorst
26. *Fragilaria recapitellata* Lange-Bertalot & Metzeltin
27. *Fragilaria socia* (Wallace) Lange-Bertalot

28. *Fragilaria subconstricta* Østrup
29. *Fragilaria vaucheriae* (Kützing) Petersen
30. *Staurosira binodis* (Ehrenberg) Lange-Bertalot
31. *Staurosira construens* Ehrenberg
32. *Nanofrustulum trainorii* (Morales) Morales
33. *Staurosirella pinnata* (Ehrenberg) D.M. Williams & Round
34. *Ulnaria acus* (Kützing) Aboal
35. *Ulnaria delicatissima* var. *angustissima* (Grunow) Aboal & Silva
36. *Ulnaria ulna* (Nitzsch) Compère
37. *Hannaea arcus* var. *subarcus* (Iwahashi) J.H. Lee
38. *Asterionella formosa* Hassall
39. *Asterionella formosa* var. *gracillima* (Hanztsch) Grunow
40. *Diatoma vulgaris* Bory

Order Tabellariales Round 볼록뼈돌말목

41. *Tabellaria fenestrata* (Lyngbye) Kützing
42. *Tabellaria flocculosa* (Roth) Kützing

Order Achnanthales Silva 땅콩돌말목

43. *Achnanthidium convergens* (Kobayasi) Kobayasi
44. *Achnanthidium minutissimum* (Kützing) Czarnecki
45. *Lemnicola hungarica* (Grunow) Round & Basson
46. *Planothidium delicatulum* (Kützing) Round & Bukhtiyarova
47. *Planothidium lanceolatum* (Brébisson) Lange-Bertalot
48. *Planothidium rostratum* (Østrup) Lange-Bertalot
49. *Cocconeis pediculus* Ehrenberg
50. *Cocconeis placentula* Ehrenberg var. *placentula*
51. *Cocconeis placentula* var. *euglypta* (Ehrenberg) Grunow
52. *Cocconeis placentula* var. *lineata* (Ehrenberg) Van Heurck

Order Cymbellales D.G. Mann 반달돌말목

53. *Cymbella aspera* (Ehrenberg) Cleve
54. *Cymbella tropica* Krammer
55. *Cymbella tumida* (Brébisson) Van Heurck
56. *Cymbella turgidula* Grunow
57. *Encyonema leibleinii* (C. Agardh) Silva, Jahn, Ludwig & Menezes
58. *Encyonema minutum* (Hilse) D.G. Mann
59. *Encyonema silesiacum* (Bleisch) D.G. Mann
60. *Encyonema ventricosum* (C. Agardh) Grunow

61. *Gomphoneis quadripunctata* (Østrup) Dawson

62. *Gomphonema augur* Ehrenberg

63. *Gomphonema parvulum* (Kützing) Kützing

64. *Gomphonema pseudosphaerophorum* H. Kobayasi

65. *Gomphonema turris* Ehrenberg

66. *Rhoicosphenia abbreviata* (C. Agardh) Lange-Bertalot

Order Naviculales Bessey 쪽배돌말목

67. *Gyrosigma accuminatum* (Kützing) Rabenhorst

68. *Gyrosigma kuetzingii* (Grunow) Cleve

69. *Hippodonta pseudoacceptata* (Kobayasi) Lange-Bertalot, Metzeltin & Witkowski

70. *Navicula amphiceropsis* Lange-Bertalot & Rumrich

71. *Navicula capitatoradiata* Germain

72. *Navicula cryptocephala* Kützing

73. *Navicula gregaria* Donkin

74. *Navicula peregrina* (Ehrenberg) Kützing

75. *Navicula rostellata* Kützing

76. *Navicula tripunctata* (O.F. Müller) Bory

77. *Navicula trivialis* Lange-Bertalot

78. *Frustulia vulgaris* (Thwaites) De Toni

79. *Sellaphora pupula* (Kützing) Mereschkovsky

80. *Pinnularia transversa* (Cleve) Mayer

81. *Craticula ambigua* (Ehrenberg) D.G. Mann

Order Thalassiophysales D.G. Mann

82. *Amphora pediculus* (Kützing) Grunow

Order Bacillarilales Hendey 윷돌말목

83. *Bacillaria paxillifera* (O.F. Müller) Hendey

84. *Denticula tenuis* Kützing

85. *Grunowia tabellaria* (Grunow) Rabenhorst

86. *Hantzschia amphioxys* (Ehrenberg) Grunow

87. *Nitzschia acicularis* (Kützing) W. Smith

88. *Nitzschia capitellata* Hustedt

89. *Nitzschia clasusii* Hantzsch

90. *Nitzschia intermedia* Hantsch

91. *Nitzschia palea* (Kützing) W. Smith

92. *Nitzschia paleacea* (Grunow) Grunow

93. *Nitzschia sigmoidea* (Nitzsch) W. Smith

94. *Tryblionella levidensis* W. Smith

95. *Iconella capronii* (Brébisson & Kitton) Ruck & Nakov

96. *Iconella tenera* (W. Gregory) Ruck & Nakov

Order Surirellales D.G. Mann 방패돌말목

97. *Surirella angusta* Kützing
98. *Surirella brebissonii* Krammer & Lange-Bertalot
99. *Surirella librile* (Ehrenberg) Ehrenberg
100. *Surirella minuta* Brébisson

Phylum Ochrophyta Cavalier-Smith 대롱편모식물문

Class Eustigmatophyceae Hibberd & Leedale 진안점조강
Order Goniochloridales

101. *Tetraëdriella regularis* (Kützing) Fott

Class Xanthophyceae Allorge ex Fritsch
Order Mischococcales Fritsch

102. *Centritractus belonophorus* (Schmidle) Lemmermann

Phylum Chlorophyta Reichenbach 녹조식물문

Class Chlorophyceae Wille 녹조강
Order Chlamydomonadales Fritsch 클라미도모나스목

103. *Gonium pectorale* Müller
104. *Pteromonas aculeata* Lemmermann
105. *Pectodictyon pyramidale* Akiyama & Hirose
106. *Eudorina elegans* Ehrenberg
107. *Eudorina unicocca* Smith
108. *Pandorina morum* (Müller) Bory

Order Sphaeropleales Luerssen 스파이로플레아목

109. *Hydrodictyon reticulatum* (Linnaeus) Bory
110. *Lacunastrum gracillimum* (West & West) McManus
111. *Monactinus simplex* (Meyen) Corda
112. *Monactinus simplex* var. *echinulatum* (Wittrock) Pérez, Maidana & Comas
113. *Parapediastrum biradiatum* (Meyen) Hegewald
114. *Parapediastrum biradiatum* var. *longecornutum* (Gutwinski) Tsarenko
115. *Pediastrum angulosum* Ehrenberg ex Meneghini
116. *Pediastrum duplex* Meyen
117. *Pediastrum duplex* var. *subgranulatum* Raciborski
118. *Pediastrum simplex* var. *biwaense* Fukushima

119. *Pediastrum simplex* var. *pseudoglabrum* Parra Barrientos

120. *Pseudopediastrum brevicorn* (Braun) Jena & Bock

121. *Pseudopediastrum boryanum* (Turpin) Hegewald

122. *Pseudopediastrum boryanum* var. *longicorne* (Reinsch) Tsarenko

123. *Stauridium tetras* (Ehrenberg) Hegewald

124. *Tetraëdron gracile* (Reinsch) Hansgirg

125. *Tetraëdron hastatum* (Reinsch) Hansgirg

126. *Tetraëdron limneticum* (Borge) Couté & Rousselin

127. *Tetraëdron longispinum* (Perty) Hansgirg

128. *Tetraëdron minimum* (Braun) Hansgirg

129. *Tetraëdron planctonicum* Smith

130. *Tetraëdron regulare* Kützing

131. *Tetraëdron regulare* var. *incus* Teiling

132. *Tetraëdron trigonum* (Nägeli) Hansgirg

133. *Tetraëdron trigonum* f. *gracile* (Reinsch) De Toni

134. *Acutodesmus acuminatus* (Lagerheim) Tsarenko

135. *Acutodesmus pectinatus* var. *bernardii* (Smith) Tsarenko

136. *Coelastrella terrestris* (Reisigl) Hegewald & Hanagata

137. *Coelastrum astroideum* De Notaris

138. *Coelastrum microporum* Nägeli

139. *Coelastrum pseudomicroporum* Korshikov

140. *Coelastrum pulchrum* Schmidle

141. *Coelastrum reticulatum* var. *cubanum* Komárek

142. *Desmodesmus abundans* (Kirchner) Hegewald

143. *Desmodesmus bicaudatus* (Dedusenko) Tsarenko

144. *Desmodesmus brasiliensis* (Bohlin) Hegewald

145. *Desmodesmus communis* (Hegewald) Hegewald

146. *Desmodesmus denticulatus* (Lagerheim) An, Friedl & Hegewald

147. *Desmodesmus magnus* (Meyen) Tsarenko

148. *Desmodesmus opoliensis* (Richter) Hegewald

149. *Desmodesmus opoliensis* var. *carinatus* (Lemmermann) Hegewald

150. *Desmodesmus opoliensis* var. *mononensis* (Chodat) Hegewald

151. *Desmodesmus spinosus* (Chodat) Hegewald

152. *Desmodesmus subspicatus* (Chodat) Hegewald & Schmidt

153. *Dimorphococcus lunatus* Braun

154. *Hariotina polychorda* (Korshikov) Hegewald

155. *Hariotina reticulata* Dangeard

156. *Pectinodesmus javanensis* (Chodat) Hegewald, Bock & Krienitz

157. *Pectinodesmus pectinatus* f. *tortuosus* (Skuja) Hegewald

158. *Scenedesmus armatus* (Chodat) Chodat

159. *Scenedesmus obtusus* Meyen

160. *Scenedesmus obtusus* f. *disciformis* (Chodat) Compère

161. *Scenedesmus quadricauda* (Turpin) Brébisson
162. *Scenedesmus quadricauda* var. *ellipticus* West & West
163. *Scenedesmus tibiscensis* Uherkovich
164. *Tetradesmus dimorphus* (Turpin) Wynne
165. *Tetradesmus lagerheimii* Wynne & Guiry
166. *Tetradesmus obliquus* (Turpin) Wynne
167. *Tetradesmus wisconsinensis* Smith
168. *Tetrastrum staurogeniiforme* (Schröder) Lemmermann
169. *Westella botryoides* (West) De Wildeman
170. *Willea apiculata* (Lemmermann) John, Wynne & Tsarenko
171. *Polyedriopsis spinulosa* (Schmidle) Schmidle
172. *Ankistrodesmus densus* Korshikov
173. *Ankistrodesmus falcatus* (Corda) Ralfs
174. *Ankistrodesmus fusiformis* Corda
175. *Ankistrodesmus spiralis* (Turner) Lemmermann
176. *Chlorolobion braunii* (Nägeli) Komárek
177. *Kirchneriella aperta* Teiling
178. *Kirchneriella contorta* (Schmidle) Bohlin
179. *Kirchneriella dianae* (Bohlin) Comas
180. *Kirchneriella incurvata* Belcher & Swale
181. *Kirchneriella irregularis* (Smith) Korshikov
182. *Kirchneriella lunaris* (Kirchner) Möbius
183. *Kirchneriella obesa* (West) West & West
184. *Messastrum gracile* (Reinsch) Garcia
185. *Monoraphidium contortum* (Thuret) Komárková-Legnerová
186. *Monoraphidium griffithii* (Berkeley) Komárková-Legnerová
187. *Monoraphidium irregulare* (Smith) Komárková-Legnerová
188. *Monoraphidium komarkovae* Nygaard
189. *Monoraphidium minutum* (Nägeli) Komárková-Legnerová
190. *Monoraphidium nanum* (Ettl) Hindák
191. *Monoraphidium subclavatum* Nygaard
192. *Selenastrum bibraianum* Reinsch
193. *Treubaria schmidlei* (Schröder) Fott & Kovácik
194. *Treubaria triapendiculata* Bernard

Class Klebsormidiophyceae 클렙소르미디움강
Order Klebsormidiales Stewart & Mattox 클렙소르미디움목
195. *Klebsormidium subtile* (Kützing) Mikhailyuk, Glaser, Holzinger & Karsten

Class Trebouxiophyceae Friedl 트레복시아조강
Order Chlorellaceae Brunnthaler 클로렐라목

196. *Actinastrum aciculare* Playfair
197. *Actinastrum gracillimum* Smith
198. *Actinastrum hantzschii* Lagerheim
199. *Actinastrum hantzschii* var. *subtile* Woloszynska
200. *Chlorella vulgaris* Beyerinck
201. *Micractinium pusillum* Fresenius
202. *Micractinium quadrisetum* (Lemmermann) Smith
203. *Micractinium valkanovii* Vodenicarov
204. *Nephrocytium limneticum* (Smith) Smith
205. *Oocystis parva* West & West

Order Prasiolales Schaffner 프라시올라목

206. *Stichococcus deasonii* Neustupa, Eliá & Šejnohová

Order Trebouxiales Friedl 트레보욱시아목

207. *Botryococcus braunii* Kützing

Order Trebouxiophyceae ordo incertae sedis

208. *Crucigenia tetrapedia* (Kirchner) Kuntze
209. *Lemmermannia triangularis* (Chodat) Bock & Krienitz

Phylum Charophyta Migula 윤조식물문

Class Conjugatophyceae 접합조강
Order Desmidiales Bessey 먼지말목

210. *Closterium acerosum* Ehrenberg ex Ralf
211. *Closterium acutum* Brébisson
212. *Closterium calosporum* Wittrock
213. *Closterium cornu* Ehrenberg ex Ralfs
214. *Closterium ehrenbergii* Meneghini ex Ralfs
215. *Closterium gracile* Brébisson ex Ralfs
216. *Closterium incurvum* Brébisson
217. *Closterium kuetzingii* Brébisson
218. *Closterium limneticum* Lemmermann
219. *Closterium littorale* Gay
220. *Closterium lunula* Ehrenberg & Hemprich ex Ralfs
221. *Closterium moniliferum* Ehrenberg ex Ralfs
222. *Closterium parvulum* Nägeli
223. *Closterium rostratum* Ehrenberg ex Ralfs
224. *Closterium setaceum* Ehrenberg ex Ralfs

225. *Closterium tumidulum* Gay

226. *Cosmarium formosulum* Hoff

227. *Cosmarium galeritum* var. *subtumidum* Borge

228. *Cosmarium granatum* Brébisson ex Ralfs

229. *Cosmarium hians* Borge

230. *Cosmarium obsoletum* (Hantzsch) Reinsch

231. *Cosmarium obtusatum* (Schmidle) Schmidle

232. *Cosmarium pseudobroomei* Wolle

233. *Cosmarium punctulatum* Brébisson

234. *Cosmarium subauriculatum* var. *truncatum* West

235. *Cosmarium subcostatum* Nordstedt

236. *Cosmarium subprotumidum* Nordstedt

237. *Cosmarium trilobulatum* Reinsch

238. *Cosmarium turpinii* var. *eximium* West & West

239. *Cosmarium vexatum* var. *lacustre* Messikommer

240. *Euastrum spinulosum* var. *inermius* (Nordstedt) Bernard

241. *Euastrum sublobatum* Brébisson ex Ralfs

242. *Pleurotaenium nodosum* (Bailey ex Ralfs) Lundell

243. *Pleurotaenium trabecula* Nägeli

244. *Micrasterias crux-melitensis* Ralfs

245. *Micrasterias decemdentata* (Nägeli) Arche

246. *Micrasterias mahabuleshwarensis* var. *wallichii* (Grunow) West & West

247. *Micrasterias pinnatifida* Ralfs

248. *Spondylosium moniliforme* Lundell

249. *Staurastrum arctiscon* (Ehrenberg ex Ralfs) Lundell

250. *Staurodesmus dickiei* (Ralfs) Lillieroth

251. *Staurastrum gracile* Ralfs ex Ralfs

252. *Staurastrum hantzschii* Reinsch

253. *Staurastrum lapponicum* (Schmidle) Grönblad

254. *Staurastrum margaritaceum* var. *gracilius* Scott & Grönblad

255. *Staurastrum paradoxum* Meyen ex Ralfs

256. *Gonatozygon kinahanii* (Arcr) Rabenhorst

257. *Gonatozygon monotaenium* De Bary

258. *Penium margaritaceum* Brébisson ex Ralfs

259. *Penium spirostriolatum* Barker

Order Zygnematales 별해캄목

260. *Cylindrocystis brebissonii* (Ralfs) De Bary

261. *Netrium digitus* (Brébisson ex Ralfs) Itzigsohn & Rothe

262. *Netrium digitus* var. *lamellosum* (Brébisson ex Kützing) Grönblad

263. *Netrium naegelii* (Brébisson ex Archer) West & West

Phylum Cyanophyta 남조식물문

Class Cyanophyceae 남조강
Order Chroococcales Schaffner 소구체목
264. *Microcystis aeruginosa* (Kützing) Kützing
265. *Microcystis flos-aquae* (Wittrock) Kirchner
266. *Microcystis ichthyoblabe* (Kunze) Kützing
267. *Microcystis novacekii* (Komárek) Compère
268. *Microcystis smithii* Komárek & Anagnostidis
269. *Microcystis viridis* (Braun) Lemmermann
270. *Microcystis wesenbergii* (Komárek) Komárek ex Komárek

Order Oscillatoriales Schaffner 흔들말목
271. *Anagnostidinema acutissimum* (Kufferath) Strunecký, Bohunická, Johansen & Komárek
272. *Anagnostidinema amphibium* (Agardh ex Gomont) Strunecký, Bohunická, Johansen & Komárek
273. *Geitlerinema splendidum* (Greville ex Gomont) Anagnostidis
274. *Kamptonema animale* (Agardh ex Gomont) Strunecký, Komárek & Smarda
275. *Kamptonema chlorinum* (Kützing ex Gomont) Strunecký, Komárek & Smarda
276. *Kamptonema formosum* (Bory ex Gomont) Strunecký, Komárek & Smarda
277. *Kamptonema okenii* (Agardh ex Gomont) Strunecký, Komárek & Smarda
278. *Oscillatoria curviceps* Agardh ex Gomont
279. *Oscillatoria princeps* Vaucher ex Gomont

Order Nostocales 염주말목
280. *Aphanizomenon flos-aquae* Ralfs ex Bornet & Flahault
281. *Dolichospermum planctonicum* (Brunnthaler) Wacklin, Hoffmann & Komárek
282. *Dolichospermum sigmoideum* (Nygaard) Wacklin, Hoffmann & Komárek
283. *Anabaena circinalis* Rabenhorst ex Bornet & Flahault
284. *Anabaena flos-aquae* (Lyngbye) Brébison ex Bornet & Flauhault
285. *Nostoc pruniforme* Agardh ex Bornet & Flahault
286. *Tolypothrix distorta* Kützing ex Bornet & Flahault

Order Synechococcales Hoffmann, Komárek & Kastovsky
287. *Woronichinia naegeliana* (Unger) Elenkin
288. *Merismopedia elegans* Braun ex Kützing
289. *Merismopedia tenuissima* Lemmermann
290. *Merismopedia tranquilla* (Ehrenberg) Trevisan
291. *Pseudanabaena amphigranulata* (Goor) Anagnostidis
292. *Pseudanabaena catenata* Lauterborn
293. *Pseudanabaena mucicola* (Naumann & Huber-Pestalozzi) Schwabe
294. *Synechococcus nidulans* (Pringsheim) Komárek

Phylum Dinophyta 와편모식물문

Class Dinophyceae 와편모조강
Order Gonyaulacales Tylor
295. *Ceratium hirundinella* (Müller) Dujardin

Order Peridiniales Haeckel 페리디니움목
296. *Peridinium cinctum* (Müller) Ehrenberg

Phylum Cryptophyta Cavalier-Smith 은편모조식물문

Class Cryptophyceae Fritsch 은편모조강
Order Cryptomonadales Pascher & Pringsheim
297. *Cryptomonas curvata* Ehrenberg
298. *Cryptomonas obovata* Skuja
299. *Cryptomonas obovoidea* Pascher
300. *Cryptomonas phaseolus* Skuja

참고문헌

김용재, 김한순. 2012. 한국의 조류 제 6권 2호. 담수산 녹조류. 정행사. 122쪽.

김용재, 최재신, 김도한, 정 준. 1995. 임하호에서 식물플랑크톤 군집의 생태학적 고찰. 한국육수학회지 28: 61-77.

이옥민, 이진환, 정승원, 이상득. 2017. 북한강의 식물플랑크톤 도감. 국립낙동강생물자원관.

이옥민, 조경제, 김미란, 남승원. 2018. 남한강의 식물플랑크톤 도감. 국립낙동강생물자원관.

이정호. 2010. 김발돌말속. 한국의 조류(Algae). 대한민국 생물지 제3권 2호, 담수산 돌말류II: 막돌말과. 환경부 국립생물자원관. 51-97.

이정호. 2011. 대한민국 생물지-한국의 조류. 제3권4호 담수산 돌말류 IV. 황갈조식물문: 돌말강: 깃돌말목: 쪽배돌말과: 반달돌말속: 바른꼴반달돌말속: 버선코반달돌말속: 좁은반달돌말속: 볼록반달돌말속: 쐐기돌말속. 국립생물자원관. 71쪽.

이정호. 2011. 한국의 조류. 담수산 돌말류, 제3권 4호. IV. 버선코반달돌말속, 좁은반달돌말속, 볼록반달돌말속, 쐐기돌말속. 국립생물자원관. 70쪽.

이진환, 김한순, 정승원. 2017. 낙동강 유역의 식물플랑크톤 도감. 국립낙동강생물자원관.

이진환, 이옥민, 김미란, 윤석민, 이상득. 2019. 금강의 식물플랑크톤 도감. 국립낙동강생물자원관.

이진환, 이옥민, 정승원, 김진희. 2013. 한강하류의 식물플랑크톤. 국립생물자원관. 221쪽.

정 준. 1993. 한국담수조류도감. 도서출판 아카데미서적. 서울. 496쪽.

정영호. 1968. 한국동식물도감. 제9권 담수조류. 문교부. 573쪽.

정영호. 1972. 한강 Microflora에 관한 연구 (제6보). 남한강의 식물플랑크톤에 대한 분류와 한강중심수역의 수질 오탁 판정. 식물학회지(보유호): 117-148.

조경제. 2010. 대한민국 생물지-한국의 조류. 제3권1호 담수산 돌말류 I. 황갈조식물문: 돌말강: 중심돌말목. 국립생물자원관. 154쪽.

조경제. 2010. 별돌말속, 막돌말속, 부체돌말속, 몽치돌말속, 볼록뼈돌말속. 한국의 조류 (Algae), 대한민국 생물지 제3권 2호, 담수산 돌말류II: 막돌말과. 환경부 국립생물자원관. 5-50쪽.

조경제. 2010. 한국의 조류. 담수산 돌말류, 제3권 1호. I. 중심돌말목. 국립생물자원관. 154쪽.

Abarca, N., Jahn, R., Zimmermann, J. and Enke, N. 2014. Does the cosmopolitan diatom *Gomphonema parvulum* (Kützing) Kützing have a biogeography? PLoS One 9: 1-18.

Alexson, E. 2014. *Encyonema leibleinii*. In Diatoms of North America. Retrieved December 23, 2018, from https://diatoms.org/species/encyonema_leibleinii.

Brook, A.J. and Williamson, D.B. 2010. A monograph on some British Desmids. The Ray Society. London, U.K. 364 pp.

Burge, D. and Edlund, M. 2016. *Stephanodiscus hantzschii, Stephanodiscus hantzschii* f. *tenuis, Stephanodiscus parvus*. In Diatoms of North America. Retrieved October 20, 2018, from https://diatoms.org/species/stephanodiscus_hantzschii_f._tenuis.

Carty, S. 2014. Freshwater dinoflagellates of North America. Ithaca & London: Comstock Publishing Associates. A division of Cornell University Press. [i]-viii, [2], [1]-260 pp.

Coesel, P.F.M. and Meesters, K. 2007. Desmids of the Lowlands. KNNV Pub. Zeist, the Netherlands. 351 pp.

Crawford, R.M. 1978. The taxonomy and classification of the diatom genus *Melosira* C.A. Agardh. III. *Melosira lineata* (Dillw.) C.A. Ag. and *M. varians* C.A. Ag. Phycologia 17: 237-250.

De Bary, A. 1858. Untersuchungen Die Familie Der Conjugaten (Zygnemeen und Desmidieen). Forstnersche Buchhandlung.

Förster, K. 1982. Cojugatophyceae, Zygnematales und Desmidiales (excl. Zygnemataceae). In: G. Huber-Pestalozzi (ed.), Das phytoplankton des Süsswassers 8(I). E. Schweizerbart, Stuttgart. 543 pp.

Fryxell, G.A. and Hasle, G.R. 1977. The genus *Thalassiosira:* Some species with a modified ring of central strutted processes. Beihefte zur Nova Hedwigia 54: 67-98.

Genkal, S.I. and Kiss, K.T. 1993. Morphological variability of the diatom *Cyclotella atomus* Hustedt var. *atomus* and *C. atomus* var. *gracilis* var. nov. In: H. van Dam(ed.), Proceedings of the Twelfth International Diatom Symposium, Renesse, The Netherlands, 30 August-5 September, 1992. Hydrobiologia 269/270: 39-47.

Germain, H. 1981. Flore des diatomées Diatomophycées eaux douces et saumâtres du Massif Armoricain et des contrées voisines d'Europe occidentale. Collection "Faunes et Flores Actuelles". Société Nouvelle des Editions Boubée, Paris. 444 pp.

Guiry, M.D. and Guiry, G.M. 2020. AlgaeBase. World-wide electronic publication, National University of Ireland, Galway. http: //www.algaebase.org; searched on November 2020.

Håkansson, H. 2002. A compilation and evaluation of species in the general *Stephanodiscus, Cyclostephanos* and *Cyclotella* with a new genus in the family Stephanodiscaceae. Diatom Research 17: 1-139.

Håkansson, H. and Locker, S. 1981. *Stephanodiscus Ehrenberg* 1846, a revision of the species described by Ehrenberg. Nova Hedwigia 35: 117-150.

Haworth, E.Y. 1990. Diatom validation. Diatom Res. 5: 195-196.

Hegewald, E. and Silva, P.C. 1988. Annotated catalogue of *Scenedesmus* and nomenclaturally related genera, including original descriptions and figures. Bibl. Phycol. 80: 1-587.

Hindák, F. and Hindáková, A. 2016. Algae. In: Zoznam nižších a vyšších rastlín Slovenska [List of lower and upper plants of Slovakia]. Version 1.1. Link. Slovakia: On-line list.

Hirose, H., Akiyama, M., Hirano, M., Imahori, K., Ioriya, T., Kasaki, H., Kobayasi, H., Kumano, S., Takahashi, E., Tsumura, K. and Yamagishi, T. 1977. Illustrations of the Japanese fresh-water algae. Uchidarokakuhe. Tokyo, 919 pp.

Hofmann, G., Werum, M. and Lange-Bertalot, H. 2013. Diatomeen im Süßwasser-Benthos von Mitteleuropa. Bestimmungsflora Kieselalgen für die ökologische Praxis. Über 700 der häufigsten Arten und ihre Ökologie. pp. [1]-908, 133 pls. Königstein: Koeltz Scientific Books.

Houk, V., Klee, R. and Tanaka, H. 2010. Atlas of freshwater centric diatoms with a brief key and descriptions: Part III. Stephanodiscaceae A, *Cyclotella, Tertiarius, Discostella*. Fottea 10 (Supplement): 1-498.

Huber-Pestalozzi, G. 1983. Das phytoplankton des subwassers. Systematik und Biologie. Schweiz. Verlag. Stuttgart. 1044 pp.

Hustedt, F. 1930. Bacillariophyta (Diatomeae). In: Die Sübwasserflora von Mitteleuropas (Pascher, A. ed.), Vol. 10. 2nd ed. Verlag von Gustav fisher, Jena. 466 pp.

Hustedt, F. 1931. Die Kieselalgen Deutschlands, Österreichs und der Schweiz unter Berücksichtigung der übrigen Länder Europas sowie der angrenzenden Meeresgebiete. In: L. Rabenhorst (ed.), Kryptogamen Flora von Deutschland, Österreich und der Schweiz. Akademische Verlagsgesellschaft m.b.h. Leipzig, Vol: 7, Issue: Teil 2, Lief. 1, 1-176, figs 543-682.

Hustedt, F. 1932. Die Kieselalgen Deutschlands, Österreichs und der Schweiz unter Berücksichtigung der übrigen Länder Europas sowie der angrenzenden Meeresgebiete. In: L. Rabenhorst (ed.), Kryptogamen Flora von Deutschland, Österreich und der Schweiz. Akademische Verlagsgesellschaft m.b.h. Leipzig, Vol: 7, Issue: Teil 2, Lief. 2, 177-320, figs 683-780.

Hustedt, F. 1933. Die Kieselalgen Deutschlands, Österreichs und der Schweiz unter Berücksichtigung der übrigen Länder Europas sowie der angrenzenden Meeresgebiete. In: L. Rabenhorst (ed.), Kryptogamen Flora von Deutschland, Österreich und der Schweiz. Akademische Verlagsgesellschaft m.b.h. Leipzig, Vol: 7, Issue: Teil 2, Lief. 3, 321-432, figs 781-880.

John, D.M., Whitton, B.A. and Brook, A.J. 2002. The freshwater algal flora of the British Isles: An identification guide to freshwater and terrestrial algae. Cambridge University Press, Cambridge. 702-878 pp.

Kim, Y.J. and Kim, H.S. 2012. Algal flora of Korea. Volume 6, Number 2. Chlorophyta: Chlorophyceae: Chlorococcales I: Micractiniaceae, Botryococcaceae, Characiaceae, Hydrodictyaceae. National Institute of Biological Resources, Ministry of Environment, Korea. 117 pp.

Kobayashi, H. 1986. Observations on the two rheophilic species of the genus *Achnanthes* (Bacillariophyceae), A. convergens H. Kob. and A. japonica H. Kob. Diatom 2: 83-93.

Kobayasi, H. 1997. Comparative studies among four linear-lanceolate *Achnanthidium* species (Bacillariophyceae) with curved terminal raphe endings. Nova Hedwigia 65: 147-163, 75 figs.

Kobayasi, H. 2006. H. Kobayasi's Atlas of Japanese diatoms based on electron microscopy. Volume 1. Uchida Rokakuko Publishing co., Tokyo Book: 533 pp.

Kobayasi, H. and Mayama, S. 1986. *Navicula pseudacceptata* sp. nov. and validation of *Stauroneis japonica* H. Kob. Diatom 2: 95-101.

Kobayasi, H. and Mayama, S. 1989. Evaluation of river water quality by diatoms. The Korean Journal of Phycology 4: 121-133.

Kociolek, P. 2011. *Nitzschia acicularis, Nitzschia fonticola, Nitzschia palea, Pleurosira laevis, Thalassiosira lacustris*. In Diatoms of North America. Retrieved December 26, 2018, from https: //diatoms.org/species/ nitzschia_acicularis

Komárek, J. 1958. Die taxonomische Revision der planktischen Blaualgen der Tschechoslowakei. p.10-206. In: Algologische Studien, Academia, Praha.

Komárek, J. 1991. A review of water-bloom forming *Microcystis* species, with regard to population from Japan. Archiv für Hydrobiologie, Algological Studies 64: 115-117.

Komárek, J. and Anagnostidis, K. 1999. Cyanoprokaryota 1. Teil: Chroococcales. In: Ettl, H., Gartner, G., Heyning H. and Mollenhauer, D. (eds.) Sübwasserflora von Mitteleuropa 19/1, Gustav Fischer, Jenas-Stuttgart-Lübeck-ulm. 548 pp.

Komárek, J. and Anagnostidis, K. 2005. Cyanoprokaryota 2. Teil/2 nd Part: Oscillatoriales. In: B. Büdel, L. Krienitz, G. Gärtner and M. Schagerl (eds.), Süßwasserflora von Mitteleuropa 19/2, Elsevier/ Spektrum, Heidelberg, 759 pp.

Komárek, J. and Fott, B. 1983. Chlorophyceae (Grunalgen) Ordnung: Chlorococcales. Das Phytoplankton des Süßwassers. In: Die Binnengewässer XVI, 7(1). Schweiz. Verg. Stuttgart. 1044 pp.

Komárek, J. and Zapomělová, E. 2007. Planktic morphospecies of the cyanobacterial genus *Anabaena*-subg. *Dolichospermum* - 1. Part: coiled type. Fottea, Olomouc. 7: 1-31.

Komárek, J., 2013. Cyanoprokaryota 3. Teil: Heterocystous. In: Büdel, B., Gärtner, G., Krienitz, L, and Schagerl. M. (eds.) Sübwasserflora von Mitteleuropa 19/3, Specktrum Akademischer Verlag, Heidelberg. 1130 pp.

Krammer, K. 1991. Morphology and taxonomy in some taxa of the genus *Aulacoseira* Thwaites (Bacillariopphyceae), 2: Taxa in the *A. granulate-*, *italic-* and *lirata-* groups. Nova Hedwigia 53: 477-496.

Krammer, K. 2002. *Cymbella*. In: Diatoms of Europe, diatoms of the European inland waters and comparable habitats (Lange-Bertalot, H. Ed.). Vol. 3 pp. 1-584, incl. 194 pls. Ruggell: A.R.G.Gantner Verlag K.G.

Krammer, K. 2002. Diatom of Europe. Diatoms of the European Inland Water and comparable habitats. (ed. Lange-Bertalot) Vol. 3 *Cymbella*. A.R.G. Gantner Verlag K.G. Fl 9491 Ruggell. Distributed by Koeltz Scientific Books, Königstein. 584 pp.

Krammer, K. and Lange-Bertalot, H. 1986. Bacillariophyceae 1. Teil: Naviculaceae In: H. Ettl *et al.*, Suesswasserflora von Mitteleuropa. VEB Gustav Fisher Verlag, Jena, Vol: 2, Issue: 1. 876 pp., 206 pls., 2976 figs.

Krammer, K. and Lange-Bertalot, H. 1988. Bacillariophyceae 2. Teil: Bacillariaceae, Epithemiaceae, Surirellaceae. In: H. Ettl *et al.*, Suesswasserflora von Mitteleuropa. VEB Gustav Fisher Verlag, Jena, Vol: 2, Issue: 2. 596 pp., 184 pls., 1914 figs.

Krieger, W. 1937. Die Desmidiaceen Europas mit Berücksichtigung der aussereuropaischen Arten. In Rabenhorst's Kryptogamen-Flora von Deutschland, Österreich und der Schweiz. Band. 13. Abt. I, Teil I(2nd edition), Akademische Verlagsgesellschaft, Leipzig. 712 pp.

LaLiberte, G. and Vaccarino, M. 2015. *Fragilaria socia*. In Diatoms of North America. Retrieved December 22, 2018, from https: //diatoms.org/species/fragilaria_socia.

Lange-Bertalot, H. 1980. Ein beitrag zur revision der Gattungen *Rhoicosphenia* Grun., *Gomphonema* C. Ag., *Gomphoneis* Cl.. Botaniska Notiser 133: 585-594.

Lange-Bertalot, H. 1980. Zur taxonomischen Revision einiger ökologisch wichtiger "*Navicula lineolatae*" Cleve. Die Formenkreise um *Navicula lanceolata*, *N. viridula*, *N. cari*. Cryptogamie, Algologie 1: 29-50.

Lange-Bertalot, H. 2001. *Navicula sensu stricto* 10 genera separated from *Navicula sensu lato* Frustulia. In Lange-Bertalot H. (ed.), Diatoms of Europe - diatoms of European inland waters and comparable habitats, vol. 2. Ruggell: Gantner 526 pp.

Lange-Bertalot, H., Hofmann, G., Werum, M. and Cantonati, M. 2017. Freshwater benthic diatoms of Central Europe: over 800 common species used in ecological assessments. English edition with updated taxonomy and added species (Cantonati, M. *et al.* eds). pp. [1]-942, 135 pls. Schmitten-Oberreifenberg: Koeltz Botanical Books.

Lee, J.H., Gotoh, T. and Chung, J. 1992. Diatoms of Yungchun Dam reservoir and its tributaries., Kyung Pook Prefecture, Korea. Diatom 7: 45-70.

Lowe, R. 2015. *Discostella pseudostelligera*. In Diatoms of North America. Retrieved December 26, 2018, from https: //diatoms.org/species/discostella_pseudostelligera.

Lowe, R. and Kheiri, S. 2015. *Cyclotella meneghiniana*. In Diatoms of North America. Retrieved November 17, 2018, from https: //diatoms.org/species/cyclotella_meneghiniana.

Lowe, R.L. 1975. Comparative ultrastructure of the valves of some *Cyclotella* species (Bacillariophyceae). Journal of Phycology 11: 415-424.

Metzeltin, D. and Lange-Bertalot, H. 1998. Tropical diatoms of South America I: About 700 predominantly rarely known or new taxa representative of the neotropical flora. In: Lange-Bertalot, H. (ed.),

Iconographia Diatomologica. Annotated Diatom Micrographs. Vol. 5. Diversity-Taxonomy-Geobotany. Koeltz Scientific Books. Königstein, Germany, Vol. 5, 695 pp.

Morales, E.A. 2001. Morphological studies in selected fragilarioid diatoms (Bacillariophyceae) from Connecticut waters (U.S.A.). Proceedings of the Academy of Natural Sciences of Philadelphia 151: 105-120.

Morales, E.A. 2010. *Fragilaria vaucheriae*, *Staurosira construens* var. *binodis*, *Staurosirella pinnata*. In Diatoms of North America. Retrieved November 16, 2018, from https: //diatoms.org/species/fragilaria_vaucheriae.

Morales, E.A., Rosen, B. and Spaulding, S. 2013. *Fragilaria crotonensis*. In Diatoms of North America. Retrieved October 20, 2018, from https: //diatoms.org/species/fragilaria_crotonensis.

Parra, B.O. 1979. Revision der Gattung Pediastrum Meyen (Chlorophyta). Bibliotheca. Phycologica 48: 1-183.

Patrick, R. and Reimer, C.W. 1966. The diatoms of the United States exclusive of Alaska and Hawaii. Vol. 1. Monographs of Academy of National Sciences of Philadelphia. No. 13, 688 pp.

Ponader, K.C. and Potapova, M.G. 2007. Diatoms from the genus *Achnanthidium* in flowing waters of the Appalachian mountains (North America): ecology, distribution and taxonomic notes. Limnologica 37: 227-241.

Potapova, M. 2009. *Geissleria decussis*. In Diatoms of the United States. Retrieved September 29, 2016, from http: //westerndiatoms.colorado.edu/taxa/species/Geissleria_decussis.

Potapova, M. 2011. *Navicula cryptocephala*, *Navicula gregaria*. In Diatoms of North America. Retrieved November 14, 2018, from https: //diatoms.org/species/navicula_cryptocephala.

Potapova, M. and English, J. 2010. *Aulacoseira ambigua*, *Aulacoseira granulata*. In Diatoms of North America. Retrieved November 17, 2018, from https: //diatoms.org/species/aulacoseira_ambigua.

Potapova, M. and English, J. 2011. *Aulacoseira muzzanensis*. In Diatoms of North America. Retrieved October 20, 2018, from https: //diatoms.org/species/aulacoseira_muzzanensis.

Prescott, G.W. 1962. Algae of the western great lakes area. W.M.C. Brown Co. Inc. Iowa. USA. 977 pp.

Prescott, G.W., Bicudo, C.E.M. and Vinyard, W.C. 1982. A synopsis of north American desmids. Part II. Desmidiaceae: Placodermae Section 4. Nebraska University Press. Lincoln. 700 pp.

Prescott, G.W., Croasdale, H.T. and Vinyard, W.C. 1975. A synopsis of north American desmids. Part II. Desmidiaceae: Placodermae Section 1. Nebraska University Press. Lincoln. 276 pp.

Prescott, G.W., Croasdale, H.T. and Vinyard, W.C. 1977. A synopsis of north American desmids. Part II. Desmidiaceae: Placodermae Section 2. Nebraska University Press. Lincoln. 413 pp.

Prescott, G.W., Croasdale, H.T., Vinyard, W.C., Carlos, E. and Bicudo, M. 1981. A synopsis of north American desmids. Part II. Desmidiaceae: Placodermae Section 3. Nebraska University Press. Lincoln. 720 pp.

Round, F.E. and Basson, P.W. 1997. A new monoraphid diatom genus (Pogoneis) from Bahrain and the transfer of previously described species *A. hungarica* and *A. taeniata* to new genera. Diatom Research 12: 71-81.

Rumrich, U., Lange-Bertalot, H. and Rumrich, M. 2000. Diatoms of the Andes. From Venezuela to Patagonia/Tierra del Fuego and two additional contributions. In: Lange-Bertalot, H. (ed.), Iconographia Diatomologica. Annotated Diatom Micrographs. Vol. 9. Phytogeography – Diversity - Taxonomy. Koeltz Scientific Books.

Rushforth, S. and Spaulding, S. 2010. *Navicula capitatoradiata*, *Navicula trivialis*. In Diatoms of North America. Retrieved December 26, 2018, from https: //diatoms.org/species/navicula_capitatoradiata.

Růžička, J. 1977. Die Desmidiaceen Mitteleuropas. Band I. Lief. I.E. Schweizerbart'sche Verlagsbuchhandlung, Stuttgart. 544 pp.

Růžička, J. 1981. Die Desmidiaceen Mitteleuropas. Band I. Lief. 2.E. Schweizerbart'sche Verlagsbuchhandlung,

Stuttgart. 736 pp.

Silva, W.J., Jahn, R., Ludwig, T.A.V. and Menezes, M. 2013. Typification of seven species of Encyonema and characterization of *Encyonema leibleinii* comb. nov. Fottea 13: 119-132.

Silva, W.J.D. and Nogueira, I.D.S. 2015. Ultrastructure of the type material of *Encyonema leibleinii* and *E. lacustre* (Cymbellales, Bacillariophyta). Diatom research 30: 333-338.

Simonsen, R. 1987. Atlas and Catalogue of the Diatom Types of Friedrich Hustedt. J. Cramer, Berlin & Stuttgart, Vol. 1, 525 pp., Vol. 2, 395 pp., pls, Vol. 3, 396-772 pls.

Smucker, N.J., Edlund, M.B. and Vis, M.L. 2008. The distribution, morphology, and ecology of a non-native species, *Thalassiosira lacustris* (Bacillariophyceae), from benthic stream habitats in North America. Nova Hedwigia 87: 201-220.

Spaulding, S. 2012. *Asterionella formosa*. In Diatoms of North America. Retrieved October 20, 2018, from https://diatoms.org/species/asterionella_formosa.

Sterrenburg, F.A.S. 1997. Studies on the genera *Gyrosigma* and *Pleurosigma* (Bacillariophyceae). *Gyrosigma kuetzingii* (Grunow) Cleve and *G. peisonis* (Grunow) Hustedt. Proceedings Academy of Natural Sciences of Philadelphia 148: 157-163.

Tuji, A. and Williams, D.M. 2007. Type examination of Japanese diatoms described by Friedrich Meister (1913) from Lake Suwa. Bull. Natl. Mus. Sci., Ser. B 32: 69-79.

Tuji, A. and Williams, D.M. 2008. Examination of type material of *Fragilaria mesolepta* Rabenhorst and two similar, but distinct, taxa. Diatom Research 23: 503-510.

Tuji, A. and Williams, D.M. 2008. Examination of types in the *Fragilaria pectinalis-capitellata* species complex. International Diatom Symposium 19: 125-139.

Uherkovich, G. 1966. Die Scenedesmus-Aryen Ungarns. Akad. Kiado. Budapest, 173 pp.

Watanabe, T. (ed.). 2005. Picture book and ecology of the freshwater diatoms. Uchida Rokakuho Publ. Co. Ltd. Tokyo. 666 pp.

Weber, C.I. 1970. A new freshwater centric diatom *Microsiphona potamos* gen. et sp. nov. Journal of Phycology 6: 149-153.

Weiss, T.L., Johnson, J.S., Fujisawa, K., Sumimoto, K., Okada, S., Chappell, J. & Devarenne, T.P. (2010). Phylogenetic placement, genome size, and GC content of the liquid-hydrocarbon-producing green microalga *Botryococcus braunii* strain Berkely (Showa) (Chlorophyta). Journal of Phycology 46: 534-540.

West, W. and West, G.S. 1904. A Monograph British Desmidiaceae. Vol. 1. Ray Society. London. 224 pp.

West, W. and West, G.S. 1905. A Monograph British Desmidiaceae. Vol. 2. Ray Society. London. 206 pp.

West, W. and West, G.S. 1908. A Monograph British Desmidiaceae. Vol. 3. Ray Society. London. 274 pp.

Yamagishi, T. and Akiyama, M. 1984. Photomicrographs of the freshwater algae Volume 1. Uchida Roka-kuho Publishing Co., Ltd. Tokyo, 1: 1-100.

Yamagishi, T. and Akiyama, M. 1984. Photomicrographs of the freshwater algae Volume 2. Uchida Roka-kuho Publishing Co., Ltd. Tokyo, 2: 1-100.

Yamagishi, T. and Akiyama, M. 1985. Photomicrographs of the freshwater algae Volume 3. Uchida Roka-kuho Publishing Co., Ltd. Tokyo, 3: 1-100.

Yamagishi, T. and Akiyama, M. 1985. Photomicrographs of the freshwater algae Volume 4. Uchida Roka-kuho Publishing Co., Ltd. Tokyo, 4: 1-100.

Yamagishi, T. and Akiyama, M. 1986. Photomicrographs of the freshwater algae Volume 5. Uchida Roka-kuho Publishing Co., Ltd. Tokyo, 5: 1-100.

Yamagishi, T. and Akiyama, M. 1987. Photomicrographs of the freshwater algae Volume 6. Uchida Roka-kuho Publishing Co., Ltd. Tokyo, 6: 1-100.

Yamagishi, T. and Akiyama, M. 1987. Photomicrographs of the freshwater algae Volume 7. Uchida Roka-kuho Publishing Co., Ltd. Tokyo, 7: 1-100.

Yamagishi, T. and Akiyama, M. 1988. Photomicrographs of the freshwater algae Volume 8. Uchida Roka-kuho Publishing Co., Ltd. Tokyo, 8: 1-100.

Yamagishi, T. and Akiyama, M. 1989. Photomicrographs of the freshwater algae Volume 10. Uchida Roka-kuho Publishing Co., Ltd. Tokyo, 10: 1-100.

Yamagishi, T. and Akiyama, M. 1989. Photomicrographs of the freshwater algae Volume 9. Uchida Roka-kuho Publishing Co., Ltd. Tokyo, 9: 1-100.

Yamagishi, T. and Akiyama, M. 1993. Photomicrographs of the freshwater algae Volume 11. Uchida Roka-kuho Publishing Co., Ltd. Tokyo, 11: 1-100.

Yamagishi, T. and Akiyama, M. 1994. Photomicrographs of the freshwater algae Volume 12. Uchida Roka-kuho Publishing Co., Ltd. Tokyo, 12: 1-100.

Yamagishi, T. and Akiyama, M. 1994. Photomicrographs of the freshwater algae Volume 13. Uchida Roka-kuho Publishing Co., Ltd. Tokyo, 13: 1-100.

Yamagishi, T. and Akiyama, M. 1995. Photomicrographs of the freshwater algae Volume 15. Uchida Roka-kuho Publishing Co., Ltd. Tokyo, 15: 1-100.

Yamagishi, T. and Akiyama, M. 1996. Photomicrographs of the freshwater algae Volume 16. Uchida Roka-kuho Publishing Co., Ltd. Tokyo, 16: 1-100.

Yamagishi, T. and Akiyama, M. 1996. Photomicrographs of the freshwater algae.Volume 17. Uchida Roka-kuho Publishing Co., Ltd. Tokyo, 17: 1-100.

Yamagishi, T. and Akiyama, M. 1997. Photomicrographs of the freshwater algae Volume 18. Uchida Roka-kuho Publishing Co., Ltd. Tokyo, 18: 1-100.

Yamagishi, T. and Akiyama, M. 1998 Photomicrographs of the freshwater algae Volume 20. Uchida Roka-kuho Publishing Co., Ltd. Tokyo, 20: 1-100.

찾아보기